NAi Uitgevers
i.s.m.
Dutch Design Awards

Redactie
Vincent van Baar
Bert van Meggelen
Timo de Rijk

NAi Publishers
with
Dutch Design Awards

Edited by
Vincent van Baar
Bert van Meggelen
Timo de Rijk

Dutch Design Jaarboek 2009

Dutch Design Yearbook 2009

Inhoud

Contents

Inhoudsopgave op categorie

Index of content by category

Dutch Design Jaarboek

Het belang van het Nederlandse ontwerpen is jarenlang afgemeten aan het succes in het buitenland. Pas toen Droog zichzelf ooit tot het nieuwe Memphis kroonde en de jubelverhalen uit buitenlandse kranten hier doordrongen, bleek dat er 'iets belangrijks' aan de hand was met het Nederlandse ontwerpen. Hetzelfde maakte de modewereld mee met Viktor & Rolf en overkwam ook de Nederlandse auto-ontwerpers: het verkrijgen van internationaal succes en aandacht die jarenlang alleen weggelegd waren voor de grafische vormgeving en de architectuur. Dat zijn immers de Nederlandse ontwerpwerelden die vanouds internationaal de aandacht trekken.

Het afgelopen jaar werd het creatieve succes meer dan ooit verzilverd. In de vorm van opdrachten voor realisering van verkoopbare producten maar ook in de vorm van een ruime afvaardiging van Nederlandse ontwerpers in grote buitenlandse tentoonstellingen en de benoeming van Nederlandse ontwerpers in de hoogste designechelons. Goede voorbeelden hiervan zijn respectievelijk de grootse lancering van het Italiaanse merk Skitsch, het Nederlandse aandeel in de tentoonstelling 'Telling Tales' in het Victoria & Albert Museum en de benoeming van twee Nederlandse ontwerpers tot chef van de ontwerpafdelingen van BMW en Renault.

Pay-off

Hoewel de *pay-off* ook in commerciële zin vooral in het buitenland lijkt plaats te vinden, gelooft Nederland in design. Vooral de Nederlandse overheid zet fors in op de betekenis van de creatieve industrie in het algemeen en die van design in het bijzonder. Afgelopen jaar is voor dat doel Dutch Design Fashion and Architecture (DutchDFA) opgericht, een programma dat via promotie Nederland als designland in de wereld moet steunen. DutchDFA richt zich nadrukkelijk op de belangrijkste handelspartner Duitsland en op nieuwe, veelbelovende economieën als China en India. Ook veel steden en gemeenten in Nederland profileren zich tegenwoordig graag als creatieve broedplaatsen, met tentoonstellingscentra als het Eindhovense Designhuis en festivals gewijd aan design. Of deze activiteiten uiteindelijk het doel zullen bereiken – een economische impuls geven aan de omgeving – is natuurlijk de vraag. Opmerkelijk is wel dat manifestaties als ExperimentaDesign afgelopen jaar zicht boden op de belangstelling van ontwerpers voor sociale thema's. In sommige gevallen

Dutch Design Yearbook

For years, the importance of Dutch design has been gauged by its success abroad. It was not until Droog crowned itself the new Memphis and glowing accounts in the foreign press percolated to the Netherlands that the Dutch themselves began to realize that something important was going on. The fashion world went through the same experience with Viktor & Rolf, and this year the same thing happened with the Dutch automotive designers: the achievement of international success and attention that for years had been the preserve of graphic design and architecture – Dutch design worlds that have attracted international attention for a long time. That creative success paid off more than ever last year, both in commissions for the implementation of saleable products, through the large presence of Dutch designers in large-scale foreign exhibitions, and in the appointment of Dutch designers to top positions in the design world. Good examples of these tendencies are, respectively, the ambitious launching of the Italian brand Skitsch, the Dutch participation in the exhibition 'Telling Tales' in the Victoria & Albert Museum, and the appointment of two Dutch designers as heads of the design departments of BMW and Renault.

Pay-Off

Although the commercial pay-off seems to be concentrated elsewhere, the Netherlands believes in design. The Dutch government especially is dedicated to the importance of the creative industry in general and of design in particular. The programme Dutch Design Fashion and Architecture (DutchDFA) was set up last year for that very purpose. The DutchDFA promotes the Netherlands internationally as a country of design, explicitly targeting the Netherlands' main commercial partner Germany and the new, promising economies of China and India. Many cities and local authorities in the Netherlands are also taking advantage of the opportunity to profile themselves as creative hothouses, with exhibition centres like the Eindhoven Designhuis and design festivals. Whether these activities will eventually achieve the aim of imparting an economic impulse to their surroundings remains to be seen. It is at any rate noteworthy that events such as last year's ExperimentaDesign offered a glimpse of the interest of designers in social issues. In some cases this is deliberately intended as an alternative to the untouchable museum presentations with their pseudo-handicraft, neo-histori-

gebeurt dit openlijk als tegenwicht voor de onaanraakbare museumpresentaties met hun pseudo-ambachtelijk en neohistorisch designdiscours en de one-offs die recordbedragen opleverden in galeries en op internationale kunstveilingen. De hernieuwde aandacht voor het veelal oude ambacht, die vele, soms jonge ontwerpers delen, is de laatste jaren immers opmerkelijk, al lijken de bijna nostalgische resultaten nu nog uitsluitend bedoeld om een rol te vervullen in de wereld van de hoge cultuur, met als kroon op het werk een plaats in het Victoria & Albert Museum of een galerie die voorheen uitsluitend beeldende kunst toonde. Zowel in grafische vormgeving, productontwerpen als ruimtelijke vormgeving tekent zich echter ook een sterke tendens af naar het verschaffen van sociale betekenis. Enkele voorbeelden naast ExperimentaDesign zijn de alternatieve Gouden Gids van Gijs Kast, *Böhnhase*, waarin de zwarte economie van een Vogelaarwijk wordt blootgelegd, en Het Flying Grass Carpet, dat een nieuwe, tijdelijke publieke ruimte animeert.

Essays over sociale thema's

Om deze tendens nader te belichten koos de redactie van het dit boek voor de opname van drie essays om de interesse in de sociale thematiek binnen het ontwerpen nader te belichten. Na jarenlange verontachtzaming van de publieke ruimte, niet in de laatste plaats door de gezamenlijke aandacht voor onze Nederlandse 'starchitects', is dit onderwerp meer dan ooit terug in het debat van de vormgeving.

Tom Avermaete schrijft over het (dis)functioneren van de publieke ruimte en de rol van de neoliberale economie, en pleit voor wat hij multimodaliteit noemt. Niels Juist werd uitgenodigd een stuk te schrijven over productontwerpen voor de *base of the pyramid*. Hij beschrijft op welke manier ontwerpers en bedrijven zich met nieuwe producten richten op de onderste lagen van de economische piramide. Speciaal voor dit boek spraken Jan Konings en Luud Schimmelpennink met elkaar. Schimmelpennink, oud-Provo en ontwerper van de Witkar, oogstte dit jaar succes met de doorontwikkeling van het Witte Fietsenplan met de spraakmakende invoering van de soortgelijke VéloLib in Parijs. Konings toetst Schimmelpenninks werk aan eigen ideeën en werk en analyseert in dat kader zijn Gemeentehotel en zijn plannen voor het Reinalda-tussen-Park in Haarlem.

Opzet en samenstelling van dit boek

Internationaal succes of niet: het Nederlandse ontwerpen is allang niet meer jong, en zeker niet onvolwassen. En al is het discours over het ontwerpen

cal design discourse and the one-offs that scored record sums in galleries and on the international art market. The revival of interest in what are often traditional handicrafts shared by many sometimes young designers is a striking tendency of the last few years, although the almost nostalgic results are still exclusively intended to play a role in the world of haute couture, with a place in the V&A or a gallery that used to only show fine art as the pinnacle of achievement. However, graphic design, product design and spatial design are also displaying a strong tendency to confer social significance on the design disciplines. Besides ExperimentaDesign, examples of this are the alternative yellow pages *Böhnhase* by Gijs Kast, in which the black market economy of a disadvantaged neighbourhood is exposed, and The Flying Grass Carpet that animates a new, temporary public space.

Essays on Social Themes

To throw more light on the latter trend, the editorial team of the Yearbook decided to include three essays that illuminate the interest in social themes within design. After years of neglecting the public domain, not least because all attention was focused on the Dutch 'starchitects', this theme is back in the design debate more than ever. Tom Avermaete writes about the (mal)functioning of the public domain and the role of the neoliberal economy and calls for what he calls multimodality. Niels Juist was invited to write a text on product design for 'the base of the pyramid'. Parallel to the idea of microcredit, the essay explains how designers and companies target the bottom layers of the economic pyramid with new products. Jan Konings and Luud Schimmelpennink held a conversation for the *Dutch Design Yearbook*. Schimmelpennink, the Provo designer of the White Car, achieved success this year with the further development of the White Bike Plan through the introduction of the similar VéloLib system in Paris that has attracted such publicity. Konings scrutinizes Schimmelpennink's work in the light of his own ideas and work and analyses his Hotel Transvaal and his plans for the Reinalda-tussen-Park in Haarlem.

Structure and Composition of the Book

International success or not, Dutch design is no longer young, and certainly not immature. And even though the discourse on design is by no means fully fledged yet, enough is going on to justify presenting and above all commenting on the most important products, exhibitions, books, discussions and other events in a yearbook. By adopting a critical attitude, this yearbook will be able to make a contribution to

nog lang niet volgroeid, er gebeurt genoeg om de komende jaren via een jaarboek de belangrijkste producten, tentoonstellingen, boeken, discussies en andere gebeurtenissen te tonen en vooral te becommentariëren. Door een kritische houding zal dit boek een bijdrage kunnen leveren aan de verdere inhoudelijke groei van het Nederlandse ontwerpen.

Een groot team van deskundigen bracht in het afgelopen jaar (zomer 2008 – zomer 2009) alles samen wat Nederland op het gebied van design kwalificeert en typeert. Zij bekeken een veelvormig designveld dat zich uitstrekt van grafische vormgeving tot landschapsarchitectuur. Het Nederlandse karakter ervan beperkt zich daarbij niet tot producten en ruimten die in Nederland door Nederlandse ontwerpers zijn bedacht en door Nederlanders zijn gemaakt, maar reikt tot spraakmakende manifestaties door buitenlandse ontwerpers in Nederland en activiteiten van Nederlandse ontwerpers in dienst van buitenlandse bedrijven. De zoektocht naar excellente vormgeving werd verdeeld in drie grote categorieën – communicatie, ruimtelijk en product – die op hun beurt ingedeeld zijn in twintig subcategorieën. Binnen die subcategorieën koos de selectiecommissie onderling en na ruime discussies telkens drie genomineerden, waaruit in oktober de Dutch Design Awards gekozen worden. Alle genomineerden hebben een plaats in het boek gekregen. Op pagina 204-205 vindt u een overzicht van de specifieke categorieën, de namen van de commissieleden en de indeling van alle genomineerden.

De voorzitters van de selectiecommissies vormen de redactie van dit boek. Het uitgangspunt vormde de genoemde selectie, die is aangevuld met 25 evenementen en ontwerpen die in het afgelopen jaar belangrijk zijn geweest voor het debat in de vormgeving. Die selectie toont een opmerkelijke ontwikkeling. Was ooit het ontwerpen van vormgevingsproducten de basis voor de discussie in de vormgeving, tegenwoordig wordt het discours wezenlijk verrijkt door toekomstverkenningen, tentoonstellingen, debatten en lezingen. Het *Dutch Design Jaarboek* is daarmee een dwarsdoorsnede van de Nederlandse designwereld, een momentopname van een grotere ontwikkeling en een overzicht van de actualiteit van het Nederlands design.

Timo de Rijk
namens de redactie

the further substantive growth of Dutch design.
In the past 12 months, from the summer of 2008 to the summer of 2009, a large team of expert scouts has been collecting everything that qualifies and characterizes the Netherlands in the field of design. They examined a pluriform design field that extends from graphic design to landscape architecture. Its Dutch character is not confined to products and spaces that are devised in the Netherlands by Dutch designers and made by the Dutch, but extends to newsworthy events by foreign designers in the Netherlands and activities by Dutch designers in the employ of foreign companies. The scouting was broken down into three main categories - Communication, Spatial, Product - and each of these was further divided into 20 subcategories. After lengthy discussions, the selection committee chose three nominees within each subcategory, from which the Dutch Design Awards will be selected in October. These nominees have been given a place in the yearbook. Pages 204-205 contain a survey of the specific categories, the names of the committee members, and the classification of all the nominees.

The chairs of the selection committees form the editorial team of this book. They used the selection described above as the basis for the publication, supplemented with 25 events and designs that played an important part in the debate on design last year. That selection displays a remarkable trend. Whereas the basis of discussion about design used to be the design of products, the discourse is now being fundamentally enriched by future scenarios, exhibitions, debates and lectures. The *Dutch Design Yearbook* thus offers a cross section of the Dutch design world, a momentary impression of a larger development, and a survey of the state of the art of Dutch design.

Timo de Rijk
For the Editorial Board

Volgende / Next
P 12 >>

Dutch Design Week 2008

Na zevenmaal de Dutch Design Week te hebben geleid heeft John Lippinkhof het directeurschap overgedragen aan Hans Robertus. Robertus combineert deze functie met die van senior director Research, Development en Innovation bij Philips Design. Aan hem de taak de goede waardering voor het grootste designevenement van Nederland te behouden. Dat wordt gekenmerkt door een overvol programma met 180 exposities, workshops, seminars en lezingen, waarbij vijftienhonderd professionals uit alle designdisciplines, van productdesign tot trendanalyse, betrokken zijn.

De gemeente Eindhoven, een van de belangrijkste sponsoren, heeft laten uitzoeken waar de bezoekers van de Dutch Design Week 2008 vandaan komen en hoe het evenement door hen gewaardeerd wordt. De geënquêteerde bezoekers geven het evenement in zijn geheel ruim een 7,5 en meer dan tachtig procent geeft aan zeker terug te zullen komen. Het hoogst gewaardeerd worden de Graduation Galleries (de tentoonstelling van examenprojecten van de studenten van de Design Academy) en de tentoonstelling van internationale examenprojecten in het Designhuis. Veertig procent van de bezoekers maakt gebruik van de opvallende designtaxi's die pendelen tussen de belangrijkste locaties van de Dutch Design Week. Een van de weinige punten van kritiek is dat sommige locaties lastig te vinden zijn.

Het belang van de Dutch Design Week reikt verder dan de regio Zuidoost-Brabant, wat duidelijk tot uitdrukking komt in de herkomst van de bezoekers. Van de Nederlandse bezoekers is meer dan de helft afkomstig van buiten deze regio. Internationaal begint de Dutch Design Week ook naam te maken. Kwam in 2006 drie procent van de bezoekers uit het buitenland, in 2008 was dit al tien procent. In absolute cijfers is eveneens een stijging te zien: in 2007 trok de Dutch Design Week 55.000 bezoekers tegen 80.000 vorig jaar. Een op de drie bezoekers trekt twee dagen of meer uit voor de tentoonstellingen, symposia, workshops en andere evenementen. Drieëndertig procent van de bezoekers bezoekt de Dutch Design Week vanuit zijn professie; eenzelfde percentage doet dit vanwege zijn studie. **MV**

Dutch Design Week 2008

After directing the Dutch Design Week seven times, John Lippinkhof has transferred the baton to Hans Robertus, who combines this function with that of senior director of research, development and innovation at Philips Design. It is now up to him to maintain the high level of appreciation of the major design event in the Netherlands, which is characterized by a programme crammed with 180 exhibitions, workshops, seminars and lectures involving 1,500 professionals from all the design disciplines, from product design to trend analysis.

The Eindhoven local authority, which is one of the main sponsors, has conducted an inquiry into where the visitors to the Dutch Design Week 2008 came from and how they appreciated the event. To start with the appreciation, the visitors who took part in the questionnaire gave the event as a whole a generous score of 7.5, and more than 80 per cent of them stated that they would certainly come back. The highest ratings were for the Graduation Galleries (the exhibition of examination projects by the students from the Design Academy) and the exhibition of international examination projects in the Designhuis. The striking design taxis that went back and forth between the main locations of the Dutch Design Week were used by 40 per cent of the visitors. One of the few points of criticism concerned the difficulty of finding certain locations.

The importance of the Dutch Design Week extends beyond the South-East Brabant region, and this is clearly expressed in where the visitors came from: more than half of the Dutch visitors came from outside this region. The Dutch Design Week is also beginning to establish a reputation internationally. While 3 per cent of the visitors in 2006 came from abroad, in 2008 this figure had risen to 10 per cent. There has also been a growth in absolute terms, because the Dutch Design Week attracted 80,000 visitors in 2008, opposed to 55,000 in 2007. One out of every three visitors devotes at least two days to the exhibitions, symposia, workshops and other events. The Dutch Design Week is attended by 33 per cent of the visitors because of their profession, and the same percentage does so for study purposes. **MV**

Evenement en debat /
Events and Debate

Foto's/Photos
Boudewijn Bollmann

4

5

1 / Young at Heart-seminar: oudere en jongere ontwerpers in gesprek/Older and younger designers in conversation. Grafisch ontwerper Anthon Beeke met jong talent Nadine Sterk van AtelierNL/Dutch graphic designer Anthon Beeke with young talent Nadine Sterk of AtelierNL

2 / 'Graduation Galleries 2009', tentoonstelling/exhibition Design Academy Eindhoven
3 / 'Strijp-X', tentoonstelling/presentatie, Designmarkt, Feest, Eten en Drinken/Exhibition/presentation, Designmarket, Party, Eat and Drink

4-5 / Tentoonstelling/Exhibition 'Dutch Design Awards'
6 / Astrid Joosten (r) en ontwerpster Christien Meindertsma (l)/ Astrid Joosten (r) and designer Christien Meindertsma (l)

1

create
18-26 oct
eindhoven
dutchdesignweek.nl
DUTCH
DESIGN
WEEK
EINDHOVEN

2

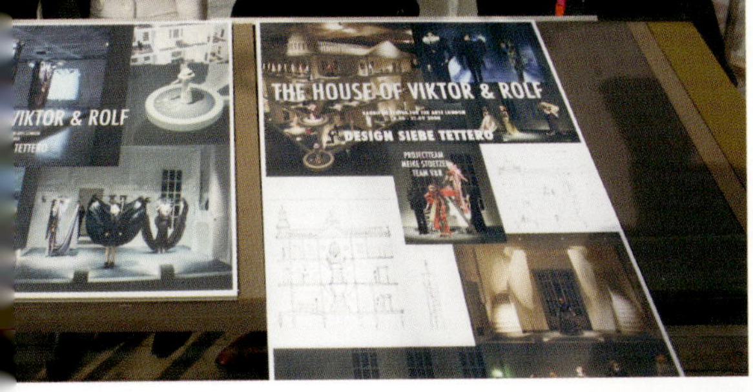
VIKTOR & ROLF
THE HOUSE OF VIKTOR & ROLF
DESIGN SIEBE TETTERO

3

6

Vorige / Last
<< P 10

Volgende / Next
P 18 >>

Arnhem Mode Biënnale 2009

6 juni – 6 juli 2009

Nederland kan bogen op een groot terugkerend mode-evenement: de Arnhem Mode Biënnale. In 2009 trok de derde editie van de internationaal georiënteerde biënnale 31.000 bezoekers. Vier weken lang kwamen mensen af op een intelligente analyse van de actuele stand van de modevormgeving op internationaal niveau.

De eerste biënnale in 2005 had als thema 'Mode is overal' en ging over emotie, draagmomenten en zintuiglijke ervaringen. Twee jaar later was het thema 'Happy' en stonden vrolijkheid en decoratie centraal. In 2009 bedacht biënnale-initiatiefnemer en artistiek leider Piet Paris 'SHAPE' als het verbindende thema. Zo'n honderdvijftig kledingstukken maar ook lezingen, modeshows en een magazine maakten in Arnhem duidelijk wat SHAPE betekent en waarom vorm de essentie van mode is.

In hooggelegen houten paviljoens op palen rond de gotische Sint-Eusebiuskerk in het centrum van Arnhem lieten modevormgevers als Viktor & Rolf, Balenciaga, Commes des Garçons, Rick Owens en Maison Martin Margiela zien dat er vele manieren bestaan om tot bijzondere vormen te komen. Geometrische vormen als driehoek, cirkel en vierkant vormden het vertrekpunt van een serie transparante jurken van Jil Sander, moulage (patronen maken in de driedimensionale ruimte) vormde de basis voor de vrouwelijke jurken van het Franse luxelabel Lanvin en bij het Amerikaanse Rodarte ontstonden sprookjesjurken uit niets anders dan fantasie.

Op een expositie in de kerk zelf lieten ook Nederlandse ontwerpers zoals Iris van Herpen briljante vondsten zien, zoals een jurk van zwarte leerdraden. Een van de hoogtepunten was een surrealistische hoedeninstallatie van de Britse ontwerper Stephen Jones, die in de kerk een glazen kas had nagebouwd waarin hij hoeden als exotische bloemensoorten liet 'groeien'. **GK**

Arnhem Fashion Biennial 2009

6 June – 6 July 2009

The Netherlands boasts a major recurrent fashion event: the Arnhem Fashion Biennial. The third edition of this internationally orientated biennial, held in 2009, attracted 31,000 visitors. For four weeks people came to see an intelligent analysis of what is happening on the international fashion scene.

The first biennial, held in 2005, was on the theme 'Fashion Is Everywhere'. It focused on emotion, wearing moments and sensorial experiences. Two years later the theme was 'Happy', in which cheerfulness and decoration held pride of place. The founder and artistic leader of the biennial, Piet Paris, chose 'Shape' as the main theme for 2009. Some 150 items of clothing, lectures, fashion shows and a magazine made it clear in Arnhem what shape means and why form is the essence of fashion.

In raised pavilions standing on poles around the Gothic St Eusebius Church in the centre of Arnhem, fashion designers such as Viktor & Rolf, Balenciaga, Comme des Garçons, Rick Owens and Maison Martin Margiela showed that there are many ways of arriving at unusual shapes. A series of transparent dresses by Jil Sander were based on geometric shapes (triangle, circle and square); the feminine dresses by the French luxury label Lanvin were based on the technique of *moulage* (making patterns in three-dimensional space); and the fairy-tale dresses of the US Rodarte label were the product of pure imagination.

In an exhibition in the church itself, Dutch designers like Iris van Herpen presented brilliant inventions such as a dress made of threads of black leather. A highlight was the surrealist hat installation by British designer Stephen Jones, who constructed a glass bell jar in the church in which he 'cultivated' his hats like exotic flowers. **GK**

1 / 'SHAPE', Hussein Chalayan
foto/photo Ernst Moritz

2 / Arnhem Mode Biënnale, Kei Kagami en/and Klavers van Engelen
foto/photo Ernst Moritz

3 / 'SHAPE', Klavers van Engelen
foto/photo Mirjam Boekholt

4 / 'SHAPE', Rodarte + Sandra Backlund
foto/photo Sixth Lens

3

4

Volgende / Next
P 160, 179 >>

Bertjan Pot design studio – Slim-office

In een eerder project voor Arco maakte Bertjan Pot al een ragdunne tafel, die deze vorm en uitvoering dankte aan niet zichtbaar verwerkte staalplaat als versterking. Bij deze doorontwikkeling kreeg het metaal er een extra en slimme functie bij. Het staal functioneert als magneet, wat nieuwe mogelijkheden biedt. Zo blijven diverse bureauaccessoires, waaronder een pennenbakje en prullenbakje (aan een poot), op hun plaats. Een met een overeenkomstig eikenfineer houtlaagje bekleed memobord sluit weer mooi aan bij de bureautafel. Behalve dat het er mooi schoon uitziet hoeven er door de magneten geen ontsierende bevestigingen in het blad worden aangebracht. Dat geldt ook voor de 'houten' kabelmagneten waarmee elektriciteitssnoeren onder de tafel worden bevestigd en het houten memobord. Zelfs de 'lade' en de 'adapteropbergunit' hangen met magneten onder de tafel op hun plaats.

Het *vanity board* is uitgevoerd als spiegel, waardoor het optisch verdwijnt in de ruimte. Door het huiselijke uiterlijk past de tafel ook goed in de woon/werksituatie voor het groeiende legioen thuiswerkenden. Bijzonder is ten slotte de intensieve samenwerking tussen een innovatief ontwerper en een producent met durf, die design op een prachtige manier aan ambachtelijkheid koppelen.

Bertjan Pot werd eerder bekend vanwege zijn – met Marcel Wanders samen ontwikkelde – Carbon Copy Chairs, waaruit eveneens zijn gevoeligheid voor materiaal en innovatie spreekt. **CR**

Bertjan Pot design studio – Slim-office

In an earlier project for Arco, Bertjan Pot made a super-slim table, whose shape and manufacture was possible thanks to an invisible steel plate. In this further development of that table into a desk, the metal has acquired a clever additional function. The steel acts as a magnet, offering new possibilities. Various desk accessories, including a penholder and a wastebasket (attached to a leg) remain in place in this manner. A memo board that is also laminated with oak veneer ties in well with the desk. Besides looking nice and clean, the magnets preclude unsightly mountings on the board. This also goes for the 'wooden' magnets for attaching electricity wires underneath the desk. Even the drawer and the adapter storage unit hang in place underneath the table with magnets.

The surface of the vanity board – which prevents undesired intimate glimpses of the person behind the desk – is a mirror, so that optically, it disappears in the room; viewers only see themselves and thus the desk retains its slimness. The homey look of the desk also allows it to fit well in the situation of the growing legion of people working at home. A final special aspect of this product is the intensive collaboration between an innovative designer and a daring producer who combine design and artisanship in a wonderful manner. Prior to this, Bertjan Pot was known for his Carbon Copy Chairs – developed together with Marcel Wanders – which equally express his sensitivity for materials and innovation. **CR**

Product / Product

Ontwerper/Designer
Bertjan Pot design studio,
Bertjan Pot

Opdrachtgever/Client
Arco Contemporary Furniture

Website
www.bertjanpot.nl

Volgende / Next
P 74, 78 >>

Interieur en publieke ruimte /
Interior and Public Space

Ontwerper/Designer
i29, Jeroen Dellensen,
Jaspar Jansen

Opdrachtgever/Client
Reclamebureau Gummo,
Onno Lixenberg

Website
www.i29.nl

i29 – Gummo

In de beperkingen van een opgave kan een kans liggen om er iets bijzonders van te maken. Het reclamebureau Gummo kon voor een periode van twee jaar kantoorruimte huren in het oude Parool-gebouw in Amsterdam. Vanwege die korte tijd was het niet erg zinvol om veel geld aan de inrichting te besteden.

De interieurarchitecten Jeroen Dellensen en Jaspar Jansen bedachten met hun bureau i29 een concept dat niet alleen tegemoetkwam aan het geringe budget, maar dat ook nog eens als een krachtig statement kon worden opgevat. Ze stelden voor te beginnen met het min of meer willekeurig verzamelen van kantoormeubilair: uit het vorige kantoor van Gummo, maar ook van kringloopwinkels en via Marktplaats. Van de ratjetoe aan spullen, waarvan een deel moest worden gerepareerd, is vervolgens een eenheid gemaakt door overal dezelfde donkergrijze coating (het milieuvriendelijke *Polyurea hotspray*) op aan te brengen. In combinatie met de hagelwitte wanden leverde dit een kantoorinterieur op dat voor een bescheiden prijs zelfs enigszins chic is, en dat de opdrachtgever bovendien van een krachtig beeldmerk voorziet.

Het is opmerkelijk dat met deze simpele ingreep kon worden volstaan om een coherent ontwerp tot stand te brengen, waarin bovendien een waardevolle maatschappelijke stellingname besloten ligt: ook met hergebruik van oud meubilair is het mogelijk een kantoor van een elegante inrichting te voorzien. Ofwel: een beperkt budget en verantwoordelijkheid voor het milieu laten zich heel wel combineren met stijl, schoonheid en comfort. **OK**

i29 – Gummo

The constraints of a design brief can actually hold the key to an extraordinary achievement. Advertising agency Gummo was given the opportunity to rent office space in the old Parool Building in Amsterdam for two years. It goes without saying that such a short period of time does not justify spending a lot of money on the interior.

The interior architects Jeroen Dellensen and Jaspar Jansen at i29 came up with a concept that complied with the modest budget, but that could also be seen as a powerful statement. They advised the advertising agency to start collecting more or less random office furniture: from Gummo's previous office, but also from recycling shops and via Internet trading site Marktplaats. The hotchpotch of items, some of which needed repairs, was then homogenized with a coating of dark-grey, environmentally friendly *Polyurea hotspray*. In combination with the pristine white walls, this produced an office interior that is modestly priced, stylish, and even provides the client with a distinctive logo.

It is extraordinary that it only took a simple intervention to produce this coherent design, which even includes an important social message: re-used old furniture can furnish an office with an elegant interior. In other words: a limited budget and green credentials sit quite well with style, beauty and comfort. **OK**

Tentoonstelling 'Changing Ideals – Re-thinking the House'

NAiM/Bureau Europa i.s.m. TU Delft
4 november 2008 – 30 april 2009

In NAiM/Bureau Europa heeft Dirk van de Heuvel een interessante tentoonstelling over veranderende idealen van het huis gemaakt. Er zijn verschillende radicale concepten en innovatieve voorstellen over het wonen gepresenteerd. De tentoonstelling is opgezet als een onderzoek naar het wonen en de verschillende ordeningsmodellen die de architectuur daarvoor heeft ontwikkeld. Uitgangspunt is het idee dat vernieuwing van de architectuur van het wonen gebaseerd is op de wisselwerking tussen 'container' en 'contained', tussen architectonische inventie en veranderingen in woonidealen. Aspecten van massacultuur, avant-garde, moderne media, lifestyle, consumptiecultuur en privacy zijn daarbij richtinggevend en spelen altijd een rol in het opnieuw doordenken van het moderne huis.

De tentoonstelling is als een tweeluik opgezet. In de kolommenzaal, de *Salon Imaginair*, wordt een achttal concepten getoond, van de Domus Cosmographica van het Mauritshuis tot aan de televisiecultuur van het Big Brotherhuis. De verschillende gedaanten van het huis en de wisselende idealen in de architectuur en de moderne maatschappij worden zichtbaar gemaakt door een salon en een achttal stands, waarvan per keer de achterwand wordt benut als plattegrond van het betreffende woonconcept. Dit naar een ontwerp van Eventarchitectuur in samenwerking met Experimental Jetset.

Voor de bogenzaal is Studio Makkink & Bey gevraagd een reconstructie te maken van de industriehal die Bey en Makkink tot voor kort bewoonden. Deze functioneerde tegelijkertijd als hun huis, kantoor, garage, opslagplaats, productieloods, galerie, boerenerf, gastenverblijf, buitenhuis, school, tuin en laboratorium. In deze installatie, *Living with Things*, verschijnt de orde van het wonen als die van de verzameling, en staat opnieuw de wisselwerking tussen container en contained centraal. In het huis van Bey en Makkink verandert de aard en samenstelling van de verzameling voortdurend onder invloed van het gebruik. Het wonen wordt deels nomadisch, deels gebonden, het vermengt zich met werk en vrije tijd, met productie en consumptie, en het organiseert zich rond nieuwe netwerken en gemeenschappen.

Evenement en debat / Events and Debate

Foto's/Photos
Johannes Schwartz

Exhibition 'Changing Ideals – Rethinking the House'

NAiM/Bureau Europa with Delft University of Technology
4 November 2008 – 30 April 2009

Dirk van den Heuvel organized an exhibition on changing ideas about the home in the NAI Maastricht. A range of radical concepts and innovative proposals for the home were presented. Architects, designers and artists showed their force of imagination in this interesting exhibition. The exhibition was organized as an investigation of the home and of the different models of arrangement that architecture has developed for it. The starting point was the idea that innovative home architecture is based on the interaction between container and contained, between architectural invention and changing ideals. Aspects of mass culture, avant-garde, modern media, lifestyle, consumer culture, privacy and appropriation are guidelines here and always play a role in rethinking the modern house.

The exhibition was set up as a diptych. The lower gallery, the *Salon Imaginair*, showed eight positions based on a design by Eventarchitectuur. The various forms of the house and the changing ideals in architecture and modern society were visualized by combining the typologies of the salon and trade fair.

For the upper gallery Jurgen Bey and Rianne Makkink were asked to build an installation as a reconstruction of the industrial hall that Bey and Makkink occupied until recently. It functioned as their home, office, garage, storage facility, production shed, gallery, farmyard, guest accommodation, country home, school, garden and laboratory all in one. This installation, *Living with Things*, presented the order of the home as an ensemble and focused once again on the interaction between container and contained. In the house of Bey and Makkink, the nature and composition of the ensemble is constantly changing under the influence of use. The home becomes partly nomadic, partly tied down, becomes entangled with work and leisure, with production and consumption, and is organized around new networks and communities.

1

2

1 / De reconstructie in de Bogenzaal van het ideale huis van Studio Makkink & Bey/The reconstruction in the Bogenzaal of the ideal home by Studio Makkink & Bey

2 / Het symmetrisch ideaal van het Mauritshuis door Jacob van Campen wordt verbeeld door de achterwand van de stand/The symmetrical ideal of the Mauritshuis designed by Jacob van Campen is conveyed by the rear wall of the stand

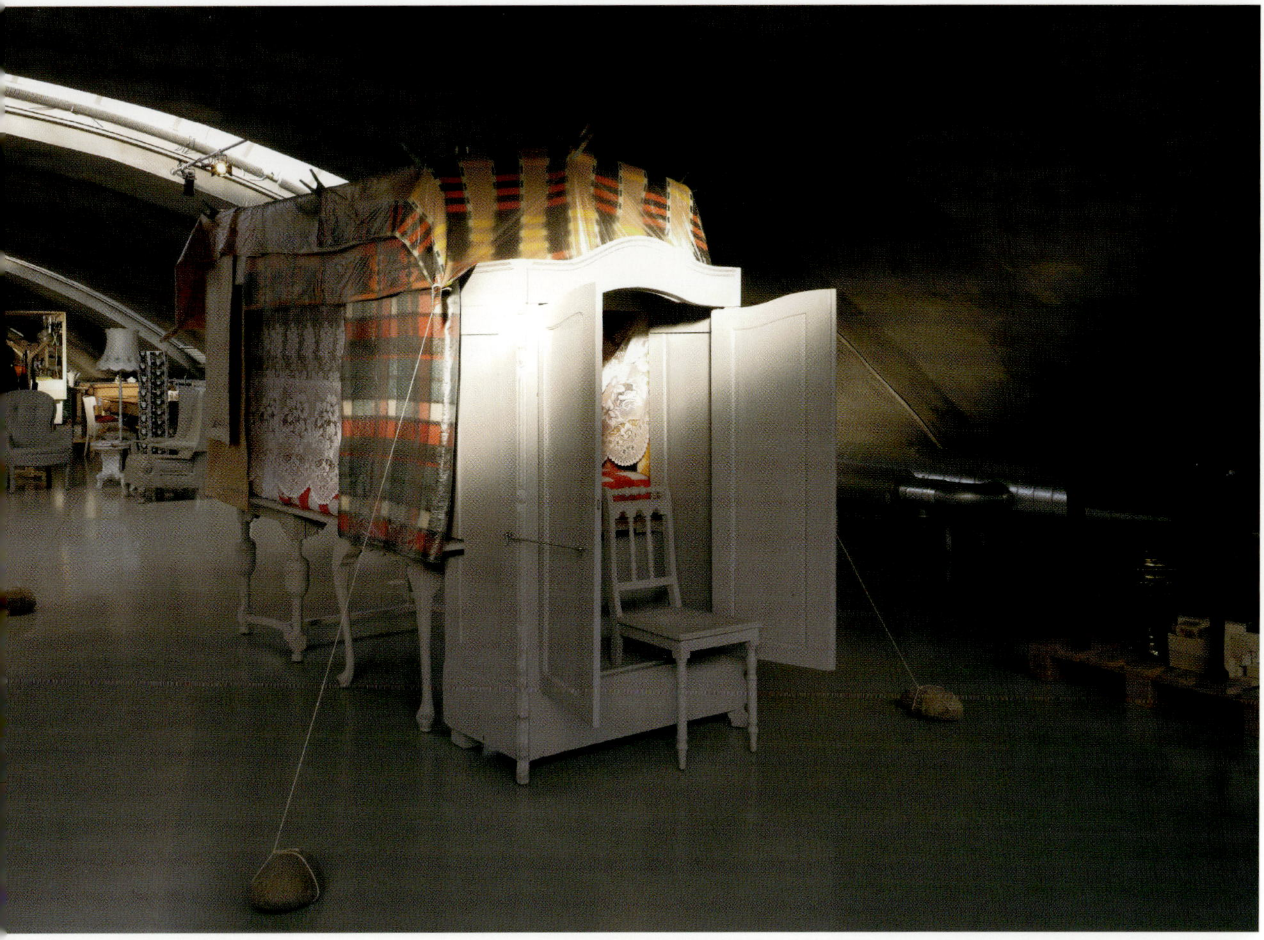

Volgende / Next
P 166, 172 >>

Ingrid Siliakus – Cover Wallpaper*

Het is jammer dat de meeste Nederlandse tijdschriften een beperkt budget hebben voor illustraties, anders zouden ze Ingrid Siliakus eens in de arm kunnen nemen. Wie haar werk wil zien, moet de hand zien te leggen op het februarinummer van het internationaal Design Magazine *Wallpaper**. Op de cover staat een illustratie gemaakt met behulp van een driedimensionaal model dat Siliakus uit één vel papier heeft vervaardigd. Het kostte haar drie weken om te maken, en daar hangt natuurlijk een prijskaartje aan.

Siliakus maakt met papier gebouwen en abstracte objecten. Papierarchitectuur is een uit Japan afkomstige kunst, waarmee Siliakus vijftien jaar geleden kennismaakte via het werk van de Japanse architect en kunstenaar Masahiro Chatani. Via intensieve bestudering van zijn boeken en werk leerde ze zichzelf de techniek aan. Een ontwerp wordt laag voor laag opgebouwd door het papier te snijden en te vouwen. De vouwen maken het mogelijk het driedimensionale object plat te vouwen, maar anders dan bij pop-up-objecten komt er bij papierarchitectuur geen lijm aan te pas. Afhankelijk van de complexiteit van het ontwerp maakt Siliakus twintig tot veertig proeven.

Het ontwerp maakt ze aan de hand van foto's en tekeningen van het gebouw of object. Aanvankelijk tekende ze haar ontwerpen op millimeterpapier, maar tegenwoordig gebruikt ze hiervoor de computer. Met het programma Corel Draw kan ze het ontwerp sneller testen en aanpassen. Ook het aanbrengen van snij- en vouwlijnen doet ze niet meer met de hand; dat wordt gedaan door een lasersnijder. Alleen het vouwen is handwerk gebleven.

*Wallpaper** vroeg haar iets te doen met de projecten van de twaalf winnaars van zijn Design Award. Siliakus plaatste die in een imaginaire, architectonische omgeving op platforms, die via trappen en gangen met elkaar zijn verbonden. Het model is vervolgens uitgelicht en gefotografeerd. Voor de winnaars van de Design Award maakte Siliakus nog twaalf extra modellen in een kleiner formaat. **MV**

*Ingrid Siliakus – Cover of Wallpaper**

It is a pity that most Dutch magazines have a limited budget for illustrations, because otherwise they would be able to give Ingrid Siliakus a commission from time to time. In order to see her work, you need to get hold of the February issue of the International Design Magazine *Wallpaper**. On the cover is an illustration made using a three-dimensional model which Siliakus created from a single sheet of paper. It took her three weeks to make, and of course that comes with a price tag.

Siliakus makes buildings and abstract objects from paper. Paper architecture is an art form originating in Japan, which she got to know 15 years ago when she saw the work of the Japanese architect and artist Masahiro Chatani. She taught herself the technique from Chatani's books and by intensive study of his work. A design is built up layer by layer by cutting and folding the paper. The folds make it possible to fold the three-dimensional object flat, but unlike pop-up objects, no glue is used in paper architecture. Depending on the complexity of the design, she makes 20 to 40 trials.

She creates the design using photos and drawings of the building or object. In the beginning, Siliakus drew her designs on graph paper; these days she uses the computer. Using Corel Draw software, she can test and adjust the design more quickly. She no longer applies the cutting and folding lines by hand; that is carried out by a laser cutter. Folding is still done by hand.

*Wallpaper** asked Ingrid Siliakus to create something from the 12 winning projects of their Design Award. She placed these in imaginary, architectonic surroundings on platforms, which are connected to each other by stairs and corridors. After that, the model was illuminated and photographed. Siliakus also made 12 extra models on a smaller scale for the winners of the Design Award. **MV**

Communicatie / Communication

Ontwerper/Designer
Ingrid Siliakus

Opdrachtgever/Client
Wallpaper*

Website
www.ingrid-siliakus.exto.nl

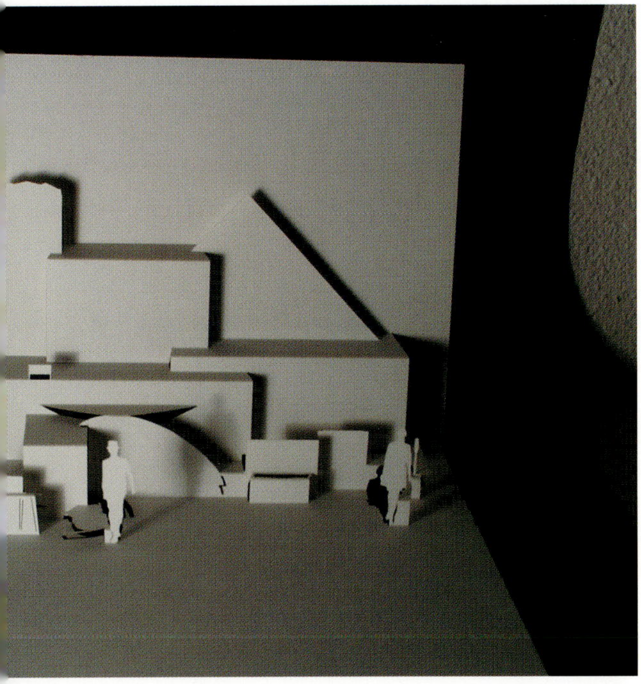

Wallpaper*
UK £4.20
US $9.50
AUSTRALIA $ 10.50
CANADA $ 9.50
DENMARK DKK 75.00
FRANCE € 8.50
GERMANY € 10.50
HOLLAND € 8.50
ITALY € 9.00
JAPAN ¥ 1740
SINGAPORE S$ 18.20
SPAIN € 8.50
SWEDEN SEK 75.00
SWITZERLAND CHF 16.00
UAE AED 45.00
FEBRUARY 2009
*DESIGNINTERIORSFASHIONARTLIFESTYLE
LIMITED EDITION COVER
BY INGRID SILIAKUS
DESIGN AWARDS 2009
A cut above
Paris is our City of the Year

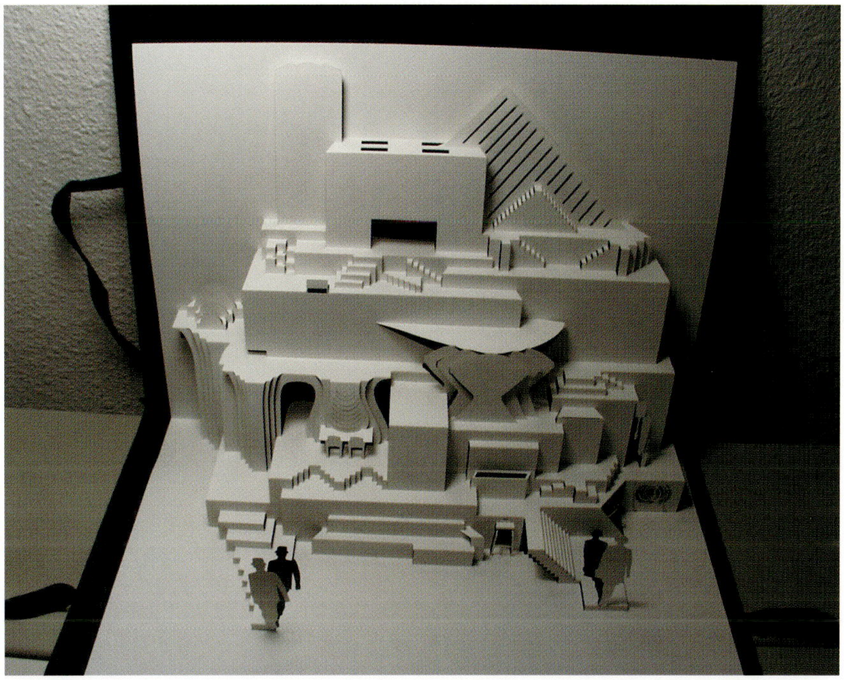

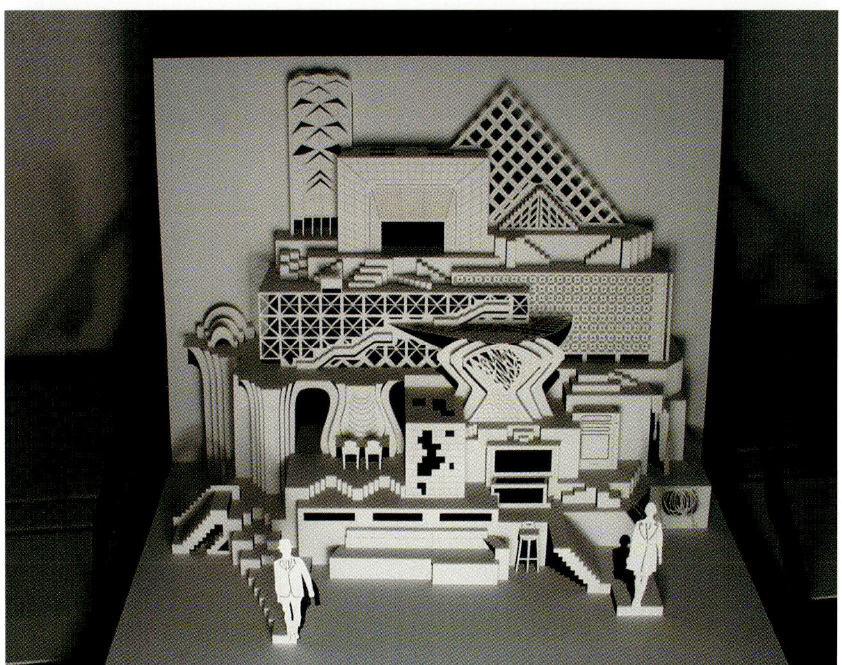

Opening IKEA Concept Center, Delft

30 juni 2008

Bij het wereldwijd opererende, van origine Zweedse meubelbedrijf IKEA speelt Nederland, en dan in het bijzonder de IKEA-winkel in Delft, een belangrijke rol. IKEA is in 1943 opgericht door Ingvar Kamprad. Vanaf de opening in februari 1992 heeft de winkel in Delft de functie van *pilot store* vervuld.

Op 30 juni 2008 opende Inter IKEA Systems BV in Delft het IKEA Concept Center. Het IKEA Concept Center biedt onderdak aan Inter IKEA Systems BV, wereldwijd eigenaar en franchisehouder van het IKEA Concept. Maar de kern van dit Center vormt de IKEA Store, die nu 37.000 vierkante meter telt. Het IKEA Concept Center in Delft beschikt over opleidingsfaciliteiten en testgebieden waar nieuwe ontwikkelingen uitgeprobeerd worden. Het IKEA Concept Center speelt, naast de bestaande manuals en een digitale toolbox, een belangrijke rol in veel van de opleidingsprogramma's die er aangeboden worden. IKEA-managers en -specialisten komen er van over de hele wereld naartoe om praktijkervaring op te doen.

Vanuit het IKEA Concept Center wordt ook de productie van de IKEA-catalogus gecoördineerd. Inmiddels valt deze jaarlijks bij meer dan 198 miljoen huishoudens wereldwijd op de deurmat.

In totaal zijn er in de zomer van 2009 maar liefst 301 IKEA-winkels in 37 landen. De kleinste winkels, zoals die in Odense en op Mallorca, tellen enkele duizenden vierkante meters, terwijl de grootste in Kungens Kurva 52.000 vierkante meter meet. **TdR**

Opening IKEA Concept Center, Delft

30 June 2008

The Netherlands, and in particular the IKEA store in Delft, plays an important role in the operations of the multinational furniture and accessories company IKEA, which was founded in Sweden in 1943 by Ingvar Kamprad. The store in Delft has performed the function of a pilot store ever since its opening in 1992.

Inter IKEA Systems BV opened the IKEA Concept Center on 30 June 2008. The IKEA Concept Center accommodates Inter IKEA Systems BV, the worldwide proprietor and franchiser of the IKEA Concept. The core of this Center, however, is formed by the IKEA store, which now has a surface area of 37,000 m^2. The IKEA Concept Center in Delft has training facilities and test areas where new developments can be tried out. Besides the existing manuals and a digital toolbox, the IKEA Concept Center plays an important part in many of the training programmes that are offered there. IKEA managers and specialists come from all over the world to gain practical experience.

The IKEA Concept Center also coordinates the production of the IKEA catalogue, which is now distributed among more than 198 million households all over the world.

By the summer of 2009 there were no less than 301 IKEA stores in 37 countries. The smallest stores, like the ones in Odense and on Mallorca, are only a few thousand square metres in surface area, while the largest, in Kungens Kurva, has 52,000 m2 of floor space. **TdR**

MEDIUM PILLOWS
a high pillow if
ep on your side.
Choose a medium pillow if
you sleep on your back.
e a low pillow if you
ep on your stomach.
GOSA RAPS
29.95

IKEA Concept Center
IKEA students on the way

Vorige / Last
<< P 22
Volgende / Next
P 26 >>

Opening Westerhuis/ Moooi Gallery, Amsterdam

28 november 2008

Met het betrekken van het Westerhuis, een voormalige ambachtsschool in de Amsterdamse Jordaan, voegde Marcel Wanders een nieuwe specialisatie toe aan zijn cv: dat van cultureel entrepreneur. De ontwerper kocht het opvallend hoge pand van de gemeente Amsterdam. Met Aedes Vastgoed verbouwde hij de voormalige ROC-school – dat een oppervlakte heeft van circa 5500 vierkante meter – in de Westerstraat tot designcentrum.

Op de begane grond vestigde hij een *flagship-store* voor zijn label Moooi. De winkel, Moooi Gallery, beslaat 850 vierkante meter. Niet alleen is hier de Moooi-collectie tentoongesteld, ter aanvulling zijn ook gadgets uit Japan, architectuur- en designboeken en Zweeds antiek te koop.

De confrontatie van stijlen past in het beeld dat Wanders en Moooi al enkele jaren neerzetten. Zoals viel te verwachten domineren de overproportie (enorme lampen) en de overdecoratie (ad absurdum uitvergrote florale motieven). Niet alleen in de showroom maar ook in het entreegebied en trappenhuis. Hier hangen een soort kerstklokken boven een mozaïekvloer.

Een verdieping hoger is Wanders studio met zo'n dertig medewerkers gevestigd. De twee derde die aan ruimte overschoot, verhuurt het Westerhuis aan designcultuurgerelateerde bedrijfjes: een belangrijk verschil met Jan des Bouvrie en zijn shop-in-shopconcept in verbouwde vestingwerken.

De Gemeente Amsterdam wil met haar plannen voor Amsterdam Topstad de hoofdstad doen uitgroeien tot dé internationale creatieve kennisstad, waarin het initiatief van Wanders uitstekend past. Ook sluit het Westerhuis mooi aan bij internationale ontwikkelingen waar winkels clusters vormen voor designmerken, zoals Moss in New York (samenwerkend met Droog), Rosanna Orlandi in Milaan en The Design Republic in Shanghai.

Wanders wil het Westerhuis uitbouwen tot marketingorganisatie. De Moooi Gallery vervult hierbij een pilotfunctie voor meerdere 'Westerhuizen' die elders in het land en de wereld moeten gaan openen – als de crisis tenminste geen roet in het eten gooit. **CR**

Opening Westerhuis/ Moooi Gallery, Amsterdam

28 November 2008

When he took over the Westerhuis, a former technical school in the Jordaan district of Amsterdam, Marcel Wanders added a new specialization to his curriculum vitae: cultural entrepreneur. The designer bought the remarkably tall building in the Westerstraat from the Amsterdam local authority. With the assistance of Aedes Vastgoed he turned the former regional educational centre (ROC) with a surface area of approx. 5,500 m^2 into a design centre.

He set up the Moooi Gallery, a flagship store for his label Moooi, on the ground floor with a surface area of 850 m^2. Besides the display of the Moooi collection, the gallery also sells gadgets from Japan, architecture and design books, and Swedish antiques.

The confrontation of styles is in line with the image that Wanders and Moooi have been projecting for the last few years. As one would expect, overproportion dominates: gigantic lamps and overdecoration: floral motifs blown up to absurd proportions, not only in the showroom but also in the entrance and on the staircase, where objects resembling Christmas tree baubles hang above a mosaic floor.

The next floor houses Wanders' studio with some 30 members of staff. The remaining two-thirds of the space are rented by small firms related to design culture – a major difference from Jan de Bouvrie and his shop-in-shop concept in renovated defence works.

The Amsterdam local authority intends its plans for Amsterdam Top City to turn the capital into the number one international city of creative knowledge. Wanders' initiative fits in with this perfectly. The Westerhuis also follows the current international trend for shops to form clusters for design labels, such as Moss in New York (in cooperation with Droog), Rosanna Orlandi in Milan, and The Design Republic in Shanghai.

Wanders wants to exploit the Westerhuis as a marketing organization. The Moooi Gallery performs a pilot function for other Westerhuizen to be opened elsewhere in the country and abroad – unless the crisis throws a spanner in the works. **CR**

Evenement en debat /
Events and Debate

Moooi Gallery
Westerstraat 187
Amsterdam

Website
www.moooi-gallery.com

Opening winkel Droog Design, New York

26 februari 2009

In 2008 kregen Droog Design-oprichters Renny Ramakers en Gijs Bakker nog samen de Benno Premselaprijs voor hun verdiensten voor de Nederlandse vormgeving. Een jaar later stapte Bakker op als directeur, werden er over en weer verwijten geuit en gedreigd met rechtszaken. Bakker kon zich niet verenigen met de huidige koers van Droog Design. Die vond hij te commercieel en te riskant in financieel opzicht. Bovenal vond hij de koers te ver af staan van de oorspronkelijke doelstelling van Droog Design: designtalent ontdekken en deze ontwerpers met presentaties op weg helpen in hun carrière. Daarnaast wil Droog Design de discussie over design bevorderen met provocatieve en innovatieve projecten.

Het breekpunt voor Bakker was de in februari 2009 geopende winkel in New York van Droog Designs commerciële tak, Droog BV. Daar heeft Droog in de trendy wijk Soho een groot pand laten inrichten door Studio Makking & Bey. Het project riep ook in de Verenigde Staten zowel bewondering als vragen op. Was het wel verstandig om zo'n ambitieus project uit te voeren terwijl de economie zo hard achteruitgaat? Het antwoord van Ramakers was dat zij al voor de recessie begonnen was met de plannen. Deze waren al te ver gevorderd om het project af te blazen.

Meest in het oog springende onderdeel van het winkelinterieur is het House of Blue, een driedimensionaal bouwplan van een compleet huis, dat helemaal is gemaakt van blauw purschuim. Wie bijvoorbeeld de schoorsteen of de trap in zijn eigen huis wil hebben, kan deze via Droog op maat laten maken.

Ondanks het conceptuele karakter van de winkel meende Bakker dat commercialiteit tot het belangrijkste doel van Droog Design was geworden: er moet omzet gemaakt worden, wil de Droog-winkel overleven. Ramakers zag het anders. Zij stelde dat de financiering van de winkel niet ten laste komt van Droog Design omdat ze afkomstig is uit privémiddelen. Als enig directeur heeft Ramakers de activiteiten van de stichting Droog Design en Droog BV voortgezet. **MV**

Opening Droog Design store, New York

26 February 2009

In 2008 the founders of Droog Design, Renny Ramakers and Gijs Bakker, were jointly awarded the Benno Premsela Prize for their services to Dutch design. A year later Bakker resigned as director, allegations were made on both sides, and the threat of legal proceedings was raised. Bakker could not identify with the current course of Droog Design, which he considered too commercial and too financially risky. Moreover, he felt it to be too distant from the original aim of Droog Design, which had been set up to discover talented designers and to help them on in their career with presentations, as well as to promote the debate on design with provocative and innovative projects.

The last straw for Bakker was the opening of the store in New York in February 2009 by Droog Design's commercial branch, Droog BV. That large store in the trendy Soho district was designed by Studio Makking & Bey. The project provoked both admiration and surprise in the USA as well. Was it wise to implement such an ambitious project when the economy was in a major recession? The answer of Renny Ramakers was that the plans date from before the recession and had gone too far to cancel the project.

The most eye-catching part of the interior of the store is the House of Blue, a three-dimensional building plan of a complete house made entirely of blue PUR foam. Anyone who wants to have the chimney or the staircase in his own home can have it made to size by Droog. In spite of the conceptual character of the store, Gijs Bakker claimed that commercial targets had become the main ambition of Droog Design, because there has to be a turnover if the Droog Design store is to survive. Renny Ramakers took a different view. He argued that the funding of the store was not at the expense of Droog Design because it had been privately funded. She has continued the activities of the Droog Design Foundation and of Droog BV as the sole director. **MV**

1

1 / Droog New York, inrichting door/interior design by Studio Makkink & Bey foto/photo Ian Tong

2 / Droog New York, opening winkel/store opening foto/photo Dave Pinter/ PSFK.com

3 / Droog New York, blueprint van/by Studio Makkink & Bey foto/photo Dave Pinter/ PSFK.com

2

3

Vorige / Last
<< P 26

Volgende / Next
P 29 >>

Lancering designlabel Skitsch

21 april 2009

Een van de meest opzienbarende evenementen van de Milanese Salone del Mobile 2009 was de lancering van het Italiaanse designlabel Skitsch. Het merk pakte meteen uit met ruim vijftig producten en een eigen winkel in Milaan. In de nabije toekomst zullen er steeds meer producten – vooral meubels en woonaccessoires – en winkels komen.

De drijvende kracht achter Skitsch is de Italiaanse investeerder Renato Preti, die met zijn investeringsmaatschappij Opera het meubelmerk B&B Italia en de helft van het interieurlabel Moooi in handen heeft.

Skitsch heeft een vrij hoog Dutch design-gehalte. Zijn creative director, de Italiaanse designcritica Cristina Morozzi, vroeg Bertjan Pot, Joost van Bleiswijk, Kiki van Eijk, Maarten Baas en het duo Mario Minale en Kuniko Maeda (Minale-Maeda) producten te ontwerpen. De Nederlandse fotografe Elspeth Diederix verzorgde de fotografie van de producten en de reclamecampagne.

Op de vraag waarom Skitsch met de Nederlandse ontwerpers werkt, antwoordt Morozzi: 'Nederlandse ontwerpers zijn momenteel interessant omdat zij heel erg vanuit het ambacht denken. Dat leidt tot nieuwe ideeën en vormen.' Omgekeerd geldt volgens Morozzi ook dat de Nederlandse ontwerpers de Italiaanse bedrijven nodig hebben om hun ontwerpen te produceren en te distribueren. 'Probleem is dat Nederland geen industrie heeft om nieuw werk in productie te nemen. Dat is onze kracht, Italië beschikt over een excellente industrie die de dialoog met ontwerpers prima beheerst.' **MV**

Foundation of Design Label Skitsch

21 April 2009

One of the most spectacular events of the Milanese Salone del Mobile 2009 was the launch of the Italian design label Skitsch. The label started up immediately with more than 50 products and a store of its own in Milan. More products, mainly furniture and home accessories, and more stores are projected.

The driving force behind Skitsch is the Italian investor Renato Preti, whose Opera investment company controls the B&B Italia furniture brand and owns half of the Dutch interior label Moooi.

Skitsch has a fairly high Dutch Design content. Its creative director, the Italian design critic Cristina Morozzi, asked Bertjan Pot, Joost van Bleiswijk, Kiki van Eijk, Maarten Baas and the duo Mario Minale and Kuniko Maeda to design products. The Dutch photographer Elspeth Diederix was responsible for the photography of the products and the publicity campaign.

In an interview Morozzi explained the decision to work with Dutch designers as follows: 'Dutch designers are interesting at the moment because they think very much in terms of craft. That leads to new ideas and forms.' At the same time she believes the Dutch designers need the Italian companies to produce and distribute their designs. 'The problem is that the Netherlands does not have the industry to take new work into production. That is our strength, Italy has an excellent industry that is fluent in the dialogue with designers.' **MV**

1 / Lancering SKITSCH tijdens de Salone del Mobile 2009 / SKITSCH launch at the Salone del Mobile 2009

1

1

Nederlandse ontwerpers op internationale topposities

Adrian van Hooydonk en Laurens van den Acker zijn in 2009 weer een plaats gestegen op de ranglijst van belangrijke automotive ontwerpers. Van Hooydonk volgde de Amerikaan Chris Bangle op als chief designer van alle merken van de BMW Groep. Van den Acker verruilde de positie van designchef van Mazda in voor dezelfde functie bij Renault.

Beide ontwerpers zijn afgestudeerd aan de TU Delft. Van Hooydonk, die na zijn studie Industrieel Ontwerpen nog een vervolgopleiding automotive design deed in Zwitserland, heeft het grootste deel van zijn carrière gewerkt bij BMW en bij het aan BMW gelieerde ontwerpbureau DesignWorks in Los Angeles. In 2004 werd hij hoofd van de ontwerpafdeling van BMW in München. Chris Bangle en hij zijn verantwoordelijk voor de radicale verandering in het designbeleid van BMW. Ze introduceerden een agressievere vormgeving met scherpere lijnen, die hun op veel commentaar kwam te staan.

Van den Acker is minder merktrouw dan zijn collega bij BMW. Hij werkte voor Audi, Ford en Mazda, waar hij leiding gaf aan de ontwerpafdeling. Bij Renault volgt hij Patrick Le Quément op als vice-president van Renault Corporate Design.

Een toppositie is niet alleen voor automotive ontwerpers weggelegd. De Nederlandse productontwerper Tord Boontje is in juni 2009 benoemd tot professor and head of design products aan het Royal College of Art (RCA) in Londen. Hij volgt er ontwerper Ron Arad op, die deze functie sinds 1997 vervulde. De RCA geldt als een van de invloedrijkste ontwerpopleidingen in de wereld. Boontje heeft zelf aan de RCA de masteropleiding Industrial Design gedaan nadat hij was afgestudeerd aan de Design Academy Eindhoven. Van 2000 tot 2004 was hij docent aan de RCA. Hij vestigde zijn studio in Londen, maar verhuisde een paar jaar geleden naar Frankrijk. Boontjes ontwerpen sluiten meer aan bij de Britse arts-and-craftsstijl dan bij de Nederlandse zakelijkheid. **MV**

Dutch Designers in International Top Positions

Adrian van Hooydonk and Laurens van den Acker rose up another place in the ranks of important automotive designers in 2009. Van Hooydonk succeeded Chris Bangle as chief designer of all brands of the BMW group in the USA. Van den Acker exchanged his position as head of design of Mazda for the same function with Renault.

Both designers are graduates of Delft University of Technology. Van Hooydonk, who after training in Industrial Design took a follow-up course in automotive design in Switzerland, has worked for most of his career with BMW and the allied design agency DesignWorks in Los Angeles. In 2004 he was appointed head of the BMW design department in Munich. Chris Bangle and he are responsible for the radical change in the BMW design policy. For decades it was characterized by a single formal idiom for all models; nowadays there is much more difference between the types. Bangle and Van Hooydonk also introduced a more aggressive design with sharper lines, which caused quite a stir.

Van den Acker is less faithful to one brand than his BMW colleague. He has worked for Audi, Ford and Mazda, where he was in charge of the design department. He succeeds Patrick Le Quément at Renault as Vice President of Renault Corporate Design.

It is not just automotive designers who are getting the top positions. Dutch product designer Tord Boontje was appointed professor and head of design products at the Royal College of Art (RCA) in London in June 2009. He succeeds Ron Arad, who held this position since 1997.The RCA is regarded as one of the most influential design academies in the world. Boontje followed the Master's course in Industrial Design at the RCA after graduating from the Design Academy Eindhoven. He taught at the RCA from 2000 to 2004. He set up his studio in London, but moved to France a couple of years ago. Boontje's designs are closer to the British Arts and Crafts Movement than to down-to-earth Dutch design. **MV**

1

2

3

1 / Tord Boontje
2 / Adrian van Hooydonk
3 / Laurens van den Acker

Volgende / Next
P 44, 102, 202 >>

Iris van Herpen – Mummification Herfst Winter 09/10

Hoewel de naam van de collectie – Mummification – verwijst naar de Egyptische methode om overledenen in windsels in te pakken, heeft de couture van Iris van Herpen uiterlijk weinig gemeen met de strakke maar weinig elegant uitziende mummies. Hier en daar doet het lijnenspel van uiterst beheerste vouwen en plooien zelfs denken aan etnische (Afrikaanse) versieringen.

Van Herpen maakte tien stukken voor deze louter lederen couturecollectie, alle met de hand gemaakt en uiterst arbeidsintensief.

Er is met ringetjes geregen en er zijn stroken aan elkaar genaaid. Met gebronsd leer als basis maakt Van Herpen combinaties met kantbewerkingen en ongebruikelijke materialen zoals goudfolie, splitpennen en tienduizenden eyelets. Ze experimenteerde zelfs met motor- en kogelkettingen. In het kleurenpalet overheersen goudbrons en zwart met (blanke) huidtinten.

Opmerkelijk is verder het silhouet van de collectie. Zo valt een leverkleurige jas op door een combinatie van een goudkleurig bovenstuk en het leren 'geraamte'. Korsetten bestaan uit ontelbare geregen leren bandjes, en hooggesloten mouwloze jurken vormen zich rond een kunstig geplooide rok. Een zwarte jas met riempjes is voorzien van een volumineuze capuchon en uitsteeksels. Vrouwelijke silhouetten met korsetvormen, ronde uitstekende heupen en hoge, brede schouderpartijen geven de collectie een zachte en vrouwelijke uitstraling. Je vergeet bijna dat sommige creaties zo arbeidsintensief waren dat de ontwerpster en haar team er een maand aan werkten.

Als publieksfavoriet op de Amsterdamse Fashion Week 2009 oogstte Van Herpen waardering voor haar sterke concept met persoonlijke visie en signatuur en de wijze waarop ze mode en vakmanschap combineert vanuit een gave om bestaande materialen te herinterpreteren. **CR**

Iris van Herpen – Mummification Fall Winter 09/10

Although the name of the collection – Mummification – refers to the Egyptian method of winding the dead in bands of swathing, the look of Iris van Herpen's couture has little in common with the taut but hardly elegant mummies. Here and there, the play of lines of extremely controlled folds and tucks even resembles ethnic (African) embellishments.

Van Herpen made 10 pieces for this entirely leather couture collection, each of which was made by hand and is extremely labour intensive. Ringlets were strung, bands sewn together. Using tanned leather as a base, Van Herpen combines lacework and unusual materials such as gold foil, cotter pins and thousands of eyelets. She even experiments with motorbike chains and ball chains. The colour palette is predominantly gold bronze, black and (Caucasian) skin tones.

The silhouette of the collection is also striking. A liver-collared jacket stands out through the combination of a gold top section against the leather 'framework'. Corsets consist of countless leather strips strung together, high-necked sleeveless dresses fall in clever pleats around the lower part of the body. A multiply belted black jacket has a voluminous hood and protuberances. Female silhouettes with corset shapes, rounded hips and high, broad shoulder lines give the collection a soft, feminine look. You could easily forget that some of these creations were so labour-intensive that the designer and her team worked on them for a month.

As the audience favourite at the Amsterdam Fashion Week 2009, Van Herpen garnered appreciation for her strong concept with its personal vision and signature, and for the way in which she combines fashion and workmanship by using her talent for reinterpreting existing materials. **CR**

Product / Product

Ontwerper/Designer
Iris van Herpen

Website
www.irisvanherpen.com

Foto's/Photos
Michel Zoeter

iris van
HERPEN

Vorige / Last
<< P 29

Volgende / Next
P 34 >>

Tentoonstelling 'Telling Tales'

Victoria & Albert Museum, Londen
14 juli – 18 oktober 2009

Nederland heeft geen grote reputatie op het gebied van luxeartikelen, zoals Italië of Frankrijk, waar de luxe-industrie hoog ontwikkeld is. Daarom is het opmerkelijk dat Nederlandse ontwerpers de avant-garde vormen van de design-arttrend, die een paar jaar geleden is opgekomen. Onder design art worden de producten verstaan die in een beperkte editie zijn gemaakt. Vaak zijn dit producten waarbij veel handwerk komt kijken, wat ze kostbaar maakt.

Sommige design-artproducten balanceren op de grens tussen design en beeldende kunst, en hun functie is ondergeschikt gemaakt aan de artistieke pretenties van de maker. Het werk van Studio Job, dat een commentaar geeft op de moderne samenleving, is hiervan een goed voorbeeld. Andere design-artproducten hebben meer weg van prototypes, zonder dat het uiteindelijk tot een goedkoop massaproduct hoeft te komen. Joris Laarmans Bone Chair is zo'n product. Het ontwerp van deze stoel, dat gebaseerd is op de groei van botten, zal zich waarschijnlijk ook lenen voor massaproductie, maar zover is het nog niet gekomen. Wie nu een Bone Chair wil aanschaffen, moet enkele tienduizenden euro's neertellen.

De design-arttrend is ook Gareth Williams, conservator Contemporary Design van het Victoria & Albert Museum in Londen, niet ontgaan. Hij stelde de in juli 2009 geopende tentoonstelling 'Telling Tales' samen, waarin vijftig design-artproducten worden getoond, die elk een verhaal vertellen. Nederlandse ontwerpers domineren deze tentoonstelling, want de helft van de deelnemende ontwerpers is afkomstig uit Nederland, en dan hoeft de in Rotterdam gevestigde, Slowaakse ontwerper Tomás Gabzdil Libertiny niet eens te worden meegeteld. Opmerkelijk is ook dat de meesten van hen gestudeerd hebben aan de Design Academy Eindhoven.
MV

Exhibition 'Telling Tales'

Victoria & Albert Museum, London
14 July – 18 October 2009

The Netherlands does not have much of a reputation in the field of luxury articles like that of Italy or France, where the luxury industry is highly developed. It is therefore all the more remarkable that Dutch designers form the avant-garde of the design art trend that emerged a couple of years ago. Design art refers to products that are made in a limited edition. These are often products involving a lot of work by hand, which is what makes them expensive.

Some design art products are on the borderline between design and art, and their function has been subordinated to the artistic pretensions of the maker. The work of Studio Job, which comments on modern society, is a good example of this. Other design art products are more like prototypes that do not eventually have to lead to a cheap mass product. Joris Laarman's Bone Chair is a product of this kind. The design of this chair, based on the growth of bones, would probably also be suitable for mass production, but that has not happened yet. Anyone who wants to purchase a Bone Chair at the moment will have to pay tens of thousands of euros.

Gareth Williams, curator of Contemporary Design at the Victoria & Albert Museum in London, did not miss the design art trend. He curated the exhibition 'Telling Tales', which opened in July 2009, in which 50 design art products are on display, each with a tale to tell. The exhibition is dominated by Dutch designers: half of the designers taking part are from the Netherlands, not counting the Rotterdam-based Slovakian designer Tomás Gabzdil Libertiny. It is also striking that most of them graduated from the Design Academy Eindhoven. **MV**

Foto's/Photos
Courtesy Victoria & Albert Museum

and the Bean Stalk
From The Fairy Book

Vorige / Last
<< P 32

Volgende / Next
P 47 >>

Tentoonstelling 'The House of Viktor & Rolf'

Barbican Art Gallery, Londen
18 juni – 21 september 2008

Viktor Horsting en Rolf Snoeren zijn altijd goed voor opzienbarende modeshows en blijken ook in hun tentoonstelling 'The House of Viktor & Rolf' niet vies van spektakel. Het klapstuk van deze overzichts-tentoonstelling, die in 2008 eerst in de Londense Barbican Art Gallery te zien was en later dat jaar in het Centraal Museum Utrecht, was een poppenhuis van drie verdiepingen. Hierin stonden ruim vijftig poppen die de bekendste creaties van de mode-ontwerpers droegen. Schaal een op drie, dus alle jurken en schoenen moesten speciaal worden gemaakt. Dit door Siebe Tettero ontworpen poppenhuis kostte 1,7 miljoen euro, maar Snoeren en Horsting hebben het voor 1 miljoen aangeboden aan het Centraal Museum. Het museum, dat al een flinke Viktor & Rolf-collectie bezit, is niet op het aanbod ingegaan.

2008 was ook in een ander opzicht een belangrijk jaar voor de beide modeontwerpers: ze verkochten een meerderheidsbelang in hun modelabel voor een onbekend bedrag aan de Italiaanse onderneming Only The Brave. Die is onder andere eigenaar van modemerk Diesel en het label van de Belgische modeontwerper Martin Margiela, bij wie Horsting en Snoeren stage hebben gelopen na hun afstuderen. Over de reden van de verkoop zei Snoeren: 'We hebben dit gedaan om groter te worden, want je merkt in het modesysteem dat je een sterke partner nodig hebt. Niet alleen financieel, er zitten zoveel facetten aan, zoals leveringen, verkoop en merchandising. Het is belangrijk om een partner te hebben die commercieel sterk is en ons creatieve vrijheid geeft. Dat kan een mooi huwelijk zijn.' Er zullen meer Viktor & Rolf-winkels komen en de collectie zal worden uitgebreid met sieraden en tassen.

Het succesverhaal van Viktor Horsting en Rolf Snoeren is niet gestopt in 2009. In juli kregen zij de Grand Seigneur, een belangrijke prijs van de Nederlandse modebranche. De jury prijst hen vanwege hun lef, ambitie en originaliteit, en omdat hun werk zowel het grote publiek als vakgenoten aanspreekt. **MV**

Exhibition 'The House of Viktor & Rolf'

Barbican Art Gallery, London
18 June – 21 September 2008

Viktor Horsting and Rolf Snoeren are always good for spectacular fashion shows, and their exhibition 'The House of Viktor & Rolf' was no exception. The climax in this retrospective, which was first presented in the Barbican Art Gallery in London in 2008 before being shown later in the same year in the Centraal Museum Utrecht, was a three-floor doll's house containing more than 50 mannequins wearing the most well-known creations by the fashion duo. The scale was 1:3, so all of the dresses and shoes had to be specially made. This doll's house designed by Siebe Tettero cost 1.7 million euros. The year 2008 was important for the two designers in a different way too, because they sold a majority share in their label to the Italian company Only The Brave for an unspecified sum. Only The Brave also owns Diesel and the label of the Belgian fashion designer Martin Margiela, with whom Snoeren and Horsting gained practical experience after graduating. Rolf Snoeren on the reason for the sale: 'We did it to become bigger, because you can see in the fashion system that you need a strong partner. It's not just financial, there are so many facets involved such as delivery, retail and merchandizing. It's important to have a partner who is commercially strong and gives us creative freedom. That can be a wonderful marriage.' The Viktor & Rolf shops are due to increase in number and the collection will be expanded with jewellery and bags.

The success story of Viktor Horsting and Rolf Snoeren did not stop in 2009. In July they were awarded the Grand Seigneur, an important award of the Dutch fashion branch. The jury praised them for their courage, ambition and originality, and because their work appeals both to the public in general and to other professional designers. **MV**

Evenement en debat /
Events and Debate

Foto's/Photos
Lyndon Douglas
Courtesy Barbican Art Gallery

Volgende / Next
P 138, 140 >>

Studio Pieke Bergmans – Light Blubs

Smeltend licht als in een nachtmerrie. Het oogt als een surrealistisch schilderij van Dalí. Uit oude armaturen vloeien lampen weg van wit kristalglas. Die lampen zijn voorzien van ledlampjes, wat de mysterieuze mix van ouderwets en hedendaags compleet maakt.

Ontwerpster Pieke Bergmans studeerde aan het Royal College of Art in Londen. In eerdere ontwerpen gebruikte zij ook al wegvloeiend maar uiteindelijk gestold glas in combinatie met bestaande voorwerpen, zoals oude stoelen.

De relatief ongecontroleerde werkwijze geeft de objecten telkens een verrassend, eigen uiterlijk. Bergmans wil materialen dan ook maar ten dele naar haar hand zetten. Veeleer zoekt ze naar processen zoals die ook in de natuur zouden kunnen voorkomen. Door zijn eigenheid moet het materiaal de maakster door het ontstaansproces leiden. Dan zal het vanzelf zijn vorm vinden in plaats van dat de ontwerper het vorm gééft.

In haar autonome aanpak lijkt Bergmans te zappen tussen conceptuele kunst, design en ambacht. Ze wordt hiertoe geïnspireerd door de ziektevirussen uit het menselijk lichaam, die zich al dan niet tijdelijk ergens aan hechten en zich pas losmaken en vorm krijgen wanneer het ze uitkomt.

Dat het glas van de lamp verkleeft met de bestaande armatuur benadrukt verder dat de ontwerpster niet per se iets nieuws wilde neerzetten. Waarom zou je niet uitgaan van wat er al aan goeds is en dat door herinterpretatie transformeren tot iets wat nieuw maar tegelijk ook iets vertrouwds heeft?

Al met al een treffend voorbeeld van hoe pseudo-ambachtelijke vormgeving, weliswaar met verborgen hedendaagse ledtechnologie, de gestalte aanneemt van een smaakvol gebruiksproduct. **CR**

Studio Pieke Bergmans – Light Blubs

A melting light, as if in a nightmare. It resembles a surrealistic painting, like the ones by Salvador Dalí. Lamps of white crystal glass flow out of old fittings. Moreover, these lamps have LED bulbs, completing the mysterious mix of old-fashioned and contemporary. Designer Pieke Bergmans (b. 1978) was trained at the Royal College in London. In earlier projects, she also used flowing but ultimately solidified glass in combination with existing objects – old chairs, for example.

This relatively uncontrolled methodology always gives such objects a surprising, individual look. Bergmans indeed only wants to have partial control over the materials she uses. She seeks methods that could also occur in nature. The material must lead the maker through the process of creation through its characteristic properties. Then it will find its form itself, instead of the designer giving form to it.

In her autonomous approach, she seems to zap between conceptual art, design and artisanship. As inspiration, Bergmans mentions the viruses that temporarily or otherwise attach themselves to something in the human body and only let go and take form when it is to their advantage.

The fact that the glass of the lamp clings to the existing fitting further emphasizes the fact that the designer does not necessarily want to bring something new into the world. Why not start with something that already has good qualities in itself and that can be transformed through reinterpretation into an object that is new but at the same time has something familiar about it?

Here we see a striking example of pseudo-traditional artisanal design with admittedly hidden contemporary LED technology taking the form of a tasteful consumer product. **CR**

Product / Product

Ontwerper/Designer
Studio Pieke Bergmans, Pieke Bergmans, i.s.m./with Royal Leerdam Crystal en/and Solid Lighting

Website
www.piekebergmans.com

Volgende / Next
P 40, 181 >>

Aldo Bakker – Porseleinen tafelstukken

Als vorm functie volgt – een oude discussie en verworden tot een dogma – hoe zit dat dan met het gevoel als leidraad bij een ontwerp? Op het eerste gezicht is namelijk niet echt duidelijk waarvoor deze tere tafelobjecten dienen. Ontwerper en culinair creator Aldo Bakker nam handelingen als het vloeien dan wel schenken (olie, azijn, room) en uitstrooien (zout) als uitgangspunt voor even pure vormen.

De betekenis of herkenning van het object maakte hij ondergeschikt aan een experimentele zoektocht. In het schetsstadium liet Bakker 'vanzelfsprekende' toevoegingen – een oortje, schenktuit of lepelvorm – dan ook achterwege om als ontwerper blanco de vorm te benaderen. Hij ontdekte zo dat grote en lompe toevoegingen als greepjes of deksels vaak overbodig waren.

Na vier jaar geduldig speels te hebben geëxperimenteerd ontwikkelde zich een familie aan tafelstukken.

Het wonderlijke en mooie nu is dat ook de gebruiker deze voorwerpen vrij snel na het oppakken intuïtief begrijpt. Je voelt letterlijk aan waarvoor ze dienen. De vorm van de azijnfles dwingt je tot het nauwkeurig uitschenken en doseren van de geconcentreerde vloeistof. Bovendien kan de fles zowel door links- als rechtshandigen gehanteerd worden. En bij kan en karaf is de schenkopening verticaal, wat voorkomt dat er van bovenaf ongerechtigheden en ongenode gasten in belanden.

Voor de productie zocht Bakker samenwerking met ambachtelijke uitvoerders. Tafelcultuur, waarmee Bakker zich bezighoudt, krijgt vanuit een lifestyle benadering gauw iets oppervlakkigs. Bekijk je de set louter vanuit de esthetiek, dan valt je oog op de opmerkelijke vormgeving. Toch is de grootste verdienste dat dit tafelgoed simpelweg op authentieke wijze zijn hoogsteigen en, inderdaad, beeldschone vorm heeft gevonden. **CR**

Aldo Bakker – Porcelain Table Pieces

If form follows function – an old discussion gradually becoming a dogma – what happens when feeling is the guiding principle for a design? For the fact of the matter is, at first sight it is not really clear what purpose these delicate table objects are meant to serve.

Designer and culinary creator Aldo Bakker used actions such as pouring (oil, vinegar, cream) and sprinkling (salt) as the starting point for discovering equally pure forms, subordinating the meaning or recognizability of an object to his experimental quest. In the sketching stage, Bakker omitted 'obvious' extensions such as an ear, spout, or ladle shape in order to approach the form with an open mind as a designer. He accordingly discovered that large and bulky additions such as handles or lids were often unnecessary.

After four years of patient, playful experimentation, a family of objects developed. The wonderful thing is that when users pick up these table objects now, they quickly understand them intuitively. You can literally feel what they are meant for.

The shape of the vinegar bottle forces you to pour the concentrated liquid carefully in measured dosages. Moreover, this bottle can be used by both left- and right-handed people. The milk can and water carafe have vertical pour openings, preventing flotsam and other 'uninvited guests' from landing in them from the top.

For production, Bakker sought out artisanal manufacturers. A valuation based on lifestyle would produce unnecessary words on table culture, whereas an aesthetic viewpoint would emphasize the remarkable design. Both would be true, but the greatest merit of this tableware is simply that it has found its highly individual and indeed beautiful form in an authentic manner. **CR**

Product / Product

Ontwerper/Designer
Aldo Bakker

Website
www.aldobakker.com

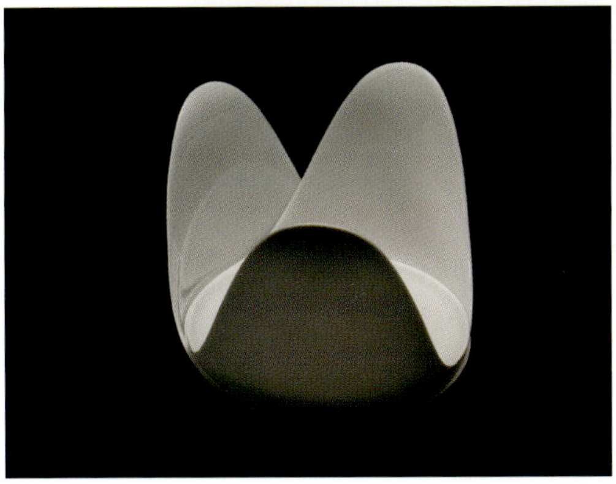

Vorige / Last
<< P 38

Volgende / Next
P 181 >>

Jorre van Ast – Nomad

Met opeenvolgende designprojecten profileert de Nederlandse meubelfabrikant Arco zich als vernieuwer binnen het woonsegment. Opmerkelijk is deze ranke en lichtgewicht tafel met poten die je eronder en weer af kunt schroeven: ideaal voor veel verhuizende mensen. Deze – om die reden Nomad genoemde – tafel is het eerste ontwerp van Jorre van Ast, inmiddels creative director voor de Arco-collectie.

Meestal zijn tafels geconstrueerd met al dan niet zichtbare metalen onderdelen. Dit meubel is juist enkel en alleen uit hout gemaakt. Er zijn diverse soorten hout gekozen, elk vanwege zijn specifieke eigenschap en kwaliteit om tot de ideale combinatie van stijfheid en een laag gewicht te komen. Zo is het tafelblad opgebouwd als een driedimensionale sandwich met een kern uit honingraat, balsahout en dun plaatmateriaal van populierenhout. De poten zijn gemaakt van massief essen.

Het vernuft zit subtiel verwerkt aan de onderkant van het blad. In het midden heeft het tafelblad een dikte van 68 millimeter, die in een vloeiende lijn uitloopt naar slechts 10 millimeter aan de randen. Hierdoor bezit de tafel voldoende stabiliteit en ziet hij er toch ragdun uit.

Het tafelblad is afgewerkt met eikenfineer. Aan de onderkant is het fineer driedimensionaal over de glooiing verwerkt. De Nomad is daarmee de eerste tafel waarin deze techniek wordt toegepast. De dikte van het blad geeft ruimte voor houten schroefdraden, waarin de poten eenvoudig worden vastgedraaid: een staaltje klassieke houtbewerking. Om de poten voldoende grip te geven hebben ze een achtkantige vorm gekregen: functioneel en decoratief in een klap.

Interessant is verder dat de tafel voor Van Ast een logisch vervolg is op een eerder ontwerp van zijn hand, de Clamp A Leg, waarbij tafelpoten aan elk gewenst blad geklemd konden worden, of dit nu een oude deur is, een stuk mdf of een 'echt' houten tafelblad. **CR**

Product / Product

Ontwerper/Designer
Jorre van Ast

Opdrachtgever/Client
Arco Contemporary Furniture

Website
www.arco.nl

Jorre van Ast – Nomad

In successive design projects, the Dutch furniture manufacturer Arco has created a distinct profile for itself as an innovator within the home décor segment. One striking product is this slim and lightweight table with legs that screw on and off – ideal for people who often move house. Called 'Nomad' for that very reason, this table was the first design made for the company by Jorre van Ast, now the creative director of the Arco Collection.

Tables are usually constructed with metal parts, visible or otherwise, whereas this item is made only of wood. Various types of wood were chosen, each because of its specific characteristics and qualities for achieving the ideal combination of rigidity and lightness. The tabletop is comprised, sandwich-fashion, of a core of honeycomb with a layer of balsa wood and a thin sheet of poplar wood. The legs are made of solid oak.

The ingenuity of the design is subtly incorporated in the underside of the tabletop. In the middle, the tabletop has a thickness of 68 mm, which decreases in a flowing line to a mere 10 mm at the edges. This gives the table sufficient stability while lending it an extra-slim look.

The tabletop is finished with oak veneer. The thickness of the top leaves room for wooden screw holes, into which the legs can easily be screwed: an example of classic woodworking. The legs are octagonal in order to give them sufficient grip – function and decoration in one fell swoop.

Another interesting fact is that for Van Ast, this table is a logical follow-up to an earlier table, Clamp A Leg, where table legs could be clamped to any tabletop one wished, whether that be an old door, a piece of MDF or a 'real' wooden tabletop. **CR**

Volgende / Next
P 46, 180 >>

Jan Hoekstra – Green Pan

Het jonge Belgische bedrijf GreenPan™ brengt groene én innovatieve koekenpannen met antiaanbaklaag op de markt. De antiaanbaklaag Thermolon™ vormt een milieuvriendelijk alternatief voor de klassieke koekenpan.

Minpunt van traditionele antiaanbaklagen is dat ze maar tot een bepaalde temperatuur bestendig zijn. Zo geeft de laag giftige dampen af boven een temperatuur van 260 °C, een temperatuur die snel bereikt wordt na enkele minuten braden op een conventioneel fornuis.

Bij oververhitting komen ook giftige dampen vrij, die schadelijk zijn voor de gezondheid.

Thermolon™ verbruikt minder energie tijdens het maakproces en raakt bij het gebruik niet oververhit. Deze gepatenteerde technologie maakt de binnenkant van de pan ook duurzamer. Tijdens het braden, dichtschroeien of zelfs flamberen op deze revolutionaire antiaanbaklaag komen geen toxische gassen vrij.

Wereldwijd zijn er in 52 landen inmiddels ruim vijf miljoen 'groene koekenpannen' verkocht. Geen slechte prestatie.

De Nederlander Jan Hoekstra, tevens product director bij GreenPan™, ontwierp toepassingen van de technologie, zoals de pannenserie Dubai, in februari 2009 bekroond met een Design Plus Award 2009 op de internationale Frankfurter Messe Ambiente.

Hun efficiëntie danken de koekenpannen aan een extra groot bakoppervlak. Innovatief is ook de rechtopstaande rand aan de greep. Dat lijkt een slim designaccent maar blijkt tevens een ecovriendelijke constructie te zijn. Zo kan de producent GreenPan™ telkens eenzelfde type steel of handvat ontwikkelen en monteren voor verschillende producten.

Hoekstra volgt het 'cradle to cradle'-principe, een nieuwe kijk op duurzaam ontwerpen, waarbij gebruikte materialen niet weggegooid of ten dele hergebruikt worden maar geheel ingezet kunnen worden voor een ander product. Zonder kwaliteitsverlies of te veel restproducten.

Minstens dertig procent van het aluminium en vijftig procent van het roestvrij staal kunnen later weer worden gebruikt. **CR**

Jan Hoekstra – Green Pan

The young Belgian company GreenPan™ brings to the market non-stick frying pans that are both green and innovative. The non-stick coating Thermolon™ is an environmentally friendly alternative for the classic Teflon-coated frying pan.

The downside of traditional non-stick coatings is that they only work up to a certain temperature. They begin to break down at 260°C, a temperature that is already reached after a few minutes of frying on a conventional stove.

Overheating also releases poisonous fumes that are harmful to breathe in.

Thermolon™ uses less energy during the manufacturing process and does not become overheated when in use. This patented technology also makes the inside of the pan more durable. With this revolutionary non-stick coating, no toxic gases are released when sautéing, searing or even flambéing.

By now over five million 'green frying pans' have been sold in 52 countries. Not a bad achievement.

Dutchman Jan Hoekstra, who is also product director for GreenPan™, has designed applications for this technology such as the Dubai series of pans, which received the 'Design Plus Award 2009' at the international Frankfurter Messe Ambiente in February 2009.

The efficiency of the frying pans is due to their extra large cooking surface. The straight edged handle is also innovative. It appears to be a clever design accent but also turns out to be an eco-friendly construction: this way, GreenPan™ can develop the same type of handle or grip for different products.

Hoekstra follows the 'cradle to cradle' principle, a new way of looking at sustainable design, where the materials used are not thrown away or partially recycled but can be completely devoted to another product without loss of quality or excess residuals. At least 30 per cent of the aluminium and 50 per cent of the stainless steel can be reused. **CR**

Product / Product

Ontwerper/Designer
Jan Hoekstra

Opdrachtgever/Client
GreenPan™

Website
www.janhoekstra.com

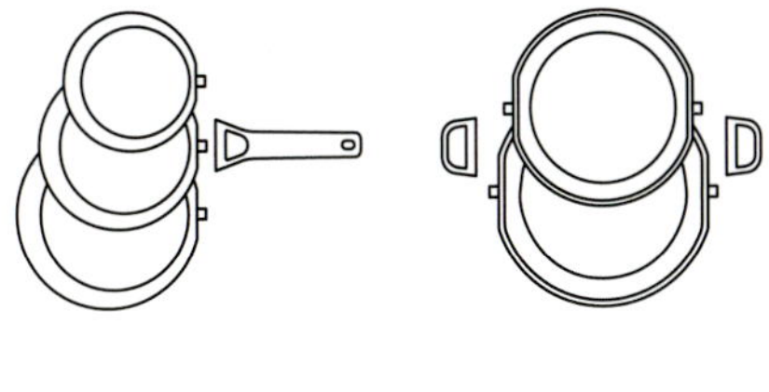

one-size-fitts-all

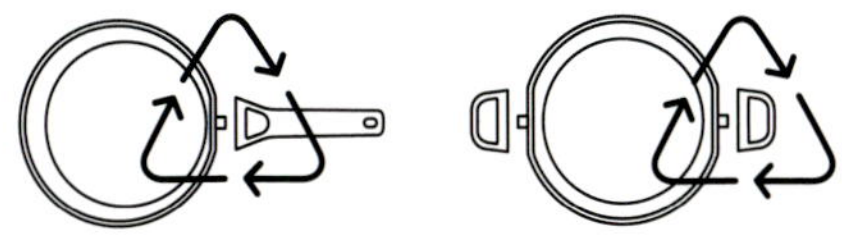

easy up-cycling

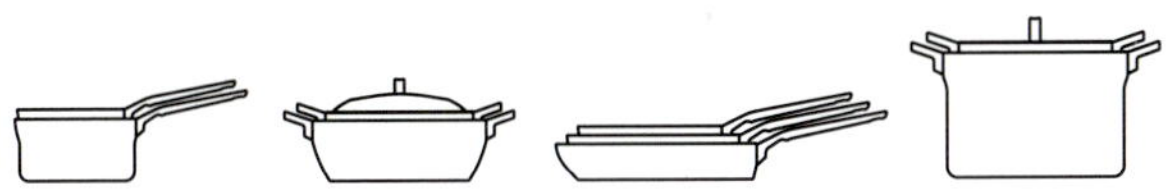

compact storage

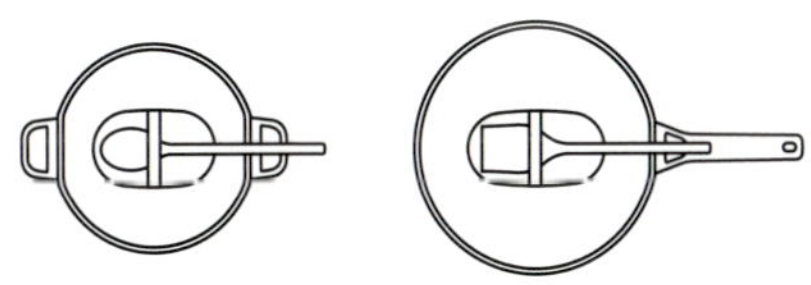

smart spoon-rest

Atelier Ted Noten – Haunted by 36 women

Zesendertig ringen voor evenzoveel vrouwentypes: de fatale vrouw, het leuke buurmeisje, de feministe, de nymfomane, de bedeesde, de fashionista. Het concept om ringen voor speciale vrouwen te bedenken en deze bovendien in verschillende maten uit te voeren past goed bij de dwarsigheid waarmee Ted Noten sinds jaar en dag kunst en vormgevingsdisciplines benadert.

De figuratie van de 36 vrouwensieraden laat duidelijk zien welke clichés, archetypen en dromen Noten vrij baan geven. Als een soort sieraadcabaretier maakt hij associatieve sieraden, opgevat als ruimtelijke collages, en gebruikt daarvoor al dan niet voor de hand liggende objets trouvés en clichébeelden. Een snoer aan hoog gehakte schoenen verwijst overduidelijk naar modebewuste Sex and the City-types. In andere sieraden uit de serie komen we autobanden, porseleinen beeldjes en pluizige speelgoedbeesten tegen. Het vileine voorbeeld voor het gezellige varkentje mag duidelijk zijn.

Ondanks de autonome insteek benut Noten een duidelijke industriële maakwijze, iets wat maar weinig sieraadkunstenaars doen. Op de computer bepaalt hij de maatvoering van de objecten die hij uitvoert in gewenste maten, maar ook in bepaalde materialen en afwerkingen. Sterk verkleinde versies draag je als ring. Een grotere uitvoering past rond hals of pols. Uniek is steeds één sieraad dat in goud wordt uitgevoerd; bij kleine series: staal, nylon of titanium.

Noten schept ook met deze serie weer zijn eigen (anti-)esthetiek, die een commentaar lijkt op het ongebreidelde kapitalisme, het hedonisme en de praalzucht die in het topsegment van het Nederlandse luxeproductdesign juist de kop opsteken.

Overigens verwijst het aantal 36 naar de hoeveelheid gezichten op de Fuji, die de Japanse houtsnedekunstenaar Hokusai maakte. Maar dat is niet meer dan een mooie aanleiding. **CR**

Atelier Ted Noten – Haunted by 36 Women

Thirty-six rings for an equivalent number of female types: the femme fatale, the nice girl next door, the feminist, the nymphomaniac, the shy girl, the fashionista. The concept of creating rings for particular women, and what's more, producing them in bigger or smaller versions is typical of the contrariness with which Ted Noten has long approached art and the design disciplines.

The figuration of the 36 pieces of women's jewellery leaves little doubt about the clichés, archetypes and dreams to which Noten gives a clear field. As a kind of cabaret artiste, he makes associative jewellery, conceived as spatial collages, and uses objets trouvés (obvious or otherwise) and cliché images. A necklace of high-heeled shoes quite clearly refers to fashion-conscious 'sex & the city' types. In other jewellery in this series, we encounter car tires, porcelain figurines and fluffy toy animals. The nefarious example of the cute little pig gets its message across indeed.

Despite his autonomous approach, Noten employs a markedly industrial methodology, such as few jewellery artists do. He uses the computer to determine the measurements of the objects, which he then makes in the desired sizes, but also in particular materials and finishings. The extremely scaled-down versions are worn as rings. Larger versions are worn around the wrist or neck A unique aspect of his work is that one-off pieces are always made of gold, while series are made of steel, nylon or titanium.

With this series, Noten has again created his own (anti-)aesthetic that appears to be a commentary on the unbridled capitalism, hedonism and ostentation that has been cropping up in the top segment of Dutch luxury product design.

By the way, the number 36 refers to the woodblock print *36 Views of Mount Fuji* by the Japanese artist Hokusai. But that's no more than a piquant detail. **CR**

Product / Product

Ontwerper/Designer
Atelier Ted Noten, Ted Noten

Website
www.tednoten.com

Foto's/Photos
Ted Noten

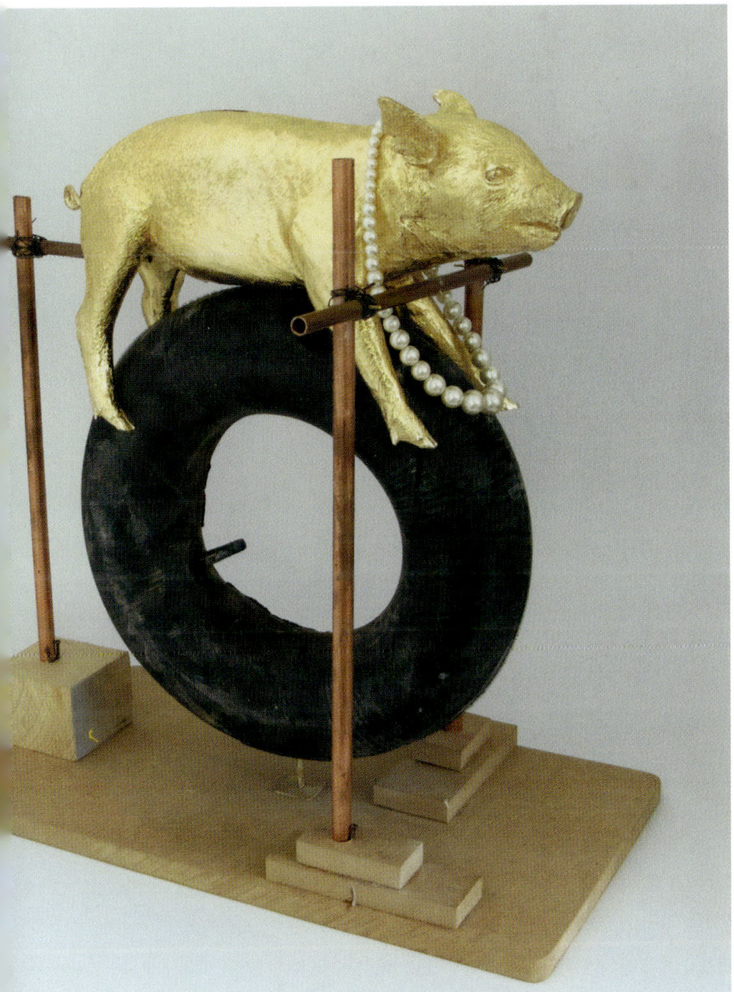

- don't touch -

Vorige / Last
<< P 42

Volgende / Next
P 180 >>

Ontwerplabel Vij5 – FlexVaas

Een vaas zonder bloemen is als een kind zonder moeder. Nog mooier en handiger is het als je een vaas kunt aanpassen aan het boeket bloemen dat erin komt te staan. Hiervoor bestaat de FlexVaas uit een basisvorm met drie verschillende opzetstukken. Je klikt de porseleinen basisvaas vast met afsluitbeugels, bekend van weckpotten. Daardoor krijgt de vaas iets tegendraads nostalgisch, wat we nog niet van dit product gewend zijn.

De FlexVaas is een ontwerp van de jonge vormgevers Arjan van Raadshooven en Anieke Branderhorst, die het product uitontwikkelden, het (laten) produceren én op de markt brengen. Ze nemen hiermee het heft in eigen hand, zoals de zelfproducerende ontwerpgeneratie van de jaren tachtig dat deed.

Het ontwerplabel Vij5, opgericht als samenwerkingsverband tussen Van Raadshooven en Branderhorst, houdt zich bezig met producten voor het interieur en met het ontwikkelen van grotere projecten. De productcollectie wordt onder het ontwerplabel Vij5 ontworpen, waarbij het merk en niet de naam van een van de ontwerpers van belang is. Men streeft naar kruisbestuivingen van ontwerpmentaliteiten als basis voor productontwerpen. Vij5 verzorgt verder andere artdirection voor productcollecties van andere bedrijven en instellingen, waarbij er een intensieve samenwerking is met een team van jonge ontwerpers. **CR**

Ontwerplabel Vij5 – Flex Vaas

A vase without flowers is like a motherless child, we know, but when you do have a luxuriant bouquet, it's even nicer and handier if you can adapt the vase to suit it. The FlexVaas consists of a basic porcelain form with three different, exchangeable top pieces. You attach them to the basic vase with clamps like those on preserving jars. This gives the vase a contradictorily nostalgic quality, which we are not accustomed to seeing in this product.

The FlexVaas is a design by the young designers Arjan van Raadshooven and Anieke Branderhorst, who developed the product, are having it produced and are putting it on the market. Like the self-producing design generation of the 1980s, they are staying in control of the process themselves.

The design label Vij5, founded as a collaborative effort between Van Raadshooven and Branderhorst, focuses on interior design products and on developing larger projects. The collection of products is part of the brand/design label Vij5, where the most important thing is the brand and not the name of a particular designer. Vij5 strives for the cross-fertilization of design mentalities as the basis for its product designs. Furthermore, working intensively with its team of young designers Vij5 also provides art direction for the product collections of other companies and institutes. **CR**

Product / Product

Ontwerper/Designer
ontwerplabel Vij5, Arjan van Raadshooven en/and Anieke Branderhorst

Website
www.Vij5.nl

Vijftig jaar Best Verzorgde Boeken

Er verschijnen in Nederland elk jaar ongeveer 15.000 boeken plus een onbekend aantal uitgaven die niet bestemd zijn voor de boekhandel, zoals jaarverslagen, jubileumboeken en catalogi. Ruim 400 worden door de uitgeverijen of de vormgevers zo goed bevonden dat zij die insturen voor de Best Verzorgde Boeken. Slechts 33 krijgen elk jaar dit predicaat. Een selectie daarvan wordt ingezonden voor de verkiezing van de Schönste Bücher aus aller Welt in de Duitse stad Leipzig. Regelmatig vallen Nederlandse boeken daar in de prijzen. Dit jaar kreeg de *Vinex Atlas* van 010 Uitgevers een gouden medaille (ontwerp Studio Joost Grootens) en was er voor het fotoboek *Baghdad Calling* een zilveren medaille (ontwerp Mevis & Van Deursen). Het jaarverslag 2007 van de Mondriaan Stichting kreeg een eervolle vermelding (ontwerp Ingeborg Scheffers).

Dit jaar was het de vijftigste keer dat de Best Verzorgde Boeken werden gekozen. Het Nederlandsch Verbond voor Boekenvrienden begon ermee in 1926. Daarmee was Nederland het eerste Europese land dat het idee voor deze prijs overnam uit de Verenigde Staten. De vijftig edities geven een mooi beeld van wat men door de jaren onder een goed verzorgd boek heeft verstaan. De laatste jaren lijken typografische omslagen in trek bij de ontwerpers, al kan dit een voorkeur zijn van de jury. Misschien dat de ontwerpers een tegenwicht willen bieden voor het bombardement van beelden dat een mens dagelijks krijgt te verwerken. Wat ook opvalt, is dat er zo weinig literaire boeken bij de 33 Best Verzorgde Boeken zitten. Dit jaar waren het er vijf, inclusief een kinderboek en het zoveelste deel uit de serie Privé-domein van de Arbeiderspers. Goed verzorgd is kennelijk geen criterium meer voor de meeste literaire uitgevers; een boek moet vooral opvallen. **MV**

Fifty Years of Best Dutch Book Designs

Some 15,000 books are published in the Netherlands every year, plus an unknown number of publications that are not intended for the bookshop, such as annual reports, anniversary publications and catalogues. Around 400 are considered of such high quality by the publishers or designers that they are submitted for consideration as one of the Best Dutch Book Designs of the year. Only 33 won that title this year. The Best Dutch Book Designs are also submitted for the choice of the Schönste Bücher aus aller Welt, a competition held in the German city of Leipzig. Dutch books are regularly among the prize-winners. This year the *Vinex Atlas*, published by by 010 Publishers and designed by Studio Joost Grootens, won a gold medal; there was a silver medal for the photo book *Baghdad Calling*, published by Episode and designed by Mevis & Van Deursen. The 2007 annual report of the Mondrian Foundation, designed by Ingeborg Scheffers, received an honourable mention.

This year was the 50th edition of the Best Dutch Book Designs. The initiative was launched by the Netherlands Society of Book Lovers in 1926, when the Netherlands was the first country in Europe to adopt this idea from the USA. The 50 editions offer a splendid picture of what has been considered a well-designed book over the years. Typographic covers seem to have been popular among designers in the last few years, though that may be a preference of the jury. Perhaps designers want to counteract the bombardment of images that we have to cope with every day. It is also noteworthy that there are so few literary books among the 33 Best Dutch Book Designs. This year there were five, including a book for children and yet another volume in the Privé Domein series of the Arbeiderspers. Good design is apparently no longer a criterion for most literary publishers; a book has to attract attention more than anything else. **MV**

Foto / Photo
Courtesy Stichting De Best Verzorgde Boeken

Volgende / Next
P 69, 104, 110, 128, 197 >>

Communicatie / Communication

Ontwerper/Designer
René Put

Opdrachtgever/Client
TNT Post

Website
www.reneput.nl

René Put – Lees Mee-braillepostzegels

Zou Louis Braille, de uitvinder van het brailleschrift, een designprijs gekregen hebben als die in zijn tijd had bestaan? Waarschijnlijk wel, want het brailleschrift is in zijn bruikbaarheid en simpelheid onovertroffen. Sinds de introductie ervan in 1829 is er niets meer aan veranderd, dus zou Braille ook postuum in aanmerking komen voor de duurzaamheidsprijs.

Dit jaar is het 200 jaar geleden dat Louis Braille werd geboren en 180 jaar geleden dat hij het naar hem vernoemde blindenschrift ontwikkelde. Het laatste is door TNT Post herdacht met een velletje speciale postzegels ontworpen door grafisch ontwerper René Put.

Op de twaalf postzegels combineert Put het Latijnse schrift met het brailleschrift. Op elke zegel staan drie woorden waarvan twee letters in braille zijn uitgevoerd. Aan de ziende gebruiker de taak om erachter te komen welk woord er staat. Put koos met opzet woorden die zowel voor blinden en slechtzienden als voor mensen die normaal kunnen zien betekenis hebben. In de marge van het postzegelvel staat het volledige brailleschrift met daaronder het Latijnse letterschrift. Wie er niet in slaagt de rebus op te lossen, vindt achter op de zegel de ontbrekende letters. Deze zijn gedrukt met gifvrije inkt vanwege de gomlaag. De letters staan in hetzelfde stramien als het brailleschrift. Het postzegelvel in zijn geheel heeft hierdoor ook iets weg van de letterkaart die oogartsen gebruiken om de gezichtsscherpte te meten.

Drukkerij Johan Enschedé heeft verscheidene druk- en afwerktechnieken toegepast, zoals pregen voor de braillepuntjes, diepdruk voor de letters op de achterzijde en offset voor de voorzijde van het postzegelvel.

Met de rebus wil Put de zienden kennis laten maken met de wereld van de blinden en slechtzienden. De laatsten kunnen vaak nauwelijks kleuren onderscheiden, wat Put ertoe bracht heel terughoudend te zijn met het gebruik van kleuren. Sommige letters hebben een zweem van kleur naast het zwart, dat het minimalistische ontwerp verfijnt. **MV**

René Put – Read Together, Braille Postage Stamps

Would Louis Braille, the inventor of Braille, have received a design prize if such a thing had existed during his lifetime? Probably, because Braille is unsurpassed in its usefulness and simplicity. It has not been changed at all since its introduction in 1829, so Braille would also qualify posthumously for the durability prize.

This year it is 200 years since Louis Braille was born, and 180 years since he developed the script for blind people which carries his name. The latter fact is being commemorated by TNT Post with a sheet of special postage stamps, designed by René Put.

Graphic designer Put has combined Latin script with Braille on the 12 postage stamps. On each stamp there are three words containing two letters executed in Braille. For the sighted user, it is a puzzle to work out what the word is. Put deliberately chose words which have meaning for both visually impaired people and people with normal sight. The outside edge of the sheet of stamps contains the complete Braille alphabet with the Latin characters next to it. For those who do not manage to solve the puzzle, the missing letters can be found on the back of the stamp. These have been printed using non-toxic ink because of the glue layer.

The letters are in the same pattern as the Braille. As a result, the complete sheet of stamps looks a little like the letter card used by opticians and ophthalmologists to test eyesight.

Printer Johan Enschedé has applied various print and finishing techniques, such as embossment for the Braille dots, engraving for the letters on the back and offset for the front of the sheet of stamps.

René Put's intention with the puzzle and the stamps is to let sighted people make acquaintance with the world of the visually impaired. People with visual handicaps often have enormous difficulty distinguishing colours, which led Put to be very sparing with the use of colour. Some letters have a hint of colour besides the black, which adds refinement to the minimalistic design. **MV**

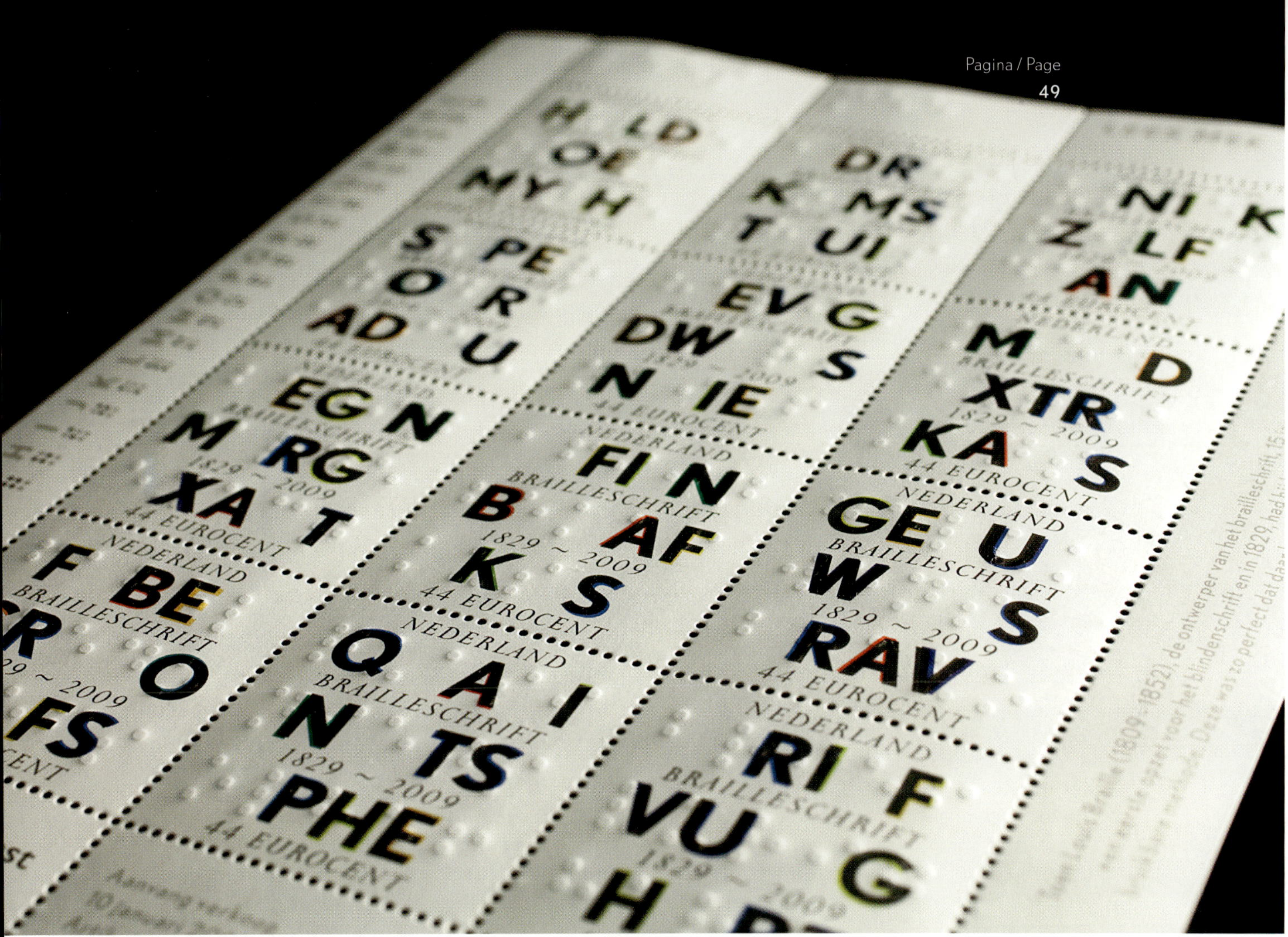
NEDERLAND
BRAILLESCHRIFT
1829 ~ 2009
44 EUROCENT

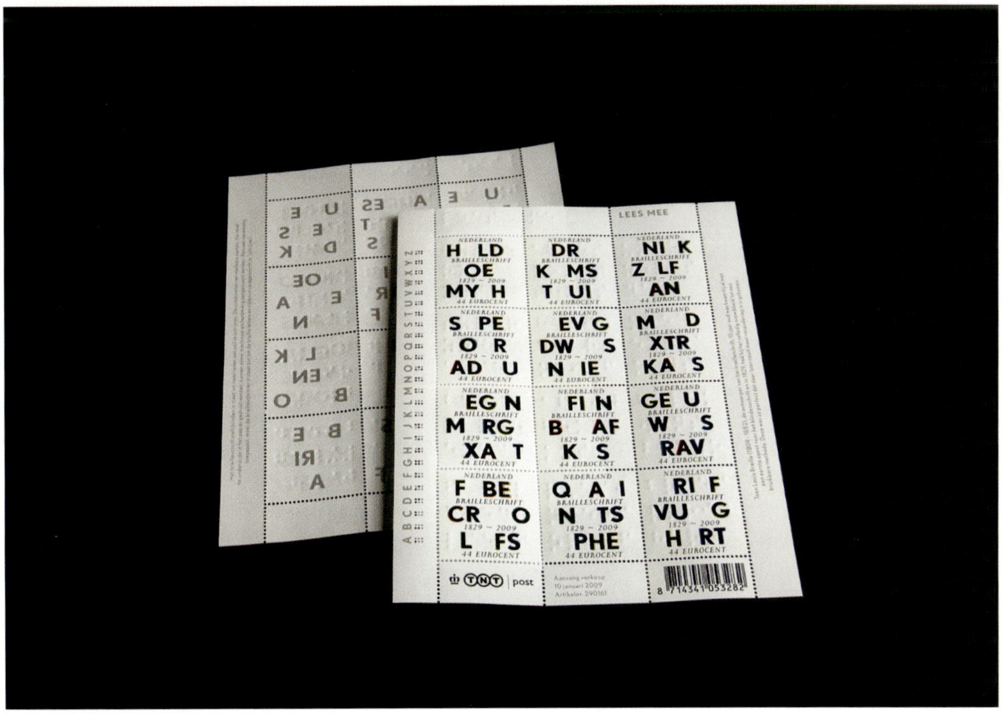
LEES MEE
NEDERLAND
BRAILLESCHRIFT
1829 ~ 2009
44 EUROCENT
post

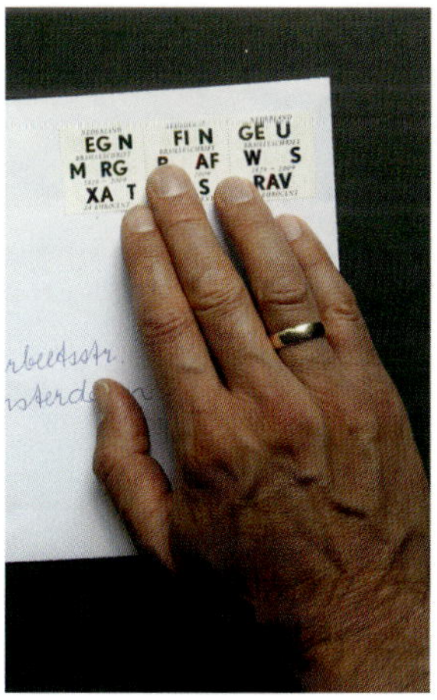

De canon van de vormgeving

Publicatie *Visies op vormgeving*
Publicatie en tentoonstelling Piet Zwart (1885-1977). Vormingenieur
Gemeentemuseum Den Haag

De discussie over de nationale historische canon en zijn betekenis voor scholen, musea en onze nationale identiteit was nog in volle gang, of ook de Nederlandse designgeschiedenis ontving op eigen gebied een fundamentele bijdrage. Designhistorica Frederike Huygen, in het begin van haar carrière werkzaam als de eerste conservator design van Museum Boijmans Van Beuningen, stelde het boek *Visies op vormgeving* samen. Schijnbaar analoog aan het erudiete overzicht van de architectuurteksten *Dát is architectuur* uit 2001 bracht zij honderden belangrijke teksten op gebied van mode, grafische en industriële vormgeving, reclame, kunstnijverheid en meubel- en interieurkunst uit de twintigste eeuw samen. Die vergelijking gaat slechts ten dele op want waar *Dát is architectuur* een feitelijk zeer kleine selectie uit de belangrijkste teksten van de hele wereld presenteert, wist Huygen de onderste steen in Nederland boven te krijgen door naast vele bekende teksten ook uit onbekende brieven, ongepubliceerde dagboeken en obscure tijdschriften te citeren. Ondanks de rijkdom aan rijpe en groene teksten bestendigt Huygen met haar keuze de canon van het modernisme, met een groot aandeel van bekende ontwerper-auteurs variërend van H.P. Berlage tot Wim Crouwel. De grootste verdienste is wel dat met *Visies op vormgeving* het soms zo betwijfelde en schrale discours van de vormgeving van een niet te ontkennen fundament is voorzien.

Troetelkind dan wel kroonjuweel van de modernistische canon is zonder twijfel Piet Zwart, die in 2000 nog door de Beroepsorganisatie Nederlandse Ontwerpers als 'ontwerper van de eeuw' werd gekozen. Na jaren van hagiografische bewieroking middels bijvoorbeeld de productie van kleine boekjes en replica's van producten door allerhande vrienden, wetenschappers, kunsthandelaren en museummedewerkers, maakte kunsthistorica Yvonne Brentjens voor het Gemeentemuseum Den Haag eindelijk een grote overzichtstentoonstelling en een bijbehorende kloeke publicatie. De kritische toon van het boek schoot enkele bewonderaars van Zwart hevig in het verkeerde keelgat, waarop een stevige polemiek volgde over de publicatie en de betekenis van de ontwerper van de eeuw, een discussie die mede werd gevoerd door de auteur van *Visies op vormgeving*. **TdR**

Evenement en debat /
Events and Debate

The Canon of Design

Publication *Visies op vormgeving*
Publication and Exhibition Piet Zwart (1885-1977). Form Engineer
Gemeentemuseum Den Haag

The discussion of the national historical canon and its significance for schools, museums and Dutch national identity was still in full swing when Dutch design history also received a fundamental contribution in its own field. Design historian Frederike Huygen, who worked in the early years of her career as the first design curator at Museum Boijmans Van Beuningen, compiled the book *Visies op vormgeving* (Visions of Design). The collection of hundreds of important texts in the field of fashion, graphic and industrial design, advertising, arts and crafts, and furniture and interior design of the twentieth century seems at first sight to follow the model of the erudite survey of architectural texts *Dát is Architectuur* (That's Architecture) published in 2001. The comparison, however, is only valid to a limited extent, for while *Dát is Architectuur* actually presents only a very small selection of the most important texts worldwide, Huygen managed to provide an exhaustive survey of the Dutch situation by citing from unknown letters, unpublished diaries and obscure periodicals as well as from the many well-known texts. In spite of the wealth of mature and fresh texts, Huygen's selection confirms the canon of modernism, with a large share of famous designers and writers ranging from H.P. Berlage to Wim Crouwel. The main achievement of *Visies op vormgeving* is to have provided the sometimes so contested and bare discourse of design with a foundation that cannot be denied.

The favourite or crown jewel of the modernist canon is undoubtedly Piet Zwart, who was voted Designer of the Century by the Association of Dutch Designers (BNO) in 2000. After years of hagiographic tributes such as the production of booklets and replicas of products by all kinds of friends, academics, art dealers and museum staff, art historian Yvonne Brentjens has finally produced a major retrospective accompanied by a solid publication for the Gemeentemuseum Den Haag. The critical tone of the book did not go down well with several admirers of Zwart and provoked a heated debate on the publication and the importance of the designer of the century – a discussion that was partly conducted by the author of *Visies op vormgeving*. **TdR**

1

3

1 / Tentoonstelling/Exhibition 'Piet Zwart (1885-1977). Vormingenieur', Gemeentemuseum Den Haag

2 / *Visies op vormgeving*

3 / Cover *Visies op vormgeving*

4 / Cover *Piet Zwart (1885-1977). Vormingenieur*

2

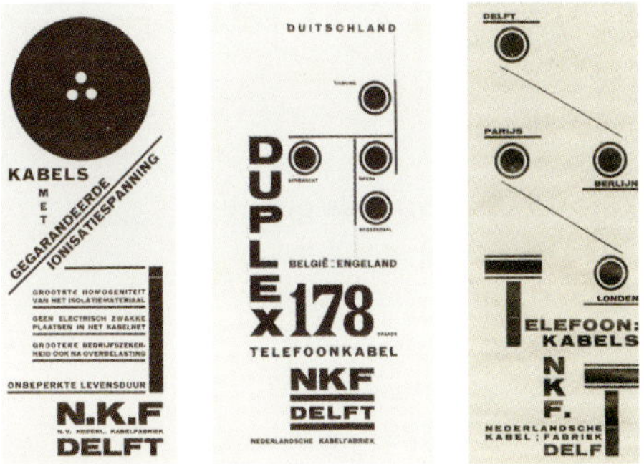

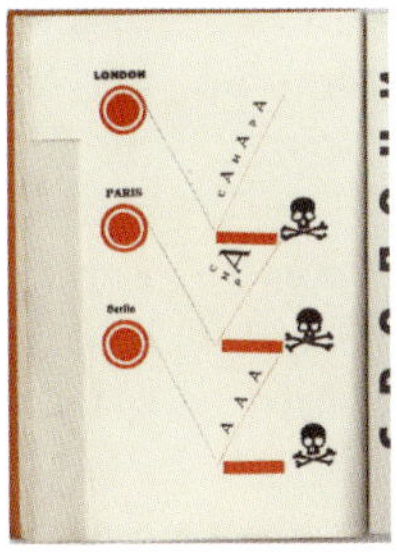

180 Advertentie voor de NKF, 1923, boekdruk, 29 x 11,3 cm, collectie Gemeentemuseum Den Haag.

181 Advertentie voor de NKF, 1924, boekdruk, 30,4 x 15 cm, collectie Gemeentemuseum Den Haag.

182 Advertentie voor de NKF, 1924, boekdruk, 29,1 x 11,2 cm, collectie Gemeentemuseum Den Haag.

183 El Lissitzky, pagina uit Vladimir Majakowski's *Dlja golosa*, 1923, tweekleuren hoekdruk, collectie Gemeentemuseum Den Haag.

4

Vorige / Last
<< P 50

Volgende / Next
P 54 >>

Wim Crouwel 80 jaar

Veel ontwerpers en architecten blijven werken als zij de pensioengerechtigde leeftijd zijn gepasseerd. Voor sommigen is dit noodzaak, voor de meesten passie. Dit laatste zal ook gelden voor Wim Crouwel, die in 2008 tachtig werd. Zijn verjaardag werd gevierd met tentoonstellingen in de Rotterdamse galerie Vivid en in het Van Abbemuseum in Eindhoven, waarvoor hij in de jaren vijftig en zestig affiches en catalogi ontwierp. De Wolfsonian-Florida International University in Miami organiseerde de tentoonstelling 'Gridnik: Wim Crouwel and Modern Typography'. Gridnik is Crouwels bijnaam, die slaat op zijn voorliefde voor het raster (in het Engels *grid*). Hij kreeg in maart 2009 de Gerrit Noordzijprijs toegekend van de Koninklijke Academie van Beeldende Kunsten. Een prijs die om de drie jaar uitgereikt wordt aan een ontwerper die zich heeft onderscheiden op het gebied van letterontwerp en typografie. De tentoonstellingen en de prijs zijn het bewijs dat Crouwels werk onverminderd relevant is voor ontwerpers.

Zijn carrière omvat nagenoeg alle facetten die een loopbaan in de grafische vormgeving kan omvatten. Crouwel werkte als grafisch ontwerper, was medeoprichter van Total Design, een van de eerste ontwerpbureaus in Nederland, doceerde aan diverse opleidingen en was decaan van de faculteit Industrieel Ontwerpen van de TU Delft. Ook buiten zijn vakgebied was hij actief. Van 1985 tot 1993 was hij directeur van Museum Boijmans Van Beuningen.

Als voorzitter van de BNO, de Beroepsorganisatie van Nederlandse Ontwerpers, zette hij zich in voor de fusie van beroepsverenigingen van grafisch en industrieel ontwerpers. Dat heeft ertoe geleid dat de BNO een van de grootste beroepsorganisaties van ontwerpers is in Europa en een stem heeft die ook in Den Haag wordt gehoord. Als er een persoon in Nederland is aan te wijzen die de credits moet krijgen voor de professionalisering van de ontwerpsector, dan is het Wim Crouwel. Tegenwoordig houdt hij zich vooral bezig met het ontwerpen van tentoonstellingen en een enkel affiche. **MV**

Wim Crouwel at 80

Many designers and architects carry on working after they have reached pension age. For some of them this is a necessity, for most of them it is a passion. The latter applies to Wim Crouwel, who turned 80 in 2008. His birthday was celebrated with exhibitions in the Rotterdam gallery Vivid and in the Van Abbemuseum in Eindhoven, for which he designed posters and catalogues in the 1950s and 1960s. The Wolfsonian-Florida International University in Miami organized the exhibition 'Gridnik: Wim Crouwel and Modern Typography'. Gridnik is Crouwel's nickname, based on his predilection for the grid. He was awarded the Gerrit Noord Prize, which is presented once every three years to a designer who has distinguished himself in the field of letter design typography, from the Royal Academy of Fine Art in March 2009. The exhibitions and the award are proof that Crouwel's work has lost none of its relevance for designers.

His career covers practically every facet that the career of a graphic designer can contain. Wim Crouwel worked as a graphic designer, was one of the founders of Total Design, one of the first design agencies in the Netherlands, taught in various institutes, and was dean of the Faculty of Industrial Design, Delft University of Technology. He was also active outside his own field. From 1985 to 1993 he was director of Museum Boijmans Van Beuningen. As chair of the Association of Dutch Designers (BNO), he campaigned for the merging of the professional associations of graphic and industrial designers. This has made the BNO one of the largest professional associations of designers in Europe and a voice that is also heard in The Hague. If there is anyone in the Netherlands to whom credit is due for the professionalization of the design sector, it is Wim Crouwel. He is currently working on the design of exhibitions and designs the occasional poster. **MV**

1

2

4

1 / Wim Crouwel in de tentoonstelling/in the exhibition 'Letters van Crouwel', VIVID, 2002
foto/photo Aad Krol

2-5 / 'Wim Crouwel 80', Van Abbemuseum, Eindhoven
foto/photo Peter Cox

3-4 / '80 | 20 | 100', Vivid, Rotterdam

ghijklmnopqrstuvwxyzabcdefghijklm
JKLMNOPQRSTUVWXYZ,.

2

henri michaux
luchtkunst

3

vorm gevers

3

oldenburg
hunziker

5
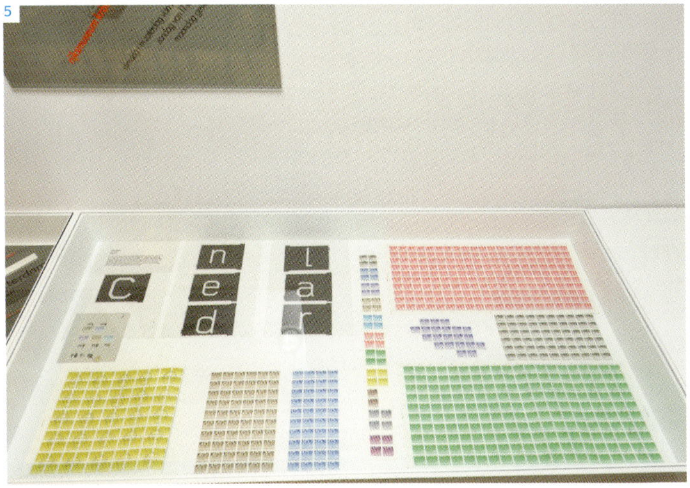

Opening Graphic Design Museum, Breda

11 juni 2008

Bij de opening, in juni 2008, uitte Wim Crouwel, de nestor van de Nederlandse ontwerpers, zijn oprechte twijfel over iets als een museum voor grafische vormgeving: 'Aan het begin van deze eenentwintigste eeuw is de discipline nauwelijks meer te omschrijven en spat uiteen. Het kan een vorm van – vaak slechte – beeldende kunst zijn, maar het kan net zo goed ook hoogst interessante technologie zijn.'

Over de breedte van het medium maakt Mieke Gerritzen, sinds januari 2009 de directeur van het museum, zich daarentegen allesbehalve zorgen. Zij wil de democratisering van het vak zichtbaar maken. Het museum toont daarom niet alleen de ongeveer honderdjarige geschiedenis van het grafisch ontwerpen maar ook die van de beoefenaars ervan. Wisselende tentoonstellingen op de begane grond tonen actuele ontwikkelingen en benadrukken het – voor een gemiddeld publiek verwarrende – credo dat iedereen een ontwerper is. Voor de cultuurhistorische kant moet je letterlijk de diepte in: een etage lager. Hier, in verduisterde ruimten, ontvouwt zich een kleine eeuw designgeschiedenis. De kwetsbare affiches en drukwerken waren tenslotte nooit voor de eeuwigheid gemaakt.

Geprojecteerde films zetten het ontstaan van het vak, rond 1900, in zijn context en verlevendigen de presentatie. Vanaf 1965 zie je hoe gestencilde protestkrantjes van Provo, maar ook het oer-lifestyleblad *Avenue* het Nederlands ontwerpklimaat verbreedden. Randstad uitzendbureau vestigde zijn imago met een simpele, bijna tijdloze huisstijl ontworpen door Ben Bos. Als vernieuwer waagde Wim Crouwel (Total Design) zich aan een experimentele punt-matrixletter, de New Alphabet, die ook door computers gelezen kon worden.

Het papier waarop men tekende, knipte en plakte werd een beeldscherm met icoontjes die virtueel verwijzen naar het aloude handwerk. Stapsgewijs tonen monitoren het ontwerpproces van opdrachtstelling, idee, schets en presentatie tot definitieve uitwerking.

Erg leuk is de museumshop, die speciaal gemaakte sjablonen afgeleid van Paul Mijksenaars kraakheldere Schiphol-pictogrammen verkoopt. **CR**

Opening Graphic Design Museum, Breda

11 June 2008

At the opening in June 2008, Wim Crouwel, the éminence grise of Dutch designers, voiced his serious doubts about the idea of a museum for graphic design: 'At the beginning of this twenty-first century, the discipline can hardly be defined any more and is exploding. It can be a form of – often bad – art, but it can just as well be extremely interesting technology.'

On the other hand, Mieke Gerritzen, who has been director of the museum since January 2009, is not at all worried about the breadth of the medium. She wants to visualize the democratization of the profession. The museum therefore presents not only the hundred or so years of the history of graphic design, but also that of its practitioners. Temporary exhibitions on the ground floor display current developments and drive home the message – a confusing one for the average visitor – that everyone is a designer. For the cultural historical side of the story you have to go deeper – down a floor. Here almost a century of design history unfolds before your eyes in darkened rooms – after all, the vulnerable posters and printed matter were never designed for eternity. Film projections place the birth of the profession in context around 1900 and add life to the presentation. From 1965 onwards you can see how stencilled Provo protest pamphlets, but also the first lifestyle magazine *Avenue*, broadened the design climate in the Netherlands. Randstad temp agency established its image with a simple, almost timeless house style designed by Ben Bos. The innovative Wim Crouwel (Total Design) embarked on an experimental dot matrix letter, the New Alphabet, which could also be read by computers.

The paper for drawing, cutting and pasting was replaced by a monitor with icons that refer virtually to the traditional work by hand. Monitors show the different stages of the design process from the brief, ideas, sketch and presentation to the definitive result.

The museum shop is great fun, it sells specially made stencils based on Paul Mijksenaar's crystal-clear Schiphol Airport pictograms. **CR**

Foto/Photo
Peter Cuypers

Graphic
Design
Museum

Vorige / Last
<< P 54

Volgende / Next
P 73 >>

Tentoonstelling 'Social Energy'

Op 2 november 2008 opende minister van OCW Ronald Plasterk in het Today Art Museum van Beijing de tentoonstelling 'Social Energy, Contemporary Communication Design from the Netherlands, over elf Nederlandse grafisch ontwerpers en bureaus. De presentatie zou daarna nog doorreizen naar Shenzhen, Hongkong en Shanghai en was eerder te zien in Chengdu. Bij elke opening hoorde een conferentie met Nederlandse en Chinese ontwerpers.

De tentoonstelling bevatte werk van Karel Martens, Niessen & De Vries, Machine, Studio Dumbar, NLXL, Catalogtree, Lust, Irma Boom, Peter Bilak, Mevis & Van Deursen en Mooren & Van der Velden. De selectie was gemaakt door Chinese docenten grafisch ontwerpen aan de Central Academy of Fine Arts in Beijing, aangevoerd door ontwerper Li Degeng, geheel op eigen initiatief en op basis van eigen research.

De titel 'Social Energy' is ontleend aan hun visie op grafisch ontwerpen in Nederland. Enerzijds zien zij het Nederlandse grafisch ontwerp als een kracht met grote maatschappelijke invloed, mede door de – in hun ogen – sterke positie in Nederland en daarbuiten. Anderzijds zien zij karakteristieken van de Nederlandse samenleving terug in de ontwerpen. Voor de curatoren zijn het inspirerende voorbeelden van grafisch ontwerpen als instrument en stimulans voor maatschappelijke communicatie in brede zin, die functioneert naast commerciële en overheidscommunicatie.

De presentatie in Beijing was zorgvuldig ingericht, met opvallend veel aandacht voor de ideeën en werkwijze achter de ontwerpen. Steeds was, naast hun affiches, boeken of animaties, een video te zien van de ontwerper(s) aan het werk. Een speciaal gebouwde bibliotheektrap en -kast bevatte mappen vol schetsen en ontwerptekeningen, en bood uitzicht op video-interviews met de Nederlandse ontwerpers. Zie ook de website www.shnl.org/blog. **CdB**

Exhibition 'Social Energy'

The Dutch Minister of Education, Culture and Science Ronald Plasterk opened the exhibition 'Social Energy, Contemporary Communication Design from the Netherlands' on 2 November 2008 in the Beijing Today Art Museum. This presentation of 11 Dutch graphic designers and agencies had already been shown in Chengdu and travelled afterwards to Hongkong, Shenzhen and Shanghai. A conference attended by both Dutch and Chinese designers was held at each opening. The exhibition contains work by Karel Martens, Niessen & De Vries, Machine, Studio Dumbar, NLXL, Catalogtree, Lust, Irma Boom, Peter Bilak, Mevis & Van Deursen, and Mooren & Van der Velden. The selection was made by Chinese tutors of graphic design at the Central Academy of Fine Arts in Beijing under the supervision of the designer Li Degeng, entirely on their own initiative and on the basis of their own research.

The title 'Social Energy' is derived from their vision of graphic design in the Netherlands. On the one hand, they see Dutch graphic design as a force with a strong social influence, partly because of what they regard as its strong position in the Netherlands and abroad. On the other hand, they see characteristics of Dutch society reflected in Dutch design. For the curators these are inspiring examples of graphic design as an instrument and stimulus for social communication in the broad sense, which functions beside commercial and government communication.

The exhibition in Beijing was meticulously presented with a remarkable amount of attention for the ideas and method behind the designs. In each case the posters, books or animations of the designers were accompanied by a video of them at work. A specially constructed library staircase and shelves contained portfolios full of sketches and design drawings and offered insight into video interviews with the Dutch designers. See: www.shnl.org/blog. **CdB**

Foto's/Photos
Christine de Baan

Making Things Public

de multimodale publieke ruimte als nieuwe uitdaging voor Dutch design

'The evacuation of the public realm', 'the end of public space', 'the phantom public sphere': zo luidden enkele jaren geleden nog de onheilspellende analyses van ontwerpers en theoretici.[1] Tegenwoordig zijn de opvattingen heel anders: de publieke ruimte wordt niet gekenmerkt door verlies, banalisering en verval maar door belangrijke transformaties. Het publieke leven speelt zich tegenwoordig niet alleen meer af binnen de gekende typologieën van straten en pleinen: winkelstraten en -centra, bioscoopcomplexen,vrijetijdscentra, parkeergarages, hotels, restaurants en bars hebben hun rol als dragers van publiek leven overgenomen. Opmerkelijk is dat deze ruimten vaak geen publiek eigendom zijn maar private ruimten ontstaan vanuit neoliberale motieven. Hierdoor is voor het eerst in de geschiedenis een overgroot deel van onze publieke ruimte gelokaliseerd in het private domein. De Spaanse architect Manuel de Sola-Morales vindt deze 'verstedelijking van het privédomein' een uitdagende opdracht voor ontwerpers.[2] Anderen beschouwen haar als een negatieve tendens en hebben het over een 'privatisering van de publieke ruimte' die het ware publieke handelen belemmert.[3]

De nieuwe publieke ruimten (ook wel collectieve of parochiale ruimten genoemd omdat ze slechts voor specifieke groepen toegankelijk zijn) worden gekenmerkt door een complex spanningsveld van sociale en commerciële intenties. Ze zijn tegelijkertijd symbolische ruimte en verkoopsruimte, politieke ruimte en etalageruimte, verblijfsruimte en investeringsruimte, rustruimte en spektakelruimte. Ook in historische stadskernen krijgt het publieke domein steeds meer zijn betekenis vanuit commercieel oogmerk.[4] Naast gebruiksruimte voor de plaatselijke bewoners zijn historische straten en pleinen tegenwoordig een belangrijk consumptieproduct dat steden volop inzetten voor het aantrekken van winkelend publiek, toeristen en zakenlui. De publieke ruimte speelt een hoofdrol in de stedelijke iconografie en branding. Bekende historische pleinen, straten en passages zijn belangrijke troeven in de concurrentie tussen 'uitsteden', die zich een plaats moeten verwerven in de globale experience economy.

Convergentie

De nieuwe verschijningsvormen van de publieke ruimte gaan gepaard met een aantal fundamentele veranderingen. Een van de belangrijkste verschuivingen die de afgelopen jaren hebben plaatsgevonden, is dat er een hele reeks virtuele publieke fora de concrete publieke ruimte binnen zijn gedrongen. De hedendaagse publieke ruimte wordt niet in de laatste plaats gevormd door draadloze, mobiele media als gsm, Wi-Fi, gps en RFID. Deze

Making Things Public

The Multi-Modal Public Space as a New Challenge for Dutch Design

'The evacuation of the public realm', 'the end of public space', 'the phantom public sphere' . . . such were the ominous conclusions of designers and theoreticians only a few years ago.[1] Since then views have changed. Instead of loss, trivialization and decline, major transformations are now considered to characterize public space. Indeed, contemporary public life is no longer just set within the established typologies of streets and squares. Arcades, shopping malls, multiplex cinemas, leisure centres, multistorey car parks, hotels, restaurants and bars have taken over their role as foundations of public life. What is striking is that these are often not publicly owned spaces, but private spaces developed according to neoliberal logic. This means that, for the first time in history, the best part of our public space is located within the private domain. The Spanish architect Manuel de Sola-Morales believes that this 'urbanization of the private domain' poses a challenge for designers.[2] Others view it as a negative trend and speak of a 'privatization of public space' that hampers true public action.[3]

The new public spaces (also known as collective or parochial spaces because they are accessible only to specific groups) are characterized by a tension between social and commercial objectives. They are both symbolic space and vending space, political space and exhibition space, residential space and investment space, space of respite and space of spectacle... In historical city centres, too, the public domain is increasingly informed by commercial logic.[4] As well as a usable space for local residents, historic streets and squares have become an important consumer product, one that cities deploy freely to attract shoppers, tourists and businessmen. Public space has become a protagonist in urban iconography and branding. Well-known historic plazas, streets and arcades are major trump cards in the rivalry between tourist and leisure towns seeking to establish themselves in the global experience economy.

media worden ingezet als controle- en veiligheidsmechanismen, maar ook als alternatieve instrumenten voor het publieke handelen. Weblogs, geavanceerde zoekmachines en virtuele omgevingen als Second Life, fenomenen als Twitter, Facebook, MySpace, Hyves en YouTube bieden nieuwe kanalen, netwerken en platforms voor publiek debat en ontmoeting. Het zijn grassroot-media, ze zijn grotendeels geprogrammeerd en ingevuld door de gebruiker. De Britse criticus Andrew Keen noemt dit 'the cult of the amateur'.[5] Kenmerkend voor deze zogeheten informele media is dat ze tot stand komen naast de officiële publieke fora, al zijn er natuurlijk overlappingen.

1 Reitsema & partners architecten, Waaierbrug, 2008, Sportpark, Fanny Blankers-Koenlaan, Floriande, Hoofddorp

Deze nieuwe virtuele publieke ruimten gaan een steeds belangrijkere rol spelen in ons sociale en publieke leven. Opmerkelijk is niet zozeer – zoals in de jaren negentig vaak werd gedacht – dat deze virtuele fora de fysieke publieke ruimte gaan vervangen; ze lijken steeds onzichtbaarder te worden en dringen zo ongemerkt de fysieke publieke ruimte binnen. Sinds enkele jaren zijn onderzoekers vanuit het door de Europese Unie gesubsidieerde programma The Disappearing Computer op zoek naar de implicaties van de geruisloze doordringing van computertechnologie in alle domeinen van ons dagelijks bestaan.[6] De veronderstelling is dat door miniaturisering en afnemende productiekosten allerlei objecten eenvoudiger van simpele elektronische functies kunnen worden voorzien. Hierdoor kan geavanceerde elektronische netwerktechnologie migreren naar voorwerpen en omgevingen. Gebouwen, objecten en kleding kunnen zo haast ongemerkt draadloze zenders en ontvangers worden. Schermen en informatiesystemen worden naadloos deel van onze leefomgeving.

De mediatheoreticus Lev Manovich gebruikt het concept van 'augmented spaces' om aan te duiden dat onze fysieke ruimten steeds meer worden verrijkt met dynamisch veranderende mediatechnologie.[7] De vraag is of dit tot een nieuwe ruimtelijke ervaring zal leiden waarin concrete en virtuele ruimtelijke definities even belangrijk zijn. Met het opgaan van de computertechnologie in de omgeving hangt echter ook een ander vraagstuk samen: het probleem van de onzichtbaarheid. Als technologie onzichtbaar wordt, verdwijnt die technologie ook uit het bewustzijn; de omgeving wordt dan niet langer als technologisch geconstrueerd ervaren.

Het hoeft geen betoog dat deze ontwikkelingen een cruciale invloed hebben op het karakter van de hedendaagse publieke ruimte en ons publiek handelen. Henry Jenkins spreekt van een 'culturele convergentie' van virtuele en concrete publieke ruimten.[8] Deze convergentie houdt in dat boodschappen en vaststellingen van de ene publieke ruimte naar de andere migreren en omgekeerd. Het is tegenwoordig voor iedereen vanzelfsprekend: de informatie uit een persoonlijk debat of gesprek wordt later uitgediept via een discussieforum, sociaal netwerk of een blog. Informatieverzameling en opinievorming zijn dus steeds meer een zaak van heen en weer gaan tussen de verschillende fora die deel uitmaken van de convergente publieke ruimte.

Multimodaliteit

Het is duidelijk: de hedendaagse publieke ruimte is een multimodale ruimte. Ze wordt gekenmerkt door een gelijktijdige verstrengeling van vele modi: van concrete en virtuele eigenschappen, van statische en mobiele domeinen, van publieke en collectieve sferen, van globale en lokale interesses. Als gebruikers navigeren we feilloos in deze multimodale ruimte. In ons spreken, handelen en toe-eigenen schakelen we voortdurend tussen de verschillende modi van de publieke ruimte. Dat is in de ontwerppraktijk bepaald niet het geval. Ontwerpen voor de concrete publieke ruimte (door architecten, stedenbouwkundigen en landschapsarchitecten) en de virtuele publieke ruimte (door designers, softwarespecialisten en whizzkids) zijn bijvoorbeeld nog vaak gescheiden werelden. Ook de relaties tussen de verschillende, vaak conflictueuze, lokale en globale claims op de publieke ruimte zijn dikwijls geen ontwerpthema maar veeleer een zaak van beleidsmensen en ontwikkelaars. Multimodaliteit komt slechts zelden aan bod in het ontwerpend denken. Ontwerpers profileren zich nog steeds als specialisten die zich buigen over één enkel aspect van de publie-

1 Reitsema & partners architecten, Waaierbrug, 2008, Sportpark, Fanny Blankers-Koenlaan, Floriande, Hoofddorp

Convergence

The new manifestations of public space are coupled with a number of fundamental changes. One of the most significant shifts of recent years is the infiltration of concrete public space by a whole series of virtual public forums. Contemporary public space is not in the last place formed by wireless, mobile media such as GSM, WI-FI, GPS and RFID. These media are deployed as monitoring and security mechanisms, but also as alternative instruments for public action. Blogs, sophisticated search engines, virtual settings such as Second Life, phenomena such as Twitter, Facebook, MySpace, Hyves and YouTube offer new channels, networks and platforms for public debate and assembly. These are grassroots media, that is to say, they are largely initiated and developed by users themselves. The British critic Andrew Keen calls it The Cult of the Amateur (2007).[5] Characteristic of these informal media is that they emerge alongside the official public forums, although there are, of course, some overlaps.

These new virtual public spaces are assuming an increasingly important role in our social and public life. What is remarkable is not – as was often thought in the 1990s – that these virtual forums will replace physical public space, but rather that they appear to be growing more and more invisible and thus infiltrate physical public space unnoticed. For some years now researchers associated with the European Union-subsidized programme The Disappearing Computer have been exploring the implications of computer technology's unobtrusive permeation of all areas of everyday life.[6] The assumption here is that miniaturization and falling production costs have made it easier to fit objects with simple electronic functions, thus allowing sophisticated electronic network technology to migrate to products and environments. It allows buildings, objects and clothing to turn almost imperceptibly into wireless transmitters and receivers. In a similar fashion, screens and information systems become a seamless part of our day-to-day world.

Media theorist Lev Manovich uses the concept of augmented spaces to argue that our physical spaces are increasingly enhanced with dynamically changing media technology.[7] The question is whether this will lead to a new spatial experience in which concrete and virtual definitions of space are of equal importance. But the assimilation of computer technology into the environment also raises another issue: the problem of invisibility. When technology becomes invisible, it slips from our consciousness. The environment is no longer experienced as a technological construct.

It goes without saying that these developments have a crucial influence on the character of present-day public space and our public actions. Henry Jenkins speaks of a 'cultural convergence' of virtual and concrete public spaces.[8] This convergence involves the migration of information and insights from one public space to another and vice versa. In this day and age everybody takes it for granted: the information from a private debate or conversation is continued and widened on a discussion web site, social network or blog. Information gathering and opinion making are increasingly an issue of going back and forth between the various forums that constitute convergent public space.

ke ruimte; andere modi blijven buiten beschouwing. Toch is het juist de multimodaliteit die de hedendaagse publieke ruimte onderscheidt van haar historische voorgangers.

Thema's voor het designontwerp

Het multimodale karakter van de publieke ruimte plaatst design voor de uitdaging om nieuwe ontwerpbenaderingen te ontwikkelen. Deze zullen moeten uitgaan van een aantal spanningsvelden tussen bestaande ontwerpthema's.

Product en proces

Een eerste spanningsveld is dat tussen product en proces. De publieke ruimte is een sociale ruimte waarin het sociale proces en communicatie centraal staan. Ontwerpen voor de multimodale publieke ruimte betekent daarom niet alleen het ontwikkelen van producten, maar ook het vormgeven van publieke betekenissen, gebruiken en toe-eigeningen. Hoe deze twee aspecten op elkaar kunnen ingrijpen, is te zien in het ontwerp voor de Moodwall die Urban Alliance ontwikkelde voor de publieke ruimte van de Amsterdamse Bijlmer uit de jaren zestig. Deze 24 meter lange wand biedt een oplossing voor de troosteloze en als onveilig ervaren voetgangerstunnels, die zo typisch zijn voor de naoorlogse modernistische benadering van de publieke ruimte waarin voetgangers en auto's gescheiden zijn. De led-wand, die is gekoppeld aan een uniek systeem van bewegingsensoren, creëert een responsieve achtergrond die met iedere voorbijganger een relatie aangaat. Het gebruik van de onderdoorgangen krijgt hierdoor een heel nieuwe invulling, waardoor ook het gevoel van onveiligheid verdwijnt. Een ander voorbeeld is het Merry-go-round coat rack dat Wieki Somers ontwikkelde voor Museum Boijmans Van Beuningen. Met een ingenieus product verleent zij een nieuwe publieke betekenis aan de garderobe van het museum. Het aan- en uittrekken van je jas krijgt een spektakelwaarde, waardoor er een ruimte van verwondering en communicatie ontstaat en de neutraliteit van het museumbezoek wordt doorbroken.

Generiek en situatiespecifiek

Een tweede aandachtspunt is de relatie tussen het generieke en het specifieke. De publieke ruimte is een wijdverspreide ruimte waarin algemene maatschappelijke tendensen zichtbaar worden, maar het is ook een ruimte die resoneert met zeer specifieke lokale factoren, actoren en claims. Ontwerpen voor de multimodale publieke ruimte zijn daardoor niet louter gericht op het bieden van generieke antwoorden, maar moeten tevens ruime aandacht hebben voor particuliere situaties die bijvoorbeeld stedelijk, landschappelijk en sociaal van aard zijn. De Waaierbrug die Reitsema ontwikkelde voor Hoofddorp toont hoe de generieke opgave van een brug die twee punten verbindt, kan worden gekoppeld aan de specifieke opgave om een plein te creëren. De brug is een verkeersruimte, maar ook een verblijfsruimte die inspeelt op de bijzondere situatie van de school aan de ene en de woonwijk aan de andere kant. Ook de Panoramaschommel van Buro Sant en Co voor een park in de wijk Leidsche Rijn in Utrecht illustreert hoe de generieke opgave van een schommel kan worden geënt op specifieke landschappelijke uitgangspunten. De schommel werd gebouwd op het hoogste punt van het terrein en volgt de glooiende contouren van de heuvel. Het is een integraal onderdeel van het parklandschap en tegelijkertijd een panoramamachine die een prachtig uitzicht biedt.

Multiculturaliteit

Naast de genoemde spanningsvelden brengt de opgave van de multimodale publieke ruimte ook een aantal specifieke thema's met zich mee. Multiculturaliteit is hiervan een eerste voorbeeld. Onze stedelijke publieke ruimte wordt niet bevolkt door een specifiek publiek. Integendeel: de pleinen en straten in onze steden zijn veelkleurig en meerduidig. Heel wat steden hebben de afgelopen jaren een positief marketingargument gemaakt van deze meerkleurigheid met de organisatie van multiculturele straatfestivals, etnische dans- of muziekfees-

2 Reitsema & partners architecten, Waaierbrug, 2008, Sportpark, Fanny Blankers-Koenlaan, Floriande, Hoofddorp

3 Buro Sant en Co, Panoramaschommel, 2008, Park de Hoge Weide, Leidsche Rijn, Utrecht

2 Reitsema & partners architecten, Waaierbrug, 2008, Sportpark, Fanny Blankers-Koenlaan, Floriande, Hoofddorp

3 Buro Sant en Co, Panorama-schommel, 2008, Park de Hoge Weide, Leidsche Rijn, Utrecht

Multi-Modality

One thing is obvious: contemporary public space is a multi-modal space. It is characterized by an interweaving of many modes: of concrete and virtual properties, of static and mobile domains, of public and collective spheres, of global and local interests. As users we navigate this multi-modal space with unerring instinct. While talking, acting and appropriating, we go back and forth between the different modes of public space. But this is certainly not true for design practice. Designs for concrete public space (by architects, urban planners and landscape architects) and virtual public space (by designers, software specialists and whizz kids), for example, are still two separate things. Likewise, the relationships between the different, often conflicting local and global claims on public space are not usually addressed by design, but are more a case for policymakers and developers. Multi-modality rarely features in design considerations. Designers continue to portray themselves as specialists who devote themselves to a single aspect of public space, to the exclusion of other modes. Nonetheless it is exactly this multi-modality that differentiates contemporary public space from its historic predecessors.

Design Themes

The multi-modal character of public space presents designers with the challenge of developing new approaches. These will have to take their cue from the tensions between existing design themes.

Product and Practice

The first such tension is the one between product and practice. Public space is a social space, in which social practice and communication occupy centre stage. As a result, designing for the multi-modal public space does not just mean developing products, but also shaping public meanings, uses and appropriations. How these two aspects can be integrated is shown by the Moodwall that Urban Alliance designed for the public space of 1960s neighbourhood De Bijlmer in the vicinity of Amsterdam. This wall, which is more than 20 m long, offers a solution for desolate passageways that are perceived to be unsafe and that typify the post-war modernist separation of pedestrian and car traffic. The LED wall, which is linked to a unique system of motion sensors, creates a responsive backdrop that establishes a relationship with each passer-by. It lends the use of the passageway a completely new dimension and lifts the sense of danger. Another example is Wieki Somers' Merry-Go-Round Coat Rack for Museum Boijmans van Beuningen in Rotterdam. With this ingenious product she imbues the museum cloakroom with a new public meaning. The practice of changing in and out of one's over-clothes becomes a spectacle, thus creating a space of awe and communication and breaching the neutrality of the museum visit.

Generic and Site-Specific

A second area of interest is the relationship between the generic and the specific. Public space is a common space in which general social trends come to light, but also a space that resounds with highly specific local factors, actors and claims. Designs for the multi-modal public space should therefore not just offer generic answers, but also engage closely with specific situations that are of urban, landscape or social nature. The Waaierbrug (fan bridge) that Reitsema developed for Hoofddorp shows how the generic

ten. Helaas reikt deze interesse voor het 'andere' vaak niet veel verder dan een 'folkloristische' fascinatie in het teken van economische belangen.[9] In de alledaagse publieke ruimte blijkt onze aandacht voor het 'andere' vaak heel snel om te slaan van een fascinatie voor charmante gebruiken en benaderingen naar een afwijzing van vreemde culturele houdingen en gedragingen.

4 Hunk-design & ID-Eddy, The Flying Grass Carpet, 2008

In Nederland is men er de afgelopen jaren steeds van uitgegaan dat deze culturele verschillen op een redelijke manier konden worden overbrugd.[10] Men dacht dat als je autochtone Nederlanders zou vertellen over de culturele achtergronden van zogeheten allochtonen er vanzelf begrip zou ontstaan. Die verwachting werd niet ingelost. Tegen deze achtergrond kun je ervoor pleiten om afstand te nemen van het idee van een neutrale publieke ruimte, waarin verschillen zijn opgelost of stapsgewijs verdwijnen, door een welbegrepen culturele consensus te creëren. Een alternatief biedt het gedachtegoed van politiek filosofe Hannah Arendt.[11] Zij beschouwt niet consensus maar 'zichtbaarheid van verschil' als een van de belangrijkste kenmerken van de publieke ruimte. Wat de mensen verenigt, is de ruimte tussen hen en niet hun gemeenschappelijke waarden of overtuigingen.

De concrete vormgeving van de publieke ruimte kan hierin een belangrijke rol spelen. De vorm van de publieke ruimte is immers in staat om plaats te bieden aan verschillen, om ze uit elkaar te houden en ervoor te zorgen dat ze elkaar niet verdringen. De publieke ruimte kan verschillen zichtbaar maken – net zoals een graf het verdriet over een overledene – waardoor het mogelijk wordt om ermee om te gaan. Multiculturaliteit plaatst ontwerpers voor de uitdaging plekken te bedenken die verschillen kunnen opvangen door ze ergens te lokaliseren en te plaatsen.

Het ontwerp voor The Flying Grass Carpet van Kaijser, Cardinaal en Roos voor Rotterdam lijkt een eerste stap in deze richting. Het grote tapijt werd in de bestaande publieke ruimte van het Schouwburgplein in Rotterdam gelegd, maar had ook op de Dam in Amsterdam of welke andere winkelstraat in een andere Nederlandse stad dan ook kunnen liggen. Het tapijt lijkt zich in de eerste plaats te richten op de groepen stedelingen die vaak uit beeld blijven als de publieke ruimte wordt besproken, bedacht of ontworpen. Het vormt een letterlijk pleidooi om multiculturaliteit (in de breedste zin van het woord) een plaats te geven. Het kunstgras van The Flying Grass Carpet draagt uit dat de publieke ruimte niet enkel plaats moet bieden aan de cultuur van stadsbezoekers (winkelend publiek, toeristen en theaterbezoekers), maar ook aan die van buurtbewoners die een partijtje voetbal willen spelen, languit willen genieten van de zon of even willen praten. Daarnaast refereren de Perzische motieven op het tapijt aan de aanwezigheid van belangrijke groepen stedelingen die hun cultuur vaak niet gereflecteerd zien in de publieke ruimte. Door The Flying Grass Carpet neer te leggen in een publieke ruimte die gedomineerd wordt door symbolen van westerse commercie en Amerikaanse film (zoals het Schouwburgplein), worden zowel de leemten als de verschillen duidelijk.

Culturele duurzaamheid

Een laatste thema hangt samen met de recente internationale financiële crisis en het zogenaamde afbrokkelen van de neoliberale hegemonie. Wat dit ook precies mag betekenen, ervan uitgaande dat het neoliberalisme een belangrijke factor is in de ontwikkeling van de hedendaagse publieke ruimte, zal een crisis van het marktdenken een belangrijke invloed hebben. Anders gesteld: als het neoliberalisme economisch, sociaal en politiek faalt, hoe komt dit dan tot uiting in de publieke ruimte? Of: zijn er alternatieve manieren om de publieke ruimte te benaderen?

Het antwoord op deze laatste vraag is positief. Het ontwerp van de hedendaagse publieke ruimte is immers de opgave bij uitstek voor een vernieuwde reflectie op duurzaamheid. Toegegeven: er zijn de afgelopen jaren heel wat belangrijke bijdragen geleverd in het domein van duurzaam design. Er werden zowel hightechontwerpen – zoals voor lichttoestellen die werken op hernieuwbare

4 Hunk-design & ID-Eddy,
The Flying Grass Carpet, 2008

brief of a bridge connecting two points can be coupled with the specific brief of creating a plaza. The bridge is both a traffic zone and a social space that builds on the particular condition of having a school on one side and a residential neighbourhood on the other. Similarly, Sant en Co's Panoramaschommel (panorama swing) for a park in the Leidsche Rijn neighbourhood in Utrecht illustrates how the generic brief of a swing can be grafted onto specific landscape features. The swing was planted on the site's highest point and mimics the hill's rolling contours. As such it becomes an integral part of the park's landscape as well as a panorama machine offering a gorgeous view.

Multiculturalism

Alongside the aforementioned tensions, the challenge posed by multi-modal public space also introduces a number of specific themes. Multiculturalism is one of them. Our urban public space is not occupied by a singular public. On the contrary, our cities' streets and squares are multicoloured and polysemic. In recent years quite a few cities have turned this variety of colour into a positive marketing message by organizing multicultural street parades and ethnic dance or music festivals. Unfortunately, this interest in the 'other' usually does not extend much beyond a 'folkloristic' fascination informed by economic concerns.[9] In everyday public space curiosity about the 'other' often turns very rapidly from a fascination with charming customs and traditions into a rejection of strange cultural attitudes and behaviour.

In the past the Dutch always assumed that these cultural differences could be bridged in a sensible way.[10] The assumption was that by telling the 'indigenous' Dutch population about the cultural backgrounds of so-called foreigners, mutual understanding would automatically follow. This did not happen. It can be argued that against this backdrop we should abandon the idea of a neutral public space in which differences are either solved or gradually disappear as a result of the creation of an enlightened cultural consensus. The ideas of political philosopher Hannah Arendt offer an alternative.[11] Instead of consensus, she regards 'visibility of difference' as one of the key qualities of public space. What unites people is the space between them and not their shared values or beliefs.

The concrete design of public space can play an important role here. After all, the form that public space takes is capable of accommodating differences, of keeping them separate and making sure that they do not take each other's place. Public space can make differences both visible and present – just like a grave can embody bereavement and thus help people come to terms with it. Multiculturalism challenges designers to produce places that can support differences by localizing them somewhere and giving them a presence.

The design for The Flying Grass Carpet by Kaijser-Cardinaal-Roos for Rotterdam appears to be a first step in this direction. The large carpet was fitted in the existing public space of Rotterdam's central plaza Schouwburgplein, but would have been equally at home on Dam Square in Amsterdam or whichever shopping street in another Dutch town. As an object the carpet evokes, first and foremost, those groups of urban dwellers who are often overlooked when the public space comes up for discussion, development or design. Hence, the artificial grass of the Flying Grass Carpet reminds us that the public space should not just accommodate the culture of visitors (shoppers, tourists and theatre patrons), but also that of residents who want to play a game of football,

energiebronnen – als lowtechvarianten – denk aan de talloze meubelontwerpen geïnspireerd door het 'cradle to cradle'-principe – ontwikkeld. Veel van deze recente ontwerpen passen naadloos in het neoliberale plaatje van productie, ontwikkeling en groei. Duurzaamheid is binnen een dergelijk kader vooral een zaak van beperkt energie- en materiaalgebruik.

5 Kossmann.dejong i.s.m. Döll – Atelier voor Bouwkunst, Watt, 2008, Rotterdam
foto Thijs Wolzak

De publieke ruimte nodigt uit tot de ontwikkeling van een heel ander perspectief. Ze is immers vooral een ruimte van sociabiliteit, een plek waarin culturele verschillen tot uitdrukking komen. Tegen deze achtergrond kan een reflectie op duurzaamheid vanuit een cultureel perspectief ontstaan. Een dergelijke reflectie zal vertrekken vanuit thema's als veranderend gebruik, als ook vanuit de collectieve waarden die aan de publieke ruimte worden toegekend en de vormen van toe-eigening die daarbij passen. Vormen, beelden en patronen bedenken die een basis kunnen bieden voor deze veelzijdige en veranderende claims en gebruiken, dát is de uitdaging die de publieke ruimte stelt aan het domein van het design. Duurzaamheid is dan niet langer alleen een zaak van materiaal en energie, maar eerder een van vormen, beelden en patronen die de mogelijkheid bieden om telkens weer nieuwe culturele betekenissen te dragen. Denken over duurzaamheid wordt zo denken over 'culturele duurzaamheid'.

Vanuit dit concept is bijvoorbeeld de WATT – First Sustainable Danceclub™ ontstaan die Kossmann.dejong (in samenwerking met Döll – Atelier voor Bouwkunst) in Rotterdam ontwierp. De resolute keuze om als hoofdelement voor het project een binnenstraat uit de bestaande massa van het gebouw te houwen, biedt een draagkrachtige basis voor de verdere ontwikkeling van het project. Door de binnenstraat, die de verschillende delen van de club verbindt, kan de club op veel verschillende manieren functioneren. De diverse ruimten kunnen worden gecombineerd maar ook apart worden veranderd of verbouwd op grond van verschuivende tendensen en verwachtingspatronen.

Een veranderende rol voor het ontwerp?

De multimodale publieke ruimte stelt ook het karakter en de rol van het designontwerp ter discussie. Vooral de complexiteit van verschillende modi maar ook het grote aantal actoren, claims en gebruiken vragen om een designontwerp dat voorbijgaat aan **utilitarian problem-solving** of **surface-styling** en andere, meer geëngageerde rollen vervult.

De exploratieve en prospectieve rol

Een eerste nieuwe rol voor het ontwerp is gebaseerd op het complexe karakter van de multimodale publieke ruimte. Tegenover deze complexiteit kan het designontwerp een onderzoekende en verkennende rol opnemen. Het designontwerp heeft immers de kracht om niet enkel reële eindproducten te verbeelden, maar kan zich ook richten op mogelijkheden, toekomstscenario's en -potentialen. Dankzij zijn verbeeldend vermogen kan het designontwerp de verschillende modi van de publieke ruimte op elkaar betrekken en zo problemen verhelderen, toekomstprojecten definiëren en mogelijke ontwikkelingen zichtbaar maken. Het ontwerp wordt zo een middel om iets of iemand te testen: programma's, terreinen, realiseerbaarheid, percepties, logica's, intenties of goodwill.

Het designontwerp als vehikel voor processen van onderhandeling, conflictmanagement en coproductie

De tweede nieuwe rol die het designontwerp kan vervullen, heeft te maken met de veelheid van actoren en claims die de multimodale publieke ruimte kenmerken. Ook hier is het verbeeldende vermogen van het ontwerp het uitgangspunt. Een goed ontwerp heeft immers de kracht om onbewuste individuele verlangens om te zetten in collectieve verwachtingen. Zelfs als wensen van verschillende actoren uiteenlopen, blijft het katalyserende vermogen van het

5 Kossmann.dejong with Döll – Atelier voor Bouwkunst, Watt, 2008, Rotterdam
photo Thijs Wolzak

relax in the sun or have a chat together. On top of that, the carpet's Persian motifs allude to the presence of significant groups of urbanites who rarely see their culture reflected in the public space. Fitting the Flying Grass Carpet in a public space dominated by symbols of Western commerce and American cinema (such as Schouwburgplein) exposes both the lacunae and the differences.

Cultural Sustainability

A final theme is connected with the recent international financial crisis and the supposed crumbling of the neoliberal hegemony. Assuming that neoliberalism is an important factor in the development of contemporary public space, a crisis of free-market ideology is bound to be of great significance. If neoliberalism fails economically, socially and politically, are there any alternative ways of approaching public space?

The answer to the latter question is positive. In my opinion the design of public space within the perspective of the recent crisis presents us with the ultimate opportunity for renewed reflection on sustainability. Granted, we have seen quite a few important contributions to sustainable design in recent years. These have included both high-tech designs – for example, light fixtures working on renewable energy sources – and more low-tech variations – think of all the furniture designs inspired by the 'cradle-to-cradle' principle. Nevertheless, in many of these recent designs sustainability too often remains a question of reduced energy and material consumption.

Public space encourages the development of a completely new perspective on sustainability. After all, it is primarily a space of sociability, a place in which cultural differences find expression. This offers the opportunity to reflect on sustainability from a cultural perspective. Such reflection will take its cue from changing usage as well as from the collective values and associated forms of appropriation ascribed to public space. Envisioning forms, images and patterns that could offer a basis for these multifaceted claims and uses – this is the challenge that public space poses to the design domain. Sustainability will then cease to be a question of materials and energy, and instead become one of forms, images and patterns that can carry new cultural meanings. Thinking about sustainability thus becomes thinking about 'cultural sustainability'.

The WATT – Sustainable Dance Club™ that Kossman.Dejong (in collaboration with Döll – Atelier voor Bouwkunst) designed in Rotterdam appears to be a first step in this direction. The drastic decision to hew an interior street from the existing mass of the building and have this serve as the project's main element offers fertile soil for further development. The interior street, which connects the various parts of the building, allows the club to function in many different ways. The various spaces can be combined, but they can also be modified or remodelled independently, to accommodate shifting trends and expectations. This ability to accommodate diversity and change seems to be a good basis for a sustainable public interior.

ontwerp in tact. Een opsomming van de wensen van verschillende actoren leidt vaak tot het formuleren van een eisenpakket dat niet realiseerbaar is binnen een bepaalde ruimte, tijd en randvoorwaarden. Een ontwerp kan die eisen over elkaar heen schuiven (bijvoorbeeld door globale en lokale ruimten met elkaar te vermengen), combineren binnen eenzelfde ruimte (een private buitenruimte in een publieke binnenruimte) of over elkaar heen leggen (een publieke buitenruimte boven een publieke binnenruimte).

Hierdoor is het designontwerp het uitgelezen medium om verschillende actoren met uiteenlopende claims samen te brengen. De verbeeldende kracht geeft de verschillende claims een concrete ruimtelijke uitdrukking. Hij zet aan tot discussies over ruimtelijkheid, als ook tot het zoeken van concreet ruimtelijke oplossingen waarin de verschillende actoren zich kunnen herkennen. Het designontwerp fungeert dan als een vehikel voor onderhandeling, conflictmanagement en coproductie voor de verschillende actoren van de publieke ruimte. Het wordt een vorm van **quality engineering**, die onmisbaar is bij het bereiken van consensus over een publieke ruimte die niet 'grijs' is.

Het mag duidelijk zijn: de publieke ruimte stelt Dutch design voor een aantal uitdagingen. De nieuwe thema's en rollen vragen niet alleen om oorspronkelijke ontwerpbenaderingen, maar ook om een andere positie van de ontwerper. In enkele van de hierboven geschetste scenario's is de ontwerper niet langer alleen de artistieke uitvinder maar stelt hij zich ook op als onderzoeker, baanbreker of zelfs onderhandelaar. Sterker nog: de multimodale publieke ruimte is een sociaal en cultureel gechargeerde ruimte, die de ontwerper uitnodigt duidelijke visies op ons samenleven te ontwikkelen. Is dat een moeilijke taak? Ik denk het niet. Waarom zou de krachtige ontwerptaal die de afgelopen decennia is ontwikkeld voor **utilitarian problem-solving** of **surface-styling** niet worden hervormd (ik zou haast zeggen 'gerestyled') tot een geëngageerde en structurele benadering van de multimodale publieke ruimte?

A Changing Role for Design?

The multi-modal public space also questions the character and role of design. After all, the complexity of the various modes, as well as the large number of actors, claims and uses call for a design that surpasses mere 'utilitarian problem-solving' or 'surface-styling' to fulfil other, more committed roles.

The Exploratory Role

An initial new role for design is rooted in the complex character of the multi-modal public space. Design can adopt an exploratory role vis-à-vis this complexity. After all, design has the power to not just imagine actual end products, but to also focus on opportunities, future scenarios and possibilities. Thanks to its imaginative power, design can put the various different modes of public space side by side and thus illuminate problems, define future projects and visualize possible developments. Design thus becomes a means of testing something or someone: programmes, sites, feasibility, perceptions, logic, intentions or goodwill.

Vehicle for Processes of Negotiation, Conflict Management and Co-Production

A second new role for design is related to the variety of actors and claims that are characteristic for multi-modal public space. Here, too, design's imaginative power is the starting point. A good design has the power to convert unconscious individual desires into collective expectations. Even when the wishes of different actors diverge, a design's catalyzing power remains intact. An enumeration of the wishes of different actors often results in the formulation of a list of demands that is unfeasible within a certain space, time and constraints. A particular design can confront these demands with one another (for example by mixing generic and specific spaces), combine them within a single space (a private outdoor space within a public indoor space) or superimpose them (a public outdoor space above a public indoor space).

This makes design the best possible medium for uniting different actors with divergent claims. Design's imaginative power gives the different claims a concrete spatial expression. It stimulates debate about space as well as the exploration of concrete spatial solutions with which different actors can agree. If these conditions are met, design functions as a vehicle for negotiation, conflict management and co-production for the various actors in public space. It becomes a form of 'quality engineering', which is indispensable in the creation of consensus about a public space that is not 'grey'.

It is clear: contemporary public space confronts Dutch Design with a number of challenges. The new themes and roles not only call for original approaches to design, but also for another position for the designer. In some of the scenarios outlined above, the designer is no longer just the artistic creator, but he or she also assumes the roles of researcher, pioneer or even negotiator. What's more, multi-modal public space is a socially and culturally charged space, which prompts the designer to develop clear perspectives on our society. Is this a difficult task? I do not think so. Why should the powerful design language which was developed in recent decades for 'utilitarian problem-solving' or 'surface-styling' not be remodelled (I hesitate to write 'restyled') into a dedicated approach to multi-modal public space?

Noten

1 Rem Koolhaas, The Generic City, in: Rem Koolhaas en Bruce Mau, *S,M,L,XL* (p. 1254). Rotterdam, 1995; Michael Sorkin (red.), *Variations on a Theme Park: The New American City and the End of Public Space*. New York, 1992; Bruce Robbins (red.), *The Phantom Public Sphere*. Minneapolis, 1993.

2 Manuel de Sola-Morales, Public and Collective Space: The Urbanization of the Private Domain as a New Challenge, herdrukt in: Tom Avermaete, Klaske Havik en Hans Teerds (red.), *Architectural Positions: On Architecture, Modernity and the Public Sphere*. Amsterdam, 2009.

3 Margaret Kohn, *Brave New Neighborhoods: The Privatization of Public Space*. Londen, 2004.

4 Rianne Van Melik, Irina Van Aalst en Jan Van Weesep, The private sector and public space in Dutch city centres, in: *Cities*, 26, 4, augustus 2009, pp. 202-209.

5 Andrew Keen, *The Cult of the Amateur. How Today's Internet is Killing Our Culture and Assaulting Our Economy*. Londen, 2007.

6 Voor meer informatie over dit onderzoeksprogramma zie: www.disappearing-computer.net, geraadpleegd op 27 juli 2009.

7 Lev Manovich, The Poetics of Augmented Space, in: *Visual Communication*, 5, 2, 2006, pp. 219-240.

8 Henri Jenkins, *Convergence Culture: Where Old and New Media Collide*. New York, 2006.

9 Dit is ook de visie van Slavoj Žižek, Multiculturalism, or, the Cultural Logic of Multinational Capitalism, in: *New Left Review*, 225, 1997, pp. 28-51.

10 Rudi Visker, *Vreemd gaan en vreemd blijven: kleine filosofie van de multiculturaliteit*. Amsterdam, 2005.

11 Hannah Arendt, *The Human Condition*. Chicago, 1958 (Nederlandse vertaling: Vita Activa, Amsterdam, 1994).

Notes

1 Rem Koolhaas, 'The Generic City', in: Rem Koolhaas and Bruce Mau, *S,M,L,XL* (Rotterdam: 010 Publishers, 1995), 1254; Michael Sorkin (ed.), *Variations on a Theme Park: The New American City and the End of Public Space* (New York: Hill and Wang, 1992); and Bruce Robbins (ed.), *The Phantom Public Sphere* (Minneapolis: University of Minnesota Press, 1993).

2 Manuel de Sola-Morales, 'Public and Collective Space: The Urbanization of the Private Domain as a New Challenge', reprinted in: Tom Avermaete, Klaske Havik and Hans Teerds (eds.), *Architectural Positions: On Architecture, Modernity and the Public Sphere* (Amsterdam: SUN Architecture, 2009).

3 Margaret Kohn, Brave New Neighbourhoods: *The Privatization of Public Space* (London: Routledge, 2004).

4 Rianne Van Melik, Irina Van Aalst and Jan Van Weesep, 'The Private Sector and Public Space in Dutch City Centres', *Cities*, no. 4, vol. 26 (August 2009), 202-209.

5 Andrew Keen, *The Cult Of The Amateur: How Today's Internet is Killing Our Culture and Assaulting Our Economy* (London: Nicholas Brealey Publishing, 2007).

6 For more information about this research programme, see: www.disappearing-computer.net, accessed on 27 July 2009.

7 Lev Manovich, 'The Poetics of Augmented Space', **Visual Communication**, no. 2, vol. 5 (2006), 219-240.

8 Henry Jenkins, *Convergence Culture: Where Old and New Media Collide* (New York: New York University Press, 2006).

9 This is Slavoj Žižek's perspective: 'Multiculturalism, or, the Cultural Logic of Multinational Capitalism', *New Left Review*, no. 225 (1997), 28-51.

10 Rudi Visker, *Vreemd gaan en vreemd blijven: Kleine filosofie van de multicultur-aliteit* (Amsterdam: Boom, 2005).

11 Hannah Arendt, *The Human Condition* (Chicago: University of Chicago Press, 1958).

Stani Michiels – Architectuur Vijfje

Een inventieve ontwerper blijkt op de twee zijden van een 5 euromunt veel informatie kwijt te kunnen. De in België geboren kunstenaar en architect Stani Michiels slaagde erin op de ene kant het portret van de koningin samen te stellen uit de namen van iets meer dan honderd Nederlandse architecten. Op de andere kant van de munt vormen de ruggen van ongeveer dertig boeken over Nederlandse architecten de contouren van Nederland.

Michiels won met zijn ontwerp de wedstrijd van het Architectuur Vijfje, die de Koninklijke Nederlandse Munt in 2008 had uitgeschreven onder ontwerpers, architecten en kunstenaars. Hij voelt goed aan dat sommige Nederlandse architecten hun boeken bijna net zo belangrijk achten als hun gebouwen. Ook voor ornithologen valt er veel te beleven aan deze munt: boven de hoofdsteden van de provincies zweeft een vogel die typisch is voor die provincie.

Opmerkelijk is dat de software voor het maken van een dergelijk gecompliceerd ontwerp niet duur hoeft te zijn. Michiels, die zelf ook computerprogramma's schrijft, legt op zijn website uit hoe hij met gratis programma's het Architectuur Vijfje heeft ontworpen.

De namen van de architecten zijn in cirkels aangebracht, waarbij de korpsgrootte geleidelijk afneemt naarmate het middelpunt wordt genaderd. De namen aan de buitenkant zijn goed leesbaar, maar voor die in de binnenste cirkels heb je een loep nodig. De plaats van de namen is niet toevallig gekozen. De ontwerper heeft deze bepaald aan de hand van het aantal treffers dat een naam oplevert als je die invoert in Google. Het Architectuur Vijfje geeft dus ook een indruk van de populariteit van een architect in 2008. **MV**

Stani Michiels – Architecture Fiver

An inventive designer can apparently include a great deal of information on the two sides of a five-euro coin. The Belgian-born artist and architect Stani Michiels managed to compose the portrait of the queen on one side using the names of over a hundred Dutch architects. On the other side of the coin, the spines of around thirty books about Dutch architects form the contours of the Netherlands.

Michiels' design won the Architecture Fiver competition, organized in 2008 by the Royal Dutch Mint and open to designers, architects and artists. He has a good appreciation of the fact that, for some Dutch architects, their books are almost as important as their buildings. The coin is also very interesting for ornithologists, because above each provincial capital, a bird is poised that is typical of that particular province.

It is remarkable that there is no need to use expensive software to produce such a complicated design. Stani Michiels, who also writes computer programs, explains on his website how he used free software to design the Architecture Fiver.

The names of the architects are applied in circles, and the height of the line of letters reduces as it approaches the middle. The names on the outside are easy to read, but you need a magnifying glass to decipher the names in the inner circles. The positioning of the names is not coincidental. Michiels determined the location based on the number of results generated for a name entered in the search engine Google. So the Architecture Fiver also gives an idea of an architect's popularity in 2008. **MV**

Communicatie / Communication

Ontwerper/Designer
Stani Michiels

Opdrachtgever/Client
Koninklijke Nederlandse Munt/ Royal Dutch Mint

Website
www.stani.be

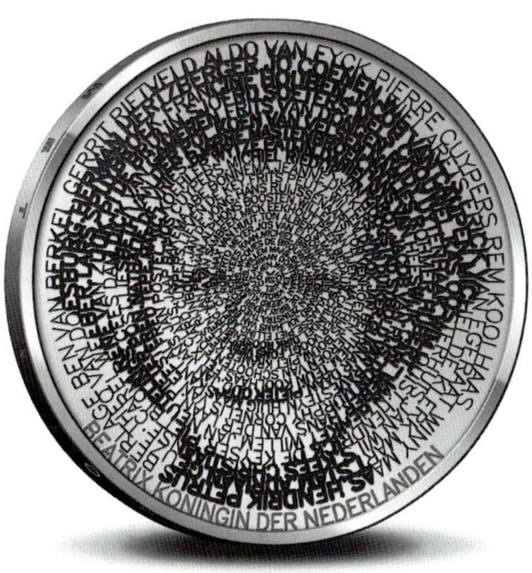

Volgende / Next
P 90, 106 >>

UNStudio – Interieur Muziektheater Graz

UNStudio – Interior Music Theatre Graz

Interieur en publieke ruimte / Interior and Public Space

Ontwerper/Designer
UNStudio

Opdrachtgever/Client
KUG, University for Music and Applied Art

Website
www.unstudio.nl

Foto's / Photos
Iwan Baan, Christian Richters

Hoewel het nieuwe muziektheater van de Universiteit voor muziek en uitvoerende kunst in Graz, Oostenrijk, in alle opzichten een gebouw van deze tijd is, heeft het ook iets negentiende-eeuws. Het is namelijk niet alleen een theater om te zien maar ook om gezien te wórden. Dat wordt nog versterkt doordat het interieur zich 's avonds helemaal aan de stad blootgeeft. Daardoor heeft het zelfs iets onbeschaamds, maar het is een onbeschaamdheid die volop wordt gerechtvaardigd door de opwindende manier waarop de ruimten zich door het gebouw slingeren.

Zoals vaker bij ontwerpen van het Amsterdamse architectenbureau UNStudio ligt aan de ruimtelijke organisatie een topologische figuur ten grondslag. In dit geval is dat een spiraal. De constructieve kern van het gebouw van gewapend beton maakt een draaiende beweging en doet, omdat kolommen achterwege konden blijven, ruimten als het ware in elkaar overvloeien. Zo wordt de bezoeker als vanzelf vanaf de entree omhoog geleid naar de foyer en het auditorium – een *black box* met vijfhonderd stoelen – op de eerste verdieping. De spiraal maakt het bovendien mogelijk om twee min of meer contrasterende typologieën, de doosvorm en de 'blob', in één structuur te verenigen.

Bij het ontwerp hebben metaforen uit de muziek een belangrijke rol gespeeld. Zo verwijst het archetype van de spiraal onder meer naar ritme en continuïteit. En voor de glazen gevels zijn gestileerde onderdelen van muziekinstrumenten als motief gebruikt. **OK**

Even though the new music theatre of the University for Music and Applied Art in Graz, Austria is a thoroughly modern building, it also has a certain nineteenth-century quality. The theatre is a spectacle in its own right – especially at night, when the interior is fully exposed to the city. A little audacious perhaps, but this audacity is more than justified by the exhilarating way in which the various spaces meander through the building.

As is common in designs by the Amsterdam-based architecture firm UNStudio, the layout is informed by a topological figure – a spiral in this case. The building's reinforced concrete skeleton twists and, because columns were unnecessary, causes spaces to merge into one another. As a result, visitors are almost automatically led from the entrance up to the foyer and the auditorium – a black box seating 500 – on the first floor. The spiral also makes it possible to combine two more or less incongruous types, the box and the 'blob', within a single structure.

Musical metaphors played a key role in the design. The archetype of the spiral, for example, alludes to qualities such as rhythm and continuity. And the glass façades are patterned with stylized components of musical instruments. **OK**

Het jaar van de customfonts

De presentatie van de Rijksoverheid Serif en Sans haalde in november 2008 de voorpagina's van de kranten en zelfs het NOS-televisiejournaal. Dat mag historisch genoemd worden. Deze letter van Peter Verheul, docent aan de Haagse Academie, maakt deel uit van de door Studio Dumbar ontwikkelde visuele identiteit voor de gehele rijksoverheid. Gebruikte Verheul voor de schreefversie zijn Versa uit 2004 als model, voor de neutrale schreefloze vond hij een overtuigende nieuwe vorm.

Op het gebied van de fontproductie is Nederland al twee decennia toonaangevend. Er komen jaarlijks nieuwe ontwerpen uit: families waar veel ontwikkeltijd in zit of sneller gemaakte funfonts. En dan zijn er elke zomer de afstudeerletters van de masters van de Haagse Koninklijke Academie van Beeldende Kunsten. Die ontwerpen verrassen vaak door hun hoge kwaliteit. Naast letters voor de markt verschijnen er – steeds meer – letters in opdracht. Zo'n customfont biedt de opdrachtgever exclusiviteit en is doorgaans voordeliger dan een licentie voor een bestaand font.

Paul van der Laan en Pieter van Rosmalen, oud-studenten van de Haagse Academie, wonnen begin 2008 de pitch voor een letter voor Audi. Het Berlijnse MetaDesign was verantwoordelijk voor de huisstijlupdate. Na een uitgebreide briefing met diagrammen van het marktsegment kwamen Van der Laan en Van Rosmalen tot de stoere AudiType, die brak met de Univers-traditie. Op navigatiesystemen en overalls is nu hun uitgebreide familie te zien. En gewoon gezet vormt de breedvette variant als vanzelf het Audi-logo. Onlangs voltooide Van Rosmalen ook een speciale letter voor de bewegwijzering van het Zuid-Koreaanse wegennet. Overigens werkte de Haagse letteruitgeverij Underware voor een andere Duitse autofabrikant. Hun Daimler-logo ontstond in samenwerking met het Berlijnse bureau Schindler Parent Identity.

Verheuls rijksletter is nu overal in Nederland te zien: in televisiespots, op overheidsdrukwerk en – soms metershoog – op gevels van overheidsgebouwen. Er zijn weinig ontwerpen waarvan de brede toepasbaarheid zo getest zal worden. **ML**

The Year of the Custom Fonts

The presentation of the Rijksoverheid Serif and Sans hit the front pages of the newspapers and even the NOS television news in November 2008. This font designed by Peter Verheul, who teaches at the Royal Academy of Art in The Hague, is part of a house style that Studio Dumbar developed for the entire national government. Verheul used his Versa from 2004 for the serif version, and invented a convincing new form for the neutral sans serif font.

The Netherlands has played a leading role in the production of fonts for the last two decades. New designs emerge every year: families whose development has meant the investment of a lot of time, or fun fonts that can be developed more rapidly. And then every summer there are the graduation fonts from the Master's course of the Royal Academy of Art in The Hague. Those designs often display a surprisingly high quality. Besides fonts for the market, an increasing number of commissioned fonts are appearing. A custom font offers the client exclusiveness and is generally less expensive than the licence to use an existing font.

Paul van der Laan and Pieter van Rosmalen, who are both graduates of the Royal Academy of Art in The Hague, won the pitch for a letter for Audi at the beginning of 2008. MetaDesign in Berlin was responsible for the update of the house style. After an extensive briefing with diagrams of the market segment, Van der Laan and Van Rosmalen came up with the robust AudiType, which broke with the Univers tradition. Their extended family can now be seen on navigation systems and overalls. And when it is simply set, the wide bold variant automatically forms the Audi logo.

Van Rosmalen recently also completed a special font for the signposts of the road network in South Korea. Incidentally, the Underware font foundry in The Hague worked for a different German car manufacturer: their Daimler logo was created in cooperation with Schindler Parent Identity in Berlin.

Verheul's government font can now be seen all over the Netherlands: in television commercials, on government printed matter, and – sometimes metres high – on the walls of government buildings. There are few designs whose broad applicability will be tested as much as this one. **ML**

1

2

DAIMLER

1 / Caketype, lettertype Hangil E-Type met een gewone (in het groene vlak) en een extra smalle versie (in het blauwe vlak)/ Ordinary version (in the green box) and condensed version (in the blue box).

2 / Underware (i.s.m. Schindler Parent Identity), nieuwe Daimler AG-logo / Underware (in cooperation with Schindler Parent Identity), new Daimler AG logo

Doepel Strijkers Architects – Parksite

Doepel Strijkers Architects – Parksite

Interieur en publieke ruimte / Interior and Public Space

Ontwerper/Designer
Doepel Strijkers Architects i.s.m./ with LEX-Architecten en/and Bouwbedrijf H. van der Sluis & Zonen

Website
www.dsarotterdam.com
www.lex-architecten.nl

Foto's / Photos
Maarten Laupman

Maak van een grote utilitaire ruimte in een smalle straat in Rotterdam-Noord, die voorheen dienstdeed als een garage voor ambulances, een gerieflijke en lichte woning met drie slaapkamers. In de handen van Doepel Strijkers Architects heeft die lastige opgave geresulteerd in een verrassend mooi huis.

Het casco van de garage was groot genoeg om er het hele programma in onder te brengen, zij het dat ongeveer halverwege de vloer moest worden verdiept. In dit verdiepte deel bevindt zich de keuken, van waaruit een brede oranje trap naar het woonvertrek aan de achterzijde voert. Boven de keuken was vervolgens ruimte om er een dubbelwandige doos van polycarbonaat op te hangen, met daarin de slaapkamers en de badkamer. De van binnenuit verlichte doos functioneert 's avonds als lichtbron.

Aan de achterkant is de gesloten pui vervangen door een geheel glazen gevel, waarachter nog een overdekt terras ligt. Via dit terras hebben de bewoners toegang tot een privaat parkje dat helemaal door het bouwblok wordt omsloten en dat tijdens kantooruren ook wordt gebruikt door de werknemers van een naastgelegen kantoor.

Zo is een intrigerend, bijna Venetiaans contrast ontstaan: een gesloten voorgevel aan een smalle stadsstraat en een achterzijde die zich helemaal opent naar een verrassende hortus conclusus. **OK**

Convert a large utilitarian space in a narrow street in the north of Rotterdam that was formerly used as a garage for ambulances into a comfortable and light three-bedroom house. In the hands of Doepel Strijkers Architects this challenging brief produced a remarkably fine result.

The shell of the garage was large enough to accommodate the entire programme, although about half of the floor required excavation. This excavated section contains the kitchen, from where a wide orange staircase leads up to the living room at the back. There was space above the kitchen to suspend a double-skinned polycarbonate box with the bedrooms and the bathroom. In the evening this illuminated box serves as a source of light.

The unbroken façade at the rear has been replaced by a glass façade, which separates the house from a covered patio. This patio provides the residents with access to a private, completely enclosed park which, during office hours, is used by the employees of an adjacent office.

The result is an intriguing, almost 'Venetian' contrast: a continuous façade along a narrow city street and a rear that opens onto an unexpected *hortus conclusus*. **OK**

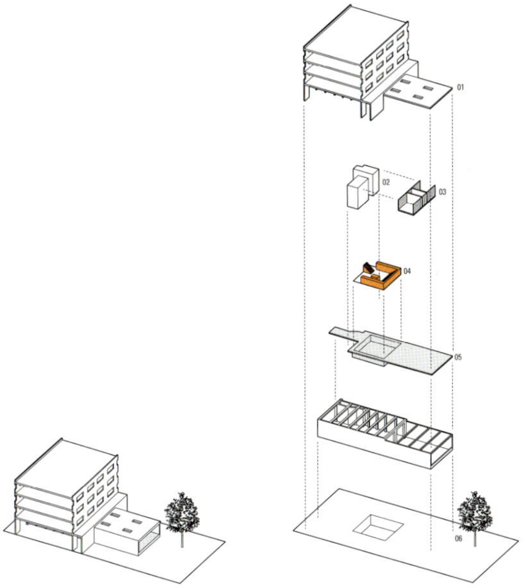
01
02
03
04
05
06

Oprichting DutchDFA

16 december 2008

De Nederlandse architectuur en vormgeving hebben een goede reputatie in het buitenland. Ze kunnen ingezet worden om de positie van Nederland als innovatieve en creatieve natie te versterken, menen de bewindslieden van Buitenlandse Zaken, Cultuur en Economische Zaken. Daarom trekken de drie ministeries tot 2012 twaalf miljoen euro uit voor het programma Dutch Design Fashion and Architecture, kortweg DutchDFA. Dit programma richt zich op drie landen in het bijzonder: China, India en Duitsland. In het laatste land ligt het accent op de deelstaat Noordrijn-Westfalen, waar Essen in 2010 culturele hoofdstad van Europa is. China en India zijn gekozen omdat deze landen zich ontwikkelen tot belangrijke economische machten met een opkomende middenklasse die zijn geld wil besteden aan luxeartikelen.

DutchDFA's programmamanager Christine de Baan zegt: 'Dutch design is een merk geworden. Steeds meer Nederlandse ontwerpers zijn actief in het buitenland. Door krachten te bundelen versterken we de creatieve sector en maken we ruimte voor een nieuwe generatie designers.' Zij stelt dat de Nederlandse ontwerpmentaliteit een antwoord kan bieden op de kwesties waarvoor ook andere landen zich geplaatst zien.

DutchDFA wil de andere instellingen niet voor de voeten lopen, maar stemt zijn activiteiten af op die van hen om te komen tot een meer coherent beleid. Bij handelsmissies naar het buitenland bijvoorbeeld werken de beroepsorganisaties van architecten en ontwerpers samen met instellingen als Premsela Stichting en Modint. **MV**

Foundation of DutchDFA

16 December 2008

Dutch architecture and design have a good reputation abroad. This can be deployed to strengthen the position of the Netherlands as an innovative and creative country, according to the Ministries of Foreign Affairs, Culture and Economic Affairs. That is why these three ministries are jointly contributing 12 million euros until 2012 for the programme Dutch Design Fashion and Architecture (DutchDFA). DutchDFA is targeting three countries in particular: China, India and Germany. The emphasis in Germany is on the federal state North Rhine-Westphalia, of which one of the major cities, Essen, will be cultural capital of Europe in the year 2010. China and India have been chosen because they are developing into important economic powers with an emergent middle class that wants to spend its money on luxury items.

The DutchDFA project manager Christine de Baan states: 'Dutch Design has become a brand. More and more Dutch designers are active abroad. By joining forces, we can strengthen the creative sector and make room for a new generation of designers.' She believes that the Dutch design mentality can offer an answer to issues facing other countries, too.

DutchDFA does not want to get in the way of the other institutions, but harmonizes its activities with theirs in order to arrive at a more coherent picture. When it comes to trade missions abroad, for example, the professional organizations of architects and designers cooperate with such institutions as the Premsela Foundation and Modint. **MV**

1

2

3

dutch
▶ design ▶ fashion ▶ architecture

1 / Frans Timmermans, staatssecretaris van Europese Zaken/Minister for European Affairs

2 / Frank Heemskerk, staatssecretaris van Economische Zaken/Minister for Foreign Trade

3 / Logo Dutch DFA, ontwerp/design: Thonik

Vorige / Last
<< P 16, 74

Ontwerper/Designer
Architectenbureau van den Heuvel, Paul van den Heuvel

Website
www.vdheuvelarchitectuur.nl

Foto's /Photos
Michel Kievits

Tekeningen/Drawings
Paul van den Heuvel

Architectenbureau Van den Heuvel – Paviljoen met zwembad

Er wordt wel gezegd dat het voor een architect lastig is om als zijn eigen opdrachtgever op te treden. Daarvan is bij het paviljoen met zwembad dat Paul van den Heuvel voor zichzelf heeft laten bouwen weinig te merken. Het met grote zorgvuldigheid gemaakte paviljoen staat als een klein, ingetogen juweel in de bossen van Rijsbergen. Het is een autonoom object dat enigszins is opgetild, waardoor het zich verheft boven het glooiende terrein, maar dat tegelijk zo geraffineerd op het omringende bosgebied is afgestemd dat het daarmee ook een tweeeenheid vormt.

Het opvallend smalle, langgerekte gebouwtje van 2,5 bij 20 meter staat vlak tegen de erfscheiding met de buren. Daarmee krijgt het zwembad juist voldoende beslotenheid. Het paviljoen wordt niet alleen gebruikt als gastenverblijf, maar ook als een verstilde ruimte om je in terug te trekken, bijvoorbeeld om te mediteren. Een laag hoekraam geeft uitzicht op een open veld. Voor het overige heeft het paviljoen een tamelijk besloten karakter. Toch zorgt de doorschijnende huid – van dubbelwandig polyester met daartussen een kartonnen honingraatstructuur – voor een 'gefilterd' contact met de natuur buiten. Als de zon schijnt, is binnen te zien hoe de bomen zich als silhouetten tegen de wand aftekenen. Eén eikenboom mocht op de bouwplaats blijven staan. Van buiten gezien lijkt het of hij dwars door het paviljoen heen is gegroeid; in werkelijkheid staat hij in een patio die in het paviljoen is opgenomen.

Ook de detaillering en afwerking laten zien met hoeveel liefde het geheel is ontworpen en gemaakt. Naast de polyester wandpanelen is hout het belangrijkste materiaal: gebeitst vurenhout voor de constructie, eikenhout voor de vloeren en voor al het hout dat met de elementen in aanraking komt. **OK**

Architectenbureau Van den Heuvel – Pavilion with Swimming Pool

Conventional wisdom has it that architects find it difficult to be their own client. You would not know it, looking at the pavilion with swimming pool that Paul van den Heuvel commissioned for himself. The carefully constructed pavilion has been inserted into the woods near Rijsbergen like a small, modest gem. It is an autonomous, slightly raised object, which stands out from its undulating surroundings, but at the same time so subtly complements the wooded area around it that the two are in perfect harmony.

The remarkably slender, elongated building of 2.5 x 20 m abuts the neighbour's property boundary. This gives the swimming pool just enough privacy. The pavilion not only functions as a guest room, but also as a tranquil retreat, for instance for meditation. A low corner window looks out onto an open field. Otherwise, the pavilion has a fairly closed character. Yet the transparent skin – double-skinned polyester around a cardboard honeycomb – provides a 'filtered' contact with the outdoors. When the sun shines, the trees are silhouetted against the walls. A single oak tree was left on the site. From outside, it looks as if it has grown straight through the pavilion; in actual fact, it grows on a patio inside the pavilion.

The detailing and finishing are further indications of the love that went into the design and construction of the building. In addition to the polyester for the walls, wood is the prime building material: stained pine for the framework and oak for the floors and all the exposed elements. **OK**

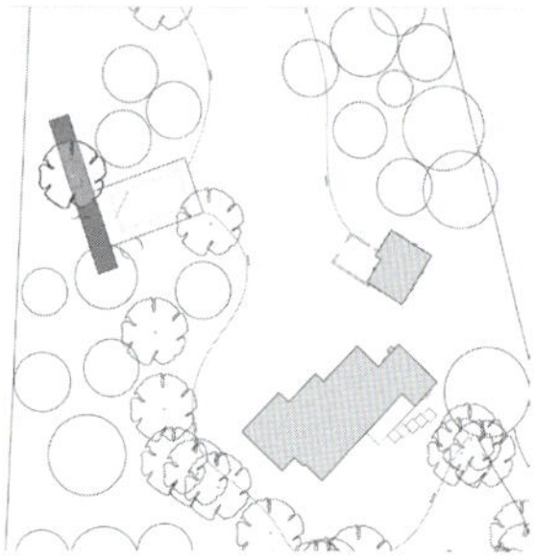

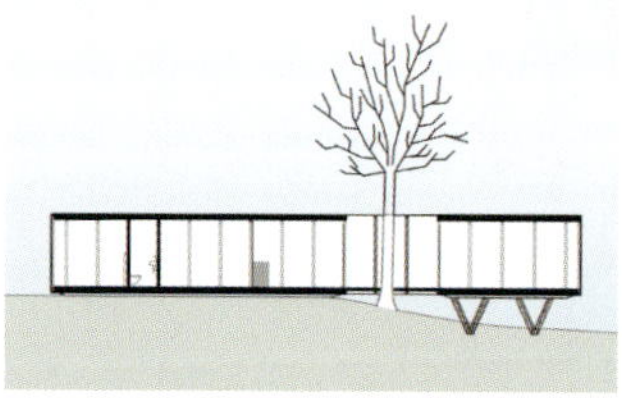

Volgende / Next
P 144, 148 >>

HUNK-design & ID-Eddy – The Flying Grass Carpet

Interieur en publieke ruimte / Interior and Public Space

Product openbare ruimte/ Product for Public Space

Ontwerper/Designer
HUNK-design & ID-Eddy, Nadine Roos, Bart Cardinaal, Eddy Kaijser,

Website
www.flyinggrasscarpet.org

Foto's /Photos
HUNK-design

Of het vliegende grastapijt mooi is, daarover kunnen de meningen uiteenlopen. Maar de originaliteit en de kracht van het achterliggende idee kunnen nauwelijks worden betwist. In elke stad is wel een open ruimte te vinden waar de segmenten van het tapijt kunnen worden uitgerold en samengevoegd. Daarmee zal die open ruimte een enorme transformatie ondergaan. Als het tapijt na een paar dagen, of na een paar weken, zijn werk heeft gedaan, kan het weer worden opgerold en per vliegtuig – het is tenslotte een vliegend tapijt – naar een andere stad worden gebracht.

Voor het maken van het tapijt zijn steeds verschillende soorten kunstgras gebruikt die zich van elkaar onderscheiden in de kleur, structuur en hoogte van het gras. Het aantal onderdelen en de manier waarop die worden geordend is variabel. Het kleinste grastapijt is 18 bij 22 meter, het grootste 25 bij 36 meter. Het kan voor uiteenlopende doeleinden worden gebruikt: voor speciale activiteiten, voor een wedstrijd of een performance, maar ook simpelweg voor een tijdelijk stadspark waar mensen datgene doen wat nu eenmaal in een stadspark gebruikelijk is: in het gras liggen, met de hond spelen, frisbeeën of picknicken.

Het intrigerende van het vliegende grastapijt is dat het bewezen heeft het gedrag van mensen ingrijpend te kunnen beïnvloeden. Daarbij geldt: hoe meer non-descript de locatie waar het wordt neergelegd, hoe groter het effect. De bedenkers (Nadine Roos, Bart Cardinaal en Eddy Kaijser) zijn er daarmee in geslaagd iets te maken wat software en hardware tegelijk is. **OK**

HUNK-design & ID-Eddy – The Flying Grass Carpet

While opinion may be divided on the question of whether the Flying Grass Carpet is beautiful, the originality and power of the underlying principle are beyond doubt. Every city is bound to have a public space where the segments of the carpet can be rolled out and put together. The public space in question will undergo an enormous transformation. When the carpet has done its job after a couple of days or weeks, it can be rolled up again and flown – it is a flying carpet after all – to another city.

The carpet is made of different kinds of artificial grass, which vary in colour, structure and height. The number of components and the way in which they are put together is variable. The smallest grass carpet measures 18 x 22 m, the largest 25 x 36 m. It can be used for a range of different purposes: for special events, for a match or a performance, or simply for a temporary city park where people engage in the usual urban park activities: lying in the grass, playing with the dog, frisbeeing or having a picnic.

The intriguing thing about the Flying Grass Carpet is that it has a demonstrable impact on people's conduct. And the more non-descript the location where it is installed, the greater the impact. Its inventors (Nadine Roos, Bart Cardinaal and Eddy Kaijser) have thus managed to make something that is both software and hardware. **OK**

ROTTERDAMSE
SCHOUWBURG
KIJK

Volgende / Next
P 100, 108 >>

Interieur en publieke ruimte / Interior and Public Space

Ontwerper/Designer
Bureau Ira Koers, Ira Koers

Opdrachtgever/Client
Stichting Arthouses/ Foundation Arthouses

Website
www.irakoers.nl

Foto's / Photos
Bureau Ira Koers

Bureau Ira Koers – Merry-Go-Round

De plattegrond van een kloostertuin, maar dan binnenstebuiten: zo omschrijft Ira Koers het concept van het vakantiehuis dat zij ontwierp voor Arthouses. Deze stichting, die een integratie nastreeft van kunst en recreatie, had vijf kunstenaars gevraagd een bijzondere recreatiewoning te bedenken voor een vakantiepark in Drenthe. Net als een kloostertuin heeft de Merry-Go-Round een omgang. Alleen omsluit die in dit geval niet het groene hof maar de woonruime. Het groen bevindt zich juist aan de buitenzijde.

Het werd tijd om voor vakantiewoningen een eigen typologie te ontwikkelen, vond Koers, in plaats van de gebruikelijke verkleinde uitgave van het standaard woonhuis. In de Merry-Go-Round zijn de verschillende functies – slapen, koken, lezen, wassen, eten – niet ondergebracht in kamers, maar in min of meer open nissen die allemaal via de omloop uitzicht hebben op de omgeving. Ze staan dus rug aan rug tegen elkaar. In de nissen is sprake van een vergaande integratie: wanden, licht en meubels vallen grotendeels samen, bijvoorbeeld in de vorm van een bedstee. De intuïtief gekozen kleuren zorgen voor een welbewust overdreven onderscheid tussen de verschillende functies. Een ander opvallend element van deze charmante vakantiewoning vormen de smalle verticale ramen, die stuk voor stuk met een luik kunnen worden gesloten. Zo kunnen de bewoners zelf bepalen waar het daglicht het interieur binnen komt. Het is daarmee een huis dat door iedereen naar zijn hand te zetten is. **OK**

Bureau Ira Koers – Merry-Go-Round

The floor plan of a convent garden – but inside-out. This is how Ira Koers describes the concept of the holiday home she designed for Arthouses. Arthouses, a foundation for the integration of art and recreation, asked five artists to come up with an unusual dwelling for a holiday camp in the province of Drenthe. Like a convent garden, the Merry-Go-Round has a gallery, except that here it does not surround the green courtyard, but the living quarters. The greenery is on the outside.

It was time to develop a specific dwelling type for the holiday home, Koers explains, instead of the usual miniaturized version of the standard home. In the Merry-Go-Round the various functions – sleeping, cooking, reading, washing, eating – have not been accommodated in rooms, but in more or less open, back-to-back alcoves, all of which have a view of the surrounding countryside via the gallery. The alcoves are highly integrated: walls, lighting and furniture often overlap, like they do in the box bed for instance. The colours, which were chosen intuitively, introduce a deliberate and exaggerated contrast between the various functions. Another eye-catching feature of this charming holiday home is formed by the narrow vertical windows, every one of which can be closed with a shutter. It allows the residents to determine when and where daylight enters the interior. This is a house that people can make their own. **OK**

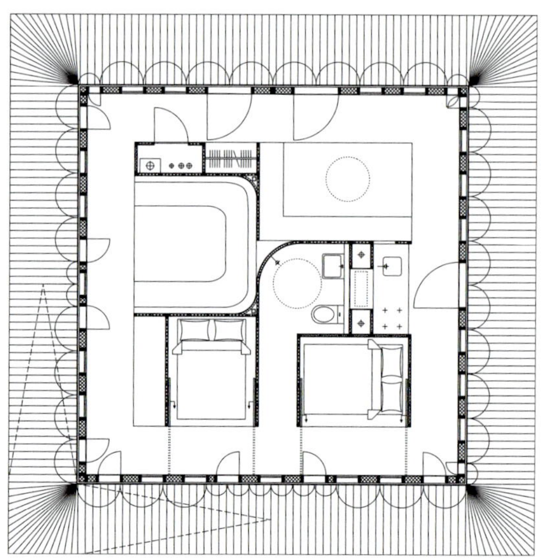

Volgende / Next
P 98, 142 >>

Observatorium – Epicentrum

In 2008 was het honderd jaar geleden dat in Siberië de Toengoeska-explosie plaatsvond. In een gebied van tweeduizend vierkante kilometer stond haast geen boom meer overeind. Nooit is met zekerheid vastgesteld wat er precies gebeurd is. Omdat nooit een krater is aangetroffen, vermoed men dat het ging om een meteoriet die op kilometers hoogte is geëxplodeerd.

Om die gebeurtenis te herdenken werden kunstenaars uitgenodigd om in de stad Krasnoyarks een tijdelijke installatie te plaatsen. De Rotterdamse kunstenaarsgroep Observatorium bedacht het Epicentrum: een scheve, feloranje studiecel die, 5 meter hoog, op veertien boomstammen rust. Het stond iedereen vrij om naar 'het epicentrum van het Epicentrum' te klimmen en daar, los van de wereld, te peinzen over wat zich een eeuw geleden had voltrokken. Er was een restrictie: men werd verondersteld niemand mee te nemen en in zijn eentje in het bouwwerk te verblijven.

Dat Observatorium met eigentijdse folly's mensen verleidt om de wereld om hen heen met enige afstand te aanschouwen is niet nieuw meer. Verrassend is wel dat dit beproefde recept ook wonderwel blijkt te werken op duizenden kilometers afstand. De eigenzinnige interventie van een groep Nederlandse kunstenaars brengt zelfs zo'n enorm grauw plein uit de Sovjettijd tot leven. **OK**

Observatorium – Epicentrum

The year 2008 marked the centenary of the Tunguska explosion in Siberia. Hardly a tree was left standing within a radius of 2000 km². There has never been any conclusive evidence as to what happened. Because no crater was ever found, a meteorite is thought to have exploded at an altitude of several kilometres.

To commemorate this event, artists were invited to build a temporary installation in the city of Krasnoyarsk. The Rotterdam-based artist group Observatorium came up with the Epicentrum: a crooked, bright orange carrel supported by 14 tree trunks, 5 m off the ground. All visitors were free to climb to 'the epicentre of the Epicentrum' and, once there, removed from the world, ponder what happened a century ago. There was only one condition: people were not supposed to bring anyone and to stay in the structure on their own.

The fact that Observatorium builds contemporary follies with which it entices people to view the world around them from a distance is nothing new. What is surprising, however, is that this tried and tested formula also works extremely well thousands of kilometres from home. The eccentric intervention of a group of Dutch artists even manages to breathe fresh life into an enormous grey area from the Soviet era. **OK**

Interieur en publieke ruimte / Interior and Public Space

Ontwerper/Designer
Observatorium, Van de Camp, Dekker, Reutelingsperger

Opdrachtgever/Client
Museum Complex Krasnoyarsk

Website
www.observatorium.org

Foto/Photo
Krasnoyarsk Museum Center, Kuklinsky

Volgende / Next
P 92, 96 >>

Observatorium – Infopaviljoen Zeche Zollverein

Observatorium – Information Pavilion Zeche Zollverein

Interieur en publieke ruimte / Interior and Public Space

Ontwerper/Designer
Observatorium, Van de Camp, Dekker, Reutelingsperger

Opdrachtgever/Client
Entwicklungsgesellschaft Zollverein, Essen/Research and development company Zollverein, Essen

Website
www.observatorium.org

Foto's / Photos
Observatorium

De Zeche Zollverein is een voormalige kolenmijn in Essen, Duitsland, die als een belangrijk industrieel monument op de Werelderfgoedlijst van de UNESCO staat. Voor het uitgestrekte complex heeft de Rotterdamse kunstenaarsgroep Observatorium een zestal entreepaviljoens ontworpen. In de paviljoens, die eigenlijk een soort sculpturale 'portierswonngen' zijn, zetelt een gastheer of -vrouw die de bezoekers ontvangt en wegwijs maakt.

Met de paviljoens beoogt Observatorium een zachte overgang te maken naar de overweldigende schaal van het mijncomplex. Het materiaal (ijzer en beton) en de maatvoering zijn die van de kolenmijn, maar in zijn opzet heeft het paviljoen de intimiteit van een arbeidershuis. Het opvallende kleurenpatroon is het resultaat van een speciale giettechniek: verschillende kleuren beton worden in een mal gegoten, die vervolgens wordt geschud.

De ontwerpers zijn erin geslaagd iets 'kleins' te maken dat overeind blijft tegen de achtergrond van de immense kolenmijn – en dat zonder te vervallen in het aanbrengen van geforceerde contrasten. Door hun heldere en eenvoudige opzet voegen de paviljoens zich naar hun omgeving met behoud van de 'menselijke maat'. **OK**

The Zeche Zollverein is a former coal mine in Essen, Germany, an important industrial monument on UNESCO's list of World Heritage Sites. Rotterdam-based artist group Observatorium built half a dozen entrance pavilions for this large complex. In each of these pavilions, which can be described as sculptural 'porter's lodges', a host or hostess will welcome and direct visitors.

Observatorium hopes the pavilions will ease the transition to the overwhelming scale of the mining complex. The pavilions' materials (iron and concrete) and dimensions are those of the coal mine, but their design evokes the intimacy of a labourer's cottage. The striking colour pattern is the result of a special casting technique: different shades of concrete are poured into a mould, which is then shaken.

With these pavilions the designers have managed to create something 'small' that nevertheless holds its own against the backdrop of the immense coal mine – without succumbing to contrived contrasts. With their clean lines and simple design the pavilions conform to their surroundings while retaining their 'human dimension'. **OK**

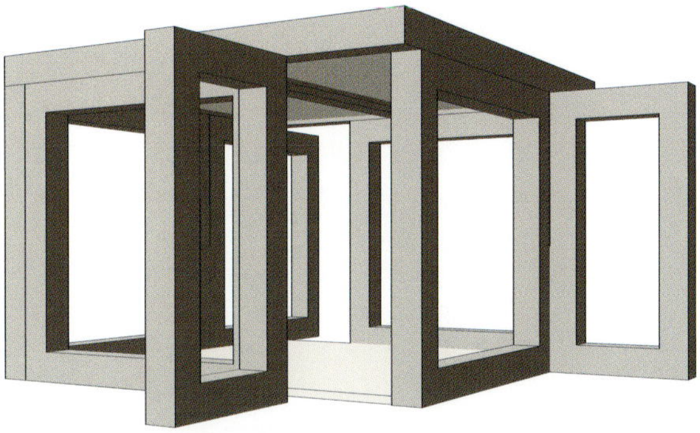

Volgende / Next
P 193, 201 >>

Thonik – 11e Architectuurbiënnale in Venetië

Thonik – 11th International Venice Biennale of Architecture

Communicatie / Communication

Ontwerper/Designer
Thonik

Opdrachtgever/Client
Architectuurbiënnale in Venetië/ Venice Biennale of Architecture

Website
www.thonik.nl

Foto's / Photos
Rob 't Hart, Maurice Boyer

Bij ontwerpbureau Thonik begrijpen ze dat je een visuele identiteit voor een tijdelijk evenement het beste neerzet met een beperkt aantal krachtige beelden. Is zo'n stijl namelijk te gesofisticeerd of te subtiel, dan duurt het te lang voor die herkend wordt en is het evenement voorbij. Het bureau, dat tekende voor de huisstijlen van de gemeente Amsterdam en de SP, werd door Aaron Betsky, samensteller van de Internationale Architectuur Biënnale van Venetië, gevraagd de huisstijl voor de elfde editie van 's werelds grootste architectuurevenement te ontwerpen. De Amerikaan Betsky kent Thonik nog uit de tijd dat hij directeur was van het Nederlands Architectuurinstituut.

De oprichters van Thonik, Nikki Gonnissen en Thomas Widdershoven, hebben veel affiniteit met architectuur. Hun woonhuis, waarin tot voor kort ook de studio gehuisvest was, zorgde voor veel ophef toen het in 2001 werd opgeleverd. Het helemaal oranje geverfde gebouw was sommige omwonenden een doorn in het oog. Inmiddels is het door architectenbureau MVRDV ontworpen pand mintgroen en beduidend minder opvallend.

Voor de visuele identiteit van de biënnale koos Thonik de wereldbol en het archetypische huis als de symbolen. Deze keuze lijkt weinig verrassend, maar de manier waarop deze vormen zijn gebruikt in de grafische toepassingen en voor de driedimensionale objecten is dat wel. De geometrische vormen zijn op allerlei manieren te combineren, zowel in twee als in drie dimensies. Thonik zelf schrijft in een toelichting op visuele identiteit dat er door het combineren een fluïde continuüm ontstaat dat verwijst naar de ornamentiek en de schoonheid van Venetië zelf. Wat wordt bedoeld is dat de vormen lijken op de gebouwen in de stad.

Pièce de résistance van de visuele identiteit is de 200 meter lange Graphic Wall in een van de tentoonstellingsruimten van de biënnale. Deze typografische muur verbindt de installaties van achttien gerenommeerde architecten. **MV**

Thonik understands that the visual identity for a temporary event needs to be created with a limited number of powerful images. If the style is too sophisticated or subtle, it takes too long before it is recognized and then the event is already over. The bureau, which was responsible for the visual identities of the city of Amsterdam and the SP (Socialist Party), was asked by Aaron Betsky, the curator of the International Venice Biennale of Architecture in 2008, to design the visual identity for the 11th edition of the world's largest architecture event. The American Betsky knew Thonik from his time as director of the Netherlands Architecture Institute.

The founders of Thonik, Nikki Gonnissen and Thomas Widdershoven, have a great affinity with architecture. Their home, where the studio was also located until recently, created quite a stir when it was completed in 2001. The entire building was painted bright orange and some of the neighbours found it an eyesore. These days the building, which was designed by MVRDV, is mint green and significantly less conspicuous.

For the Biennale's visual identity, Thonik chose the globe and the archetypical house as symbols. This choice may not seem very original, but the way in which the forms were used in the graphic applications and for the three-dimensional objects is certainly surprising. The geometrical forms can be combined in many different ways, in three dimensions but also in two. In an explanation about visual identity, Thonik stated that by combining the forms, a flowing continuity is created that refers to the ornamentation and beauty of the city of Venice – in other words: the forms resemble the buildings in the city.

The pièce de résistance of the visual identity was the 200-m-long Graphic Wall in one of the exhibition rooms at the Biennale. This typographical wall linked the installations of 18 renowned architects. **MV**

14/09–23/11/2008
OUT THERE
ARCHITECTURE BEYOND BUILDING
Venezia Giardini–Arsenale
orario/opening hours 10.00-18.00
www.labiennale.org
RADICI
FUTURO

BEYOND

Interieur en publieke ruimte / Interior and Public Space

Ontwerper/Designer
Studio Parade, Eric Sloot, Paulien Berendsen i.s.m./with Marloes de Laat en/and Roel Vaessen

Opdrachtgever/Client
Provincie Noord-Brabant/The Province of Noord-Brabant

Website
www.studioparade.nl
www.inopdrachtvan.nl

Studio Parade – Het Brabant Huis

In 2008 presenteerde de provincie Noord-Brabant zich voor het eerst op de Dutch Design Week in Eindhoven. Studio Parade kreeg de opdracht een *meeting point* te ontwerpen waar Noord-Brabant tegenover het grote publiek zijn brede maatschappelijke betrokkenheid kon laten zien. Op deze manier wilde de provincie zich profileren als een transparante organisatie die belangrijke opgaven tegemoet treedt met innovatieve projecten.

Uitgangspunt voor het ontwerp was de metafoor van het huis, als symbool voor saamhorigheid en toegankelijkheid. Het kreeg de vorm van een slakkenhuis met zes kamers en in het midden een 'stamtafel' om mensen aan te ontvangen. De bouwstenen van het Brabant Huis zijn ansichtkaarten – niet minder dan vijftienduizend. Door ze met plastic kruisjes in de hoeken aan elkaar vast te maken krijgt het huis zijn 'wanden'. Op een aantal van de kaarten staat informatie over projecten die door de provincie worden ontwikkeld of gefinancierd. Andere kaarten vormen samen grotere afbeeldingen, terwijl er ook witte vlakken zijn waarop films of websites kunnen worden geprojecteerd. Ansichtkaarten kunnen ook echt worden verstuurd, als onderdeel van de 'interactie' tussen de bevolking en de provincie.

Het ontwerp valt op door zijn eenvoud en nuchterheid. Het Brabant Huis is goedkoop, hanteerbaar, flexibel, zuinig met materiaal en makkelijk te vervoeren en op te slaan. Daarbij drukt het adequaat uit wat de provincie Noord-Brabant wil zijn: innovatief, daadkrachtig, maar ook geworteld in een cultuur van gemoedelijkheid waarbij een ansichtkaart niet misstaat. **OK**

Studio Parade – Het Brabant Huis

In 2008 the Province of Noord-Brabant made its first appearance at the Dutch Design Week in Eindhoven. Studio Parade was commissioned to design a meeting point where Noord-Brabant could showcase its broad social engagement to the general public. The province was keen to portray itself as a transparent organization that meets big challenges with innovative projects.

The starting point for the design was the metaphor of the house, as a symbol of unity and accessibility. It was made in the form of a snail's shell with six rooms and a large shared table in the middle to welcome people. The Brabant Huis was built of picture postcards – no less than 15,000. By connecting the corners with little plastic crosses, the house was given its 'walls'. Some of the postcards contain information about projects that are being developed or financed by the province. Other postcards form larger images, while white surfaces can be used for the projection of films or web sites. The postcards can also be mailed, as part of the 'interaction' between the people and the province.

The design is arresting in its simplicity and down-to-earthness. The Brabant Huis is inexpensive, manageable, flexible, efficient in its use of materials and easy to transport and store. What's more, it actually conveys what the province of Noord-Brabant wants to be: innovative, pro-active, but also rooted in a culture of conviviality where a picture postcard is always welcome. **OK**

Grand design of
Brabant investeert in ruimte
Wij stáán voor Brabant!

Vorige / Last
<< P 86

Volgende / Next
P 96 >>

Interieur en publieke ruimte / Interior and Public Space

Ontwerper/Designer
Juurlink [+] Geluk stedenbouw en landschap, Cor Geluk, Huub Juurlink, Matthijs Gevers, Alexandra Kern, Christina K. Olsen i.s.m./with INBO, JHK Architecten, DHV milieu & infra

Opdrachtgever/Client
Philips Electronics Nederland/ the Netherlands

Website
www.juurlinkengeluk.com

Foto's /Photos
Juurlink [+] Geluk en/and Jeroen Musch

Juurlink [+] Geluk – High Tech Campus

Zet alle auto's in parkeergarages, verander het vrijkomende gebied in een landschap en maak die parkeergarages ook nog eens onderdeel van dat landschap. Dat was in grote lijnen het uitgangspunt van Huub Juurlink en Cor Geluk voor hun ontwerp van de High Tech Campus, een verzameling instituten voor onderzoek en ontwikkeling rond het roemruchte Natlab van Philips. Ze doen er de aanduiding van hun bureau 'voor stedenbouw en landschap' eer mee aan: stedenbouw en landschap vallen goeddeels samen.

Werken in het landschap, dat was het achterliggende idee. Het landschap van de omgeving is als het ware het campusterrein in getrokken. Vervolgens zijn de gebouwen zo transparant mogelijk gehouden, zodat het contact met het landschap tot op de werkplek behouden blijft. De ruggengraat van de campus is The Strip: een verzameling facilitaire functies, waaronder bedrijfsrestaurants, een supermarkt, congresvoorzieningen en een fitnesscentrum. The Strip ligt aan een promenade met een waterplas en is dé ontmoetingsplaats voor de negenduizend mensen die op de campus werken.

De parkeergarages voor in totaal vijfduizend auto's liggen aan de randen van de campus, waardoor het gebied zelf grotendeels gevrijwaard blijft van autoverkeer. In het noordelijke deel zijn de gevels van de garages voorzien van plantenbakken, waaruit klimplanten groeien die de gebouwen helemaal in het landschap doen opgaan. De parkeergarages in het zuidelijke deel zijn geïntegreerd met het talud van de geluidswal langs de snelweg A2/A67.

Met de High Tech Campus laten Juurlink en Guluk zien welke kracht er kan uitgaan van het landschap bij het creëren van een aangename en stimulerende werkomgeving voor werknemers die het in de eerste plaats van hun creativiteit moeten hebben. Sterk is het ontwerp ook doordat het strak en consequent is in zijn grote lijnen, maar ontspannen en humaan in zijn details. **OK**

Juurlink [+] Geluk – High Tech Campus

Confine all cars to car parks, transform the available space into a landscape and in turn integrate the car parks with the landscape. This was, in a nutshell, Huub Juurlink and Cor Geluk's starting point for the design of the High Tech Campus, a collection of research and development institutions associated with Philips's renowned NatLab (physics laboratory). They certainly live up to the title of their office 'for urban and landscape architecture': urban and landscape features form a beautiful synthesis here.

Working within the landscape – this was the underlying principle. The surroundings have been drawn into the campus as it were. The buildings were kept as transparent as possible, thus retaining contact with the landscape right up to the work place. The campus backbone is The Strip: a collection of support services, including catering outlets, a supermarket, conference facilities and a fitness centre. The Strip is situated along a promenade with a pond and is the prime meeting place for the 9,000 campus workers.

The multi-storey car parks, with a total capacity of 5,000 cars, are on the edges of the campus, which means that the site itself remains largely free of traffic. To the north, the façades of the car park have been fit with flower boxes with creepers that assimilate the buildings into the landscape. The car parks to the south have been integrated with the grassy bank of the sound barrier along the A2/A67 motorway.

With the High Tech Campus, Juurlink and Geluk showcase the immense power of the landscape in the creation of a pleasant and stimulating environment for employees whose work depends in no small measure on creativity. Another forte is that the overall design is uncluttered and consistent, but at the same time casual and human in its details. **OK**

1

1 / Parkeergarage Noord/Car park North

2

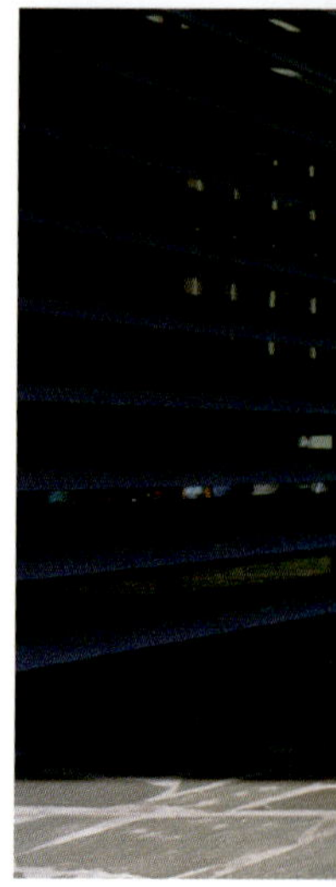

3

4

5

2 / Vlonderpaden/Wooden walk ways

3 / Vijver vanaf The Strip/The pond, seen from The Strip

4 / Stedenbouwkundige hoofd-opzet/Urban structure plan

5 / Vijverbrug (detail)

6 / The Strip

6

7

7

7

7

7 / Collages

Vorige / Last
<< P 86, 92

Juurlink [+] Geluk – Park Over-Bos

Juurlink [+] Geluk – Park Over-Bos

Interieur en publieke ruimte / Interior and Public Space

Ontwerper/Designer
Juurlink [+] Geluk stedenbouw en landschap, Cor Geluk, Huub Juurlink, Marcel van der Meijs, Kristien Vanmerhaeghe, i.s.m./with Plan3, BSI

Opdrachtgever/Client
Gemeente Breda/City of Breda

Website
www.juurlinkengeluk.com

Foto / Photo
Jeroen Musch

Tekeningen/Drawings
Juurlink [+] Geluk

De aanleg van de hogesnelheidslijn en de verbreding van de autosnelweg A16 hebben bij Breda geleid tot een enorme bundel infrastructuur die het dorp Prinsenbeek scheidt van de stad. Om de relatie tussen de beide zijden te herstellen is over de – ter plaatse verdiept aangelegde – snelweg en spoorbaan het Park Over-Bos aangelegd, naar een ontwerp van het bureau voor stedenbouw en landschap Juurlink [+] Geluk.

De feitelijke verbinding bestaat uit twee brede 'parkducten', die zich vanaf de snelweg gezien voordoen als een opvallend landmark. Het park strekt zich overigens veel verder uit, vooral aan de zijde van Prinsenbeek, waar het over een flinke afstand een buffer vormt tussen de woonwijk en de snelweg. De combinatie van taluds en de verdiepte infrastructuur leverde aantrekkelijke hoogteverschillen op, die op sommige plaatsen nog eens extra zijn aangezet. Ook de beide parkducten verschillen in hoogte, 8 meter om precies te zijn.

In het park zijn tal van bijzondere plekken gemaakt, waaronder een petanquebaan, een visvlonder, een kinderspeelplaats met water en een 'gespleten brug'. Alle objecten zijn eenvoudig vormgegeven, met hout en staal als de belangrijkste materialen. De aanleg van het park is aangegrepen om ook voor het langzaam verkeer aantrekkelijke routes tussen Breda en Prinsenbeek tot stand te brengen.

Het is indrukwekkend om te zien hoe Juurlink en Geluk deze uitermate gecompliceerde opgave tot een goed einde hebben weten te brengen. Daarbij zijn zij heldere keuzes niet uit de weg gegaan. De simpele asfaltpaden en de robuuste objecten laten zien dat de ontwerpers de verleiding hebben weerstaan om zich te verliezen in een overdaad aan kostbaar design. Het park zelf en het spannende contrast met de eenentwintigste-eeuwse infrastructuur zijn opzienbarend genoeg. **OK**

The construction of the high-speed rail link and the widening of the A16 motorway created an enormous bundle of infrastructure separating the village of Prinsenbeek from the city of Breda. In order to restore the relationship between the two, Park Over-Bos was built across the – in places excavated – motorway and rail link. The development is based on a design by urban and landscape architects Juurlink [+] Geluk.

The actual link consists of two wide 'park ducts' which, viewed from the motorway, constitute an eye-catching landmark. But the park is actually much more extensive, especially on the Prinsenbeek side, where it forms a long, stretched-out buffer between the residential area and the motorway. The combination of grassy banks and excavated infrastructure has created attractive differences in height, which are even accentuated in places. The two park ducts also vary in height – 8 m to be precise.

The park features several special places, including a *pétanque* court, a fishing platform, a children's playground with water and a 'forked bridge'. All these objects are simple in style and made primarily of wood and steel. The construction of the park also provided an opportunity for the creation of attractive routes for slow traffic between Breda and Prinsenbeek.

The way Juurlink [+] Geluk has brought this extremely complicated task to a happy conclusion is quite a remarkable feat. The office did not shun tough choices. The simple asphalt paths and robust objects are proof that the designers resisted the temptation to overload the area with precious *design*. The park itself, and its exhilarating contrast with the 21st-century infrastructure, causes enough of a stir. **OK**

Vorige / Last
<< P 85

Volgende / Next
P 142 >>

Interieur en publieke ruimte / Interior and Public Space

Ontwerper/Designer
Anouk Vogel landscape architecture, Anouk Vogel

Opdrachtgever/Client
Bilbao Jardín

Website
www.anoukvogel.nl

Foto's /Photos
Jeroen Musch

Tekening/Drawing
Anouk Vogel

Anouk Vogel – Cacticity

Is het een landschap of is het een sculptuur? In het geval van Cacticity hoeft die keuze niet te worden gemaakt: het is beide tegelijk. Meer dan negenhonderd cactussen van dezelfde soort zijn in een streng raster geplaatst. Alleen de hoogte van de planten varieert, van 10 centimeter tot 1 meter. Ze zijn zodanig geplant dat ze samen een golvend tapijt vormen.

Landschapsarchitect Anouk Vogel was met Cacticity de onbetwiste winnaar van 'Bilbao Jardín 2009', een internationaal tuinenfestival dat van 28 april tot 3 juli 2009 in de Baskische hoofdstad werd gehouden. Het was de tweede editie van het festival, dat zich onderscheidt doordat het zich helemaal toespitst op tuinen in een stedelijke omgeving.

Wat Cacticity zo fascinerend maakt, is dat op basis van een tamelijk simpel concept een beeld is gecreëerd dat zowel rijk als uitgesproken poëtisch is. Het is een miniatuurlandschap in de stad dat zelf weer de kenmerken van een stadslandschap heeft. Daarmee refereert het aan een sprong naar het schaalniveau van de stad als geheel. In die zin is Cacticity ook een belangwekkende en waardevolle reflectie op het eigen vakgebied. **OK**

Anouk Vogel – Cacticity

Is it a landscape or a sculpture? In the case of Cacticity, there is no need to choose – it is both. More than 900 cacti of one and the same species were placed in a grid. The plants only varied in height, from 10 cm to 1 m. They were planted in such a way that they formed an undulating carpet.

With Cacticity landscape architect Anouk Vogel was the unrivalled winner of 'Bilbao Jardin 2009', an international garden festival held in the Basque capital between 28 April and 3 July 2009. It was the second edition of the festival, which distinguishes itself from other festivals with its exclusive focus on gardens within an urban setting.

What makes Cacticity so fascinating is that a relatively simple concept produced an image that is both abundant and extremely poetic. It is a miniature landscape in the city, which in turn has the characteristics of an urban landscape. As such, it alludes to an upscaling to the city as a whole. In that sense Cacticity also represents an interesting and important reflection on Vogel's line of work. **OK**

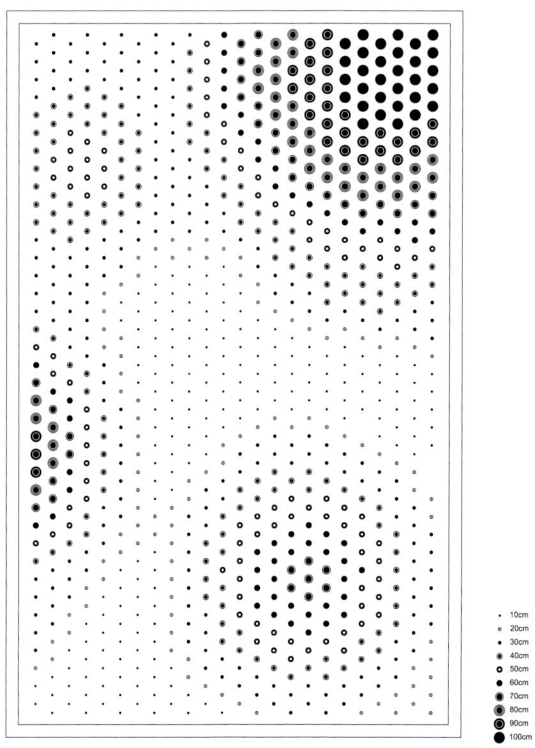

Vorige / Last
<< P 82

Volgende / Next
P 108 >>

Maurice Mentjens – Kymyka Shoes and Bags

Interieur en publieke ruimte / Interior and Public Space

Ontwerper/Designer
Maurice Mentjens Design

Opdrachtgever/Client
Kymyka, Richard & Chantal Hermans, Jurgo Mouthaan

Website
www.mauricementjens.com

Foto's /Photos
Arjen Schmitz

Wat je ziet zijn schoenen, en dat is precies waar het om gaat. Dat neemt niet weg dat het interieur van Kymyka Shoes and Bags aan de Minckelersstraat in Maastricht niet alleen functioneel is, maar ook nog eens van een grote schoonheid. In plaats van een winkel kun je je er ook een tentoonstellingsontwerp bij voorstellen – en daar was het de opdrachtgevers ook om te doen. Die beschouwen hun winkel namelijk evenzeer als een podium voor de schoen als kunstvorm.

Het opvallendste element van het interieur zijn twee velden met roestvrijstalen staven van verschillende lengten die uit de vloer omhoog steken. Op een aantal van die staven staan modellen van schoenen. Ze worden op hun plaats gehouden door magneten, zodat ze er eventueel af kunnen worden genomen om van dichtbij te worden bekeken. Wat de meeste klanten niet zullen beseffen is dat de buizen ook een 'kaarsenaltaar' symboliseren, ter nagedachtenis van een van de initiatiefnemers van Kymyka die de opening van de winkel niet meer heeft mogen meemaken.

Langs de wanden van de winkel vinden we een doorlopende houten console waarin tal van functies zijn ondergebracht, zoals vitrines, zitbankjes, kastruimte, verwarming en de meterkast. Op één plaats steekt de console de winkel in: dit is de verkoopbalie. Boven de console zijn drie evenwijdige balken bevestigd die doorlopen langs de ramen, zodat ook daarop schoenen en tassen kunnen worden geëtaleerd. Als contrast met de minimalistische vormgeving zijn de originele neobarok gestuukte plafonds – de winkel is gevestigd in twee gespiegelde herenhuizen – in hun oude luister hersteld. **OK**

Maurice Mentjens – Kymyka Shoes and Bags

What you see are shoes and that is precisely the point. Which is not to say that the interior of Kymyka Shoes and Bags on Minckelersstraat in Maastricht is merely functional; it is also incredibly beautiful. Instead of a shop, you could easily imagine an exhibition design – and this is exactly what the clients had in mind. They also see their shop as a platform for the shoe as art form.

The interior's most striking feature consists of two areas with stainless steel rods of varying lengths that protrude from the floor. Some of these rods are topped with shoes. They are held in place by magnets, so that they can be removed for closer inspection. What few customers will realize is that the poles also symbolize an 'altar of candles' in memory of one of Kymyka's founders who did not live to see the shop's opening.

Lining the shop walls is a continuous wooden console that accommodates a range of functions, including display cases, benches, storage space, radiators and the meter cupboard. In one place the console juts out into the shop: the sales counter. Three parallel bars have been attached to the wall above the console for the display of shoes and bags; they continue along the windows. As a contrast to the minimalist design, the original neo-baroque plaster ceilings – the shop is located in two mirrored townhouses – have been restored to their former glory. **OK**

Vorige / Last
<< P 30, 44

Volgende / Next
P 202 >>

Maria Blaisse – Together van Camper: C-shoe

Past dat nu echt, zo'n laars met een c- of cirkelvormige schacht? Ja, probeer het maar eens. Door het zachte leer vervormt de cirkel in mooie plooien om het onderbeen van de draagster.

De sportieve laars is een even goed te produceren als te dragen ontwerp met een raadselachtig uiterlijk dat in de verte doet denken aan het traditionele schoeisel van Tibetaanse monniken. Meer dan eerdere in eigen studio geproduceerde voorwerpen vond Maria Blaisse voor de C-shoe evenwel een geïnteresseerde producent: de Spaanse schoenenfabriek Camper. Deze pikte de innovatieve schoen/laarsvorm op, die voortkwam uit een kleine twintig jaar aan materiaal- en vormexperimenten in rubber. Bepaald slow design dus.

Ontwerpster Blaisse besteedde in 2000 een werkverblijf in het Europees Keramisch Werkcentrum in Den Bosch aan experimenten met een rubber binnenband van een auto. Een band is spiraalvormig en vormt van nature een cirkel, een basisvorm die ook Blaisses eerdere oeuvre bepaalt. Een cirkel draagt – volgens Blaisse – alle vormwetten in zich.

Blaisse voerde diverse vormexperimenten uit, zoals het openvouwen en opnieuw in een andere vorm vouwen. Blaisses intuïtieve werkwijze voltrekt zich via bijna bezwerende handelingen, die onderstrepen dat zij geen vorm-geefster is maar een vorm in natuurlijke toestand aantreft. Door haar ervaring weet ze feilloos op welke vorm ze door moet gaan.

De laars behoort tot het handjevol rubberexperimenten binnen het repertoire met virtuele prototypen. Eerder ontstonden uit het lood hangende, 'luie drinkbekertjes' van glas, toques van vilt en tassen. Bij Blaisse gaat het evenwel nooit om het ding, het materiaal of zelfs het experiment op zichzelf. Ze beschikt over het vermogen om bij vormexperimenten precies het goede beeld en de mogelijke toepassing te zien. Het feit dat zij hierbij wetmatigheden en fenomenen van de natuur volgt en niet louter virtueel – op beeldscherm – werkt, onderscheidt haar van menige productontwerper. **CR**

Maria Blaisse – Together by Camper: C-Shoe

Does a boot that has a shank with a C or circle shape really fit? Yes, try it on. Because of the soft leather, the circle transforms into beautiful folds around the wearer's calf. The sporty boot, which is as easy to produce as it is to wear, has an enigmatic appearance faintly resembling the traditional footwear of Tibetan monks. Nonetheless, unlike most other objects previously produced in her own studio, Blaisse found an interested producer for the C-Shoe, the Spanish shoe manufacturer Camper. The producer picked up her innovative shoe/boot form, the result of some 20 years of material and form experiments in rubber. Definitely slow design, in other words.

Designer Maria Blaisse spent a work period in 2000 in the European Ceramic Work Center in Den Bosch experimenting with rubber inner tubes of automobile tires. A tube is spiral shaped and naturally forms a circle, a basic form that also determined Blaisse's earlier oeuvre. According to Blaisse, a circle contains all laws of form.

Blaisse carried out various form experiments, such as folding an object open and folding it again into a different shape. Her intuitive manner of working comes about through actions that can almost be called 'conjuring', underscoring the fact that she does not so much create form as encounter a form in its natural condition. Her experience unerringly tells her which forms to develop.

The boot is one of a handful of rubber experiments to emerge from a series of prototypes. Earlier projects include the bulging, 'lazy' drinking glasses, felt hats, and bags. With Blaisse, however, it's never about the thing itself, the material or even the experiment. She has the capacity to envision the precisely right design and possible application when experimenting with forms. The fact that she follows the laws and phenomena of nature in doing so and does not only work virtually – on the computer – distinguishes her from many product designers. **CR**

Product / Product

Ontwerper/Designer
Maria Blaisse

Website
www.mariablaisse.com

Foto's/Photos
Anja Hitzenberger

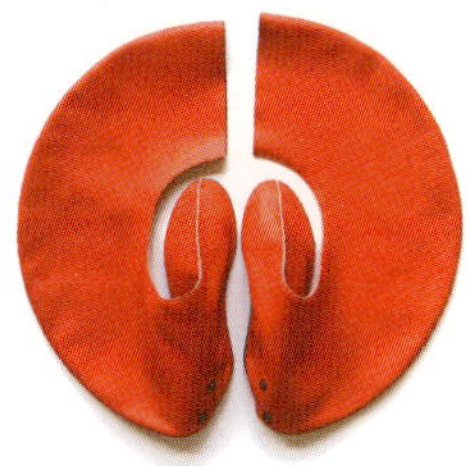

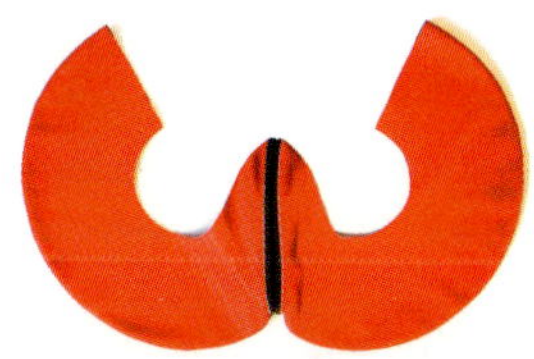

Vorige / Last
<< P 48, 69

SYB – Julidans 2009

Dans is beweging, grafische vormgeving stilstand. De twee lijken op het eerste gezicht niet goed te verenigen, maar in het verleden hebben Nederlandse ontwerpers laten zien dat beweging heel goed in één beeld te vatten is.

Voor de affichecampagne van Julidans, een internationaal festival voor hedendaagse dans, heeft grafisch ontwerper Sybren Kuiper voor de verandering twee beelden gebruikt. Door vier nieuwsfoto's van mensen uit diverse subculturen, die niets met dans te maken hebben, in tweeën te knippen en de delen ogenschijnlijk willekeurig te combineren ontstaat een beeld dat niet meer herinnert aan het nieuwsfeit of de subcultuur, maar juist de beweging benadrukt. Kuiper selecteerde de foto's van Martijn van der Griendt en het archief van Hollandse Hoogte vanwege hun diversiteit. Het levert verrassende combinaties op, die 'schuren', zoals de ontwerper het zelf uitdrukt.

Het dubbele beeld past goed bij de opvattingen van de organisatoren van Julidans. Zelf schrijven ze: 'We zien onszelf als koppelaars. We leggen graag verbindingen tussen oud en nieuw, beroemd en onbekend, oost en west, centrum en Zuidoost, dans en nieuwe media.' Met dans en andere theatrale middelen willen ze hun uitgesproken visie geven op maatschappelijke ontwikkelingen.

De Julidans-campagne 2009 is de vierde van Sybren Kuiper, die laat zien dat hij niet in herhaling valt. De enige visuele constante op de affiches is het Julidans-logo.

Het is jammer dat Julidans op de eigen website niet meer doet met het concept van Kuiper dan het tonen van de affiches. De dynamiek van de beelden slaat dood op de verder saaie website. **MV**

SYB – Julidans 2009

Dance is movement, graphic design is motionless. At first sight, the two do not seem easy to bring together, but Dutch designers have shown in the past that movement can be captured very well in a single image.

For the poster campaign for Julidans, an international festival of contemporary dance, graphic designer Sybren Kuiper made use of two images for a change. By taking four news photos of people from diverse subcultures which have nothing to do with dance, cutting them in two and combining the parts in a seemingly random fashion, he created an image that no longer refers to the news item or the subculture, but places the emphasis on the movement itself. Kuiper chose the photos from Martijn van der Griendt and the Hollandse Hoogte archive because of their diversity. The combinations are surprising, they 'rub-up', as the designer describes it himself.

The double image fits in well with the notions of the Julidans organizers. In their own words: 'We see ourselves as matchmakers. We like to make connections between old and new, famous and unknown, east and west, city centre and suburbs, dance and new media.' Using dance and other theatrical resources, they want to air their strong opinions on developments in society.

The 2009 Julidans campaign is the fourth edition by Sybren Kuiper, and demonstrates that he is not repeating himself. The only visual constant on the posters is the Julidans logo.

It is a pity that Julidans does not do more with Kuiper's concept on their own website than just showing the posters. The dynamism of the images is extinguished on the deadly boring website. **MV**

Communicatie / Communication

Ontwerper/Designer
SYB, Sybren Kuiper

Opdrachtgever/Client
Julidans

Website
www.sybontwerp.nl

Foto's/Photos
Martijn van der Griendt

ULI
ANS
01 TM 11
JULI
JULIDANS.NL

JULI
DANS
01 TM 11
JULI
JULIDANS.NL

LI
ANS
01 TM 11
JULI
JULIDANS.NL

JULI
DANS
01 TM 11
JULI
JULIDANS.NL

Vorige / Last
<< P 70, 90

Ontwerper/Designer
Studio Wieki Somers, Wieki Somers, Dylan van den Berg

Opdrachtgever/Client
Museum Boijmans Van Beuningen Rotterdam

Website
www.wiekisomers.com

Studio Wieki Somers – Merry-go-round Coat Rack

Ooit zag Wieki Somers in de film *4 Elements* van Jiska Rickels hoe mijnwerkers hun spullen ophingen aan een 'mijnwerkerskapstok'. De hangers werden met kleding en al aan een touw omhooggehaald. Het bracht haar en Dylan van den Berg op het idee om dit principe opnieuw te gebruiken – dit keer voor de garderobe in de vernieuwde entree van Museum Boijmans Van Beuningen in Rotterdam. Dus geen balie, geen vaste kapstokken met haakjes, maar een vrolijke rood-witte draaimolen met touwen waaraan je je jas omhoog kunt hijsen. Aan elk touw zit een knoop die achter een slotje kan worden vastgezet, zodat niemand anders er in de tussentijd met je jas vandoor kan gaan.

Naast een nuttig apparaat is de jassencarrousel ook een kunstzinnige installatie die een vanzelfsprekende interactie met het publiek oproept. Niet alleen is aan de carrousel te zien hoe druk het is, volgens de ontwerpers valt aan de jassen ook af te lezen wat voor soort bezoekers er op een expositie afkomen. Zo wordt niet alleen de installatie zelf maar worden ook de jassen en tassen (de laatste worden opgeborgen in doorzichtige gaaskluisjes) een onderdeel van de museumcollectie.

Somers en Van den Berg zijn erin geslaagd om van het ophangen van je jas, wat doorgaans een tamelijk achteloze handeling is, een echte attractie te maken. Weinig andere garderobes zullen in staat zijn zo veel sociale dynamiek op te roepen. De ontwerpers hebben laten zien dat het met goed design mogelijk is om functionaliteit te laten samengaan met een artistieke interventie in het menselijk gedrag. **OK**

Studio Wieki Somers – Merry-Go-Round Coat Rack

When Wieki Somers watched the film *4 Elements* by Jiska Rickels, she saw miners hanging their clothes on a 'miners' coat rack'. The hangers and clothes were then pulled up by a rope. It inspired her and Dylan van den Berg to recycle this principle – this time for the cloakroom of the refurbished entrance of Museum Boijmans-Van Beuningen in Rotterdam. The result: no counter, no fixed coat racks with hooks, but a jolly red-and-white merry-go-round with ropes to hoist up your coat. Each rope has a button that can be secured behind a small lock, so that nobody can make off with your coat.

As well as a useful device, the coat carrousel is an inventive installation that elicits interaction with the audience. You can tell from the carrousel how busy the museum is, but according to the designers the coats are also an indicator of the kinds of visitors that come to see an exhibition. As a result, both the installation itself and the coats and bags (the latter are stored in see-through mesh lockers) become a part of the museum collection.

Somers and Van den Berg have managed to turn something as mundane as hanging up your coat into a proper attraction. Few other cloakrooms are capable of stirring such social dynamism. The designers have shown that in good design, functionality sits quite well with an artistic intervention in human behaviour. **OK**

Vorige / Last
<< P 82, 100

Kubik – Nieuw Concept AutoRAI

Interieur en publieke ruimte / Interior and Public Space

Ontwerper/Designer
Kubik, Rob Minderman, Babette Porcelijn-Hamburger, Victor Portes

Opdrachtgever/Client
Amsterdam RAI

Website
www.thinkubik.com

Foto's/Photos
Paula Romein, Remmelt Staal

We wisten eigenlijk altijd wat we van de tweejaarlijkse AutoRAI konden verwachten: voor elk merk een stand waar alle modellen op hun paasbest worden getoond, liefst zo dat belendende merken de loef wordt afgestoken. Was het de recessie, die vooral de auto-industrie zwaar heeft getroffen, die de AutoRAI ertoe bracht een heel andere weg in te slaan? In elk geval werd op de editie van 2009 radicaal met de traditie gebroken. De geëxposeerde auto's waren niet meer per merk bijeengebracht, maar per 'belevingswereld'. Die belevingswerelden hadden, hoe kan het ook anders, Engelse namen: City & Compact, Family & Travel, Cabrio, Luxury & Sportcars, Adventure en Green Innovations.

De bedenkers van dit concept, en van het daarop gebaseerde tentoonstellingsontwerp, zijn Rob Minderman, Babette Porcelijn-Hamburger en Victor Portes van het bureau Kubik. Als bouwsteen voor de ruimtelijke opzet van de tentoonstelling kozen zij voor de container: om de thema's van elkaar af te scheiden, als opslagruimte voor de brochures, als billboard voor grafische boodschappen en als podium om auto's prominent in het zicht te plaatsen. Voor elk thema ontwikkelde Kubik bovendien een specifieke beeldtaal. Binnen de 'werelden' kregen de automerken overigens wel weer de gelegenheid om hun identiteit als *brand* naar voren te laten komen.

De nieuwe opzet van de AutoRAI betekende een fundamentele omslag. Het denken vanuit de aanbieders van de producten – de merken – heeft plaatsgemaakt voor het denken vanuit specifieke doelgroepen. De bedenkers van het concept zagen in dat de tijd voorbij is dat mensen zich een leven lang aan een bepaald automerk verbinden. In plaats daarvan zoekt de consument van tegenwoordig het product dat past bij zijn of haar levensfase en -stijl. Het lijkt zelfs gerechtvaardigd te stellen dat de 'oude' AutoRAI, zonder deze omslag in het denken, er in deze economisch moeilijke tijden waarschijnlijk niet meer geweest zou zijn. **OK**

Kubik – New Concept AutoRAI Car Show

We always knew what to expect from the biannual car show AutoRAI: each brand with its own stand to show the models at their best, preferably outshining adjacent brands. Was it the recession, which has hit the car industry particularly hard, that made the AutoRAI decide to pursue a different course? Either way, the 2009 edition broke radically with tradition. The cars were no longer exhibited per brand but per 'experience'. And as you would expect, these experiences were given English names: City & Compact, Family & Travel, Cabrio, Luxury & Sports Cars, Adventure and Green Innovations.

The people behind this concept and the resulting exhibition design are Rob Minderman, Babette Porcelijn-Hamburger and Victor Portes of Kubik. They opted for the container as the exhibition building block: as dividers between the themes, as storage space for the brochures, as billboard for graphic messages and as a prominent platform for cars. And for each theme Kubik developed a specific visual language. Within the different 'worlds', however, the car brands were able to accentuate their identity as *brand*.

The new AutoRAI layout represented a fundamental U-turn. Thinking in terms of the product providers – the brands – has made way for thinking in terms of specific target groups. The inventors of this concept realized that people no longer choose a particular car brand for life. Instead, today's consumer tries to find the product that suits his or her lifestyle and phase in life. We are probably right in saying that, without this mental U-turn, the 'old' AutoRAI would not have survived these turbulent economic times. **OK**

green innovations

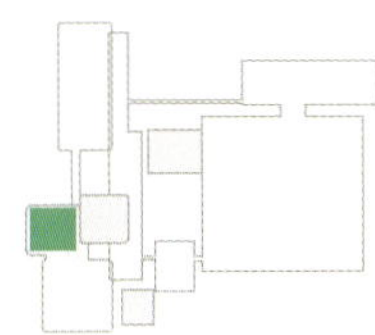

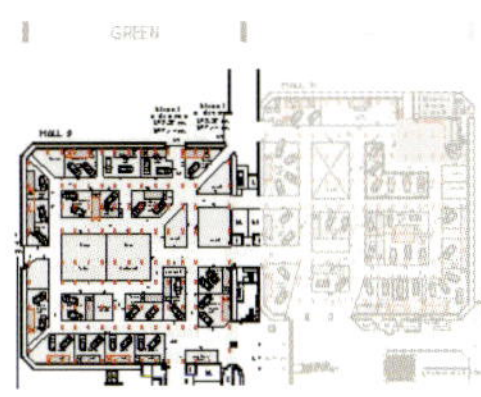

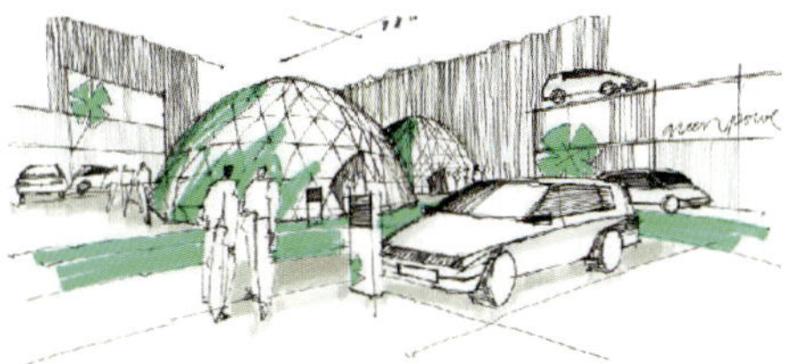

- verduisterde hal
- muren afgehangen met wit doek
- dome (1 grote en 1 kleine), stalen constructies
- gangpaden mintgroen
- vloerbedekking brand corners cyaan blauw / wit
- boxen wit
- aanlichting per auto
- strak, Apple-achtig, laserverlichting
- zijwanden hal (bewegend) beeldmateriaal van grazende koeien, windmolens e.d.
- geluid modern, "Moby-achtig" e.d. in de paden

// 1

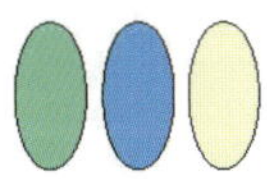

// 2

// 3

// 4

// 5

// 4

// 1 rendering of general scenario // 2 colour palette // 3 photographic language // 4 container example, clean lines & simplicity // 5 container example, colour & tone

Green Innovations design language

Vorige / Last
<< P 48, 69, 104

Volgende / Next
P 128, 197 >>

Communicatie / Communication

Ontwerper/Designer
Irma Boom

Opdrachtgever/Client
Museum für Gestaltung Zürich, Hatje Cantz Verlag

Website
www.irmaboom.nl

Foto's/Photos
Museum für Gestaltung Zürich, Franz Xaver Jaggy, Umberto Romito

Irma Boom – Every Thing Design

Het Museum für Gestaltung Zürich vroeg Irma Boom een boek te maken van 180 pagina's. Ze maakte er 800 van. 'Het museum vond het prima', meldt ze. De reactie van het museum zegt iets over Booms reputatie: zij zet opdrachten naar haar hand en meestal gaan haar opdrachtgevers met haar mee.

Het boek *Every Thing Design. Die Sammlungen des Museum für Gestaltung Zürich* is een typisch Irma Boom-boek geworden: dik en met veel aandacht voor de opeenvolging van de afbeeldingen. Het laat ongeveer 700 objecten zien uit de vier deelcollecties van het museum. De rijkdom van het museum zit hem volgens Boom niet zozeer in de kwaliteit van de individuele objecten maar in hun hoeveelheid. De titel van het boek drukt dit ook uit: 'Every Thing Design', alle door mensen voortgebrachte zaken zijn ooit ontworpen. Het Zwitserse museum verzamelt een selectie daarvan al sinds 1875. De vier deelcollecties omvatten grafische vormgeving, mode, kunstnijverheid en industrial design.

Dat het boek bijna vijf keer dikker werd, is dus geen gril van de ontwerpster. Zij vond de objecten in de vier deelcollecties niet zo bijzonder dat ze er enkele in de schijnwerpers wilde plaatsen. Door er heel veel af te beelden en objecten die eigenlijk niets met elkaar te maken hebben naast elkaar te plaatsen, wordt er iets aan de collecties toegevoegd. Elke spread in het boek toont een beeldenpaar gekozen door Boom. Zij lette daarbij op overeenkomsten in de vormgevingsaspecten, zoals vormtaal, kleuren, materialen of het creatieve proces. Deze aanpak levert een veel levendiger boek op dan wanneer de objecten in een chronologische volgorde waren getoond. *Every Thing Design* is daarmee ook een persoonlijk statement van de ontwerpster geworden, waarvan ze de lezer deelgenoot maakt. **MV**

Irma Boom – Every Thing Design

The Museum für Gestaltung in Zurich asked Irma Boom to make a book with 180 pages; she made 800. 'The museum was fine about it,' she reports. The museum's reaction says a lot about Boom's reputation. She takes control of assignments and her clients usually go along with her. The book *Every Thing Design. Die Sammlungen des Museum für Gestaltung Zürich* has become a typical Irma Boom book: thick and with a great deal of attention paid to the sequence of the images. It shows around 700 objects from the museum's four sub-collections. According to Boom, the wealth of the museum lies not so much in the quality of the individual objects, but in their quantity. The title of the book also expresses this opinion: Every Thing Design, everything produced by man was once designed. The Swiss museum has been collecting a selection of these items since 1875. The four sub-collections encompass graphic design, fashion, applied art and industrial design.

So it is not just a whim of the designer that made the book five times thicker than planned. She did not find the objects in the four sub-collections outstanding enough to put the spotlight on only a few of them. By illustrating so many and by placing objects which actually have nothing in common next to each other, the collections gain something extra. Each spread in the book illustrates a pair of images, chosen by Boom. She paid attention here to the similarities in design aspects such as language of form, colours, materials or the creative process. This approach makes for a much livelier book than if the objects were merely shown in chronological order. As a result, *Every Thing Design* has also become the designer's personal statement, which she shares with the reader. **MV**

401. WMF Württembergische Metallwarenfabrik AG, Tea and coffee service, 1930–35
A teapot in a warm metal jacket
402. Tupperware Corporation, Wonderlier Bowl, ca. 1946
Always resealable
452
453

Evolution: The Future of Museum Collections of Design
Paola Antonelli

Wert
eWand

Volgende / Next
P 121, 170 >>

Fabrique – Lowlands 2009

Fabrique – Lowlands 2009

Lowlands en Fabrique zijn al ruim tien jaar trouwe partners. Sinds 1998 ontwikkelt het Delftse ontwerpbureau de website voor het driedaagse muziekfestival dat elk jaar in Biddinghuizen wordt gehouden. Deze site is van cruciaal belang voor Lowlands, aangezien die elk jaar meer dan een miljoen keer wordt geraadpleegd.

Aan het uiterlijk van de website lijkt door de jaren heen niet zoveel te zijn veranderd. De typische, enigszins agressieve Lowland-symbooltjes beheersen nog altijd het scherm. Deze zijn ontworpen door Peter te Bos, artdirector van Lowlands, grafisch vormgever en popmuzikant.

De verandering in de website van Lowlands 2009 zit met name in de interface, die de ontwerpers van Fabrique helemaal op de schop hebben genomen. Zij wilden de hectiek van het festival ook naar voren laten komen op de website. Wie de site bezoekt, zal het even duizelen, doordat tientallen elementen om zijn aandacht vragen. Een scrollbar ontbreekt, maar alles kan worden opgepakt en versleept. Ben je het overzicht kwijt, dan zit bovenaan een knop – 'de netjesbutton' – waarmee je de basisinstelling herstelt. Wie geen trek heeft in de toeters en bellen kan terecht op het alternatieve www.lowla.nl. Deze uitgeklede Lowlands-website is een initiatief van het Haagse bureau voor webdevelopment Two Kings.

Ben je eenmaal gewend aan de visuele chaos, dan kun je prima uit de voeten met de officiële Lowlands-website van Fabrique. De techniek dringt zich niet op en onder de chaos blijkt veel nuttige informatie snel toegankelijk te zijn. **MV**

Lowlands and Fabrique have been faithful partners for more than ten years. Since 1998, the Delft design bureau has developed the website for the music festival, held every year in Biddinghuizen. This website is of crucial importance for Lowlands, because it is visited more than a million times a year.

In terms of appearance, there do not seem to be many changes compared to previous editions. The typical, somewhat aggressive Lowlands symbols still dominate the screen. These were designed by the art director of Lowlands, graphic designer and pop musician Peter te Bos.

The change in the Lowlands 2009 website lies mainly in the interface. The designers at Fabrique have turned the interface completely on its head. They want the hectic nature of the three-day festival to be clearly visible on the website, too. Visitors to the site will be dazzled for a moment, because there are dozens of elements clamouring for attention. There is no scroll bar, but everything can be cut and pasted. If you completely lose your way, there is a button at the top, the *netjes* (neat and tidy) button, which restores the basic settings. For people who can't be bothered with all the bells and whistles, there is an alternative: www.lowla.nl. This dressed-down version is an initiative of the web development bureau Two Kings, based in The Hague.

Once you get used to the visual chaos, the official Lowlands website created by Fabrique works very nicely. The technique is not 'pushy' and a great deal of useful information can be accessed quickly from the chaos. **MV**

Communicatie / Communication

Ontwerper/Designer
Fabrique Communicatie en Design, Mark Dibbets, Dodi Raditya, Vincent Bovenlander, Jeroen van Geel, Bram Stege, Jeroen van Erp, Peter te Bos (Twizter), Mark Fabels (Emergency Response Unit)

Opdrachtgever/Client
Mojo Concerts

Website
www.fabrique.nl

Als ontwerper wil je invloed hebben op het leven

As a Designer You Want to Influence How People Live

Technisch ingenieur en geëngageerd kunstenaar: dat zijn zowat de uiterste posities die een ontwerper kan innemen. Bij Luud Schimmelpennink sluiten die twee naadloos op elkaar aan. Schimmelpennink werd halverwege de jaren zestig bekend als Provo. Op de golven van de verbeelding bedacht hij plannen voor een systeem van gratis Witte Fietsen en vervolgens voor de elektrische Witkar, beide visionaire ideeën voor geïndividualiseerd vervoer in het toen al flink volle Amsterdam. Ze sneuvelden nog sneller dan Schimmelpennink ze had bedacht. De tijd lijkt hem echter meer en meer gelijk te geven, want in allerlei steden in de wereld wordt Schimmelpennink om advies gevraagd bij de ontwikkeling van nieuwe, duurzame methoden van stedelijk vervoer. Overal in de wereld, behalve in Amsterdam lijkt het wel. Maar om een laatste en naar het lijkt meer kansrijke poging dan ooit te laten slagen, blijft Schimmelpennink politiek actief en is hij vastbesloten zijn plannen ook in zijn eigen woonplaats te bewerkstelligen.

Ontwerper Jan Konings is net als Schimmelpennink vooral geïnteresseerd in de betekenis van de ontwerper voor de samenleving. Konings, ooit begonnen als *founding designer* voor Droog Design, waar het Dutch design inmiddels garant lijkt te staan voor een exuberante museumvormgeving, bleef vooral geïnteresseerd in design als sociale katalysator. Voor het *Dutch Design Jaarboek* had Konings een ontmoeting met Schimmelpennink en vroeg hem naar zijn carrière, zijn drijfveren als ontwerper en zijn nieuwe plannen, die hij vervolgens spiegelde aan eigen ideeën en werk. Een gesprek in Amsterdam tussen twee 'social engineers', met uitzicht op de Amstel.

Luud Schimmelpennink Kijk, ik ben natuurlijk een heel a-typische Provo geweest. Provo was, halverwege de jaren zestig, de beweging van het idee, van de ludieke actie, eigenlijk een eigentijdse manier om een nieuwe levenshouding te tonen. Tegelijkertijd was ik heel erg geïnteresseerd om ook dingen voor elkaar te krijgen, want vergeet niet: ik ben een hts'er, een ingenieur, en dat zijn probleemoplossers. Voor mij telt ook het resultaat en dat pas-

Technical engineer and engaged artist – those are just about the two most extreme positions that a designer can occupy. The two are seamlessly united in Luud Schimmelpennink. Schimmelpennink became famous as a Provo in Amsterdam in the mid-1960s. Borne on the waves of imagination, he devised plans for a system of free White Bikes and later for the electric White Car – two visionary ideas for individual public transport in the crowded capital. They stranded even faster than Schimmelpennink had thought them up. Still, as time passes he increasingly appears to have been right, because he is asked for advice on how to develop new, sustainable methods of urban transport in all kinds of cities in the world – everywhere in the world except in Amsterdam, apparently. But to achieve the success of a last and, so it seems, more promising attempt than ever, Schimmelpennink is still politically active and is determined to implement his plans successfully in his own city, too.

Like Schimmelpennink, designer Jan Konings is mainly interested in what a designer can offer society. Konings started out as one of the founding designers of Droog Design, but while Dutch design seems to have become a guarantee of exuberant museum design, Konings has remained primarily interested in design as a social catalyst. Konings and Schimmelpennink met for the *Dutch Design Yearbook*. Konings asked Schimmelpennink about his career, his motives as a designer and his new plans and compared them with his own ideas and work. The interview between two social engineers took place in Amsterdam overlooking the River Amstel.

te eigenlijk niet zo bij Provo. Er is mij zelfs wel verweten dat ik er om die reden niet echt bij hoorde. Provo was echt een ideeënbeweging en hoe positief dat nu ook mag klinken, ze vonden ons gewoon tuig van de richel, en daarom wilde ook niemand bij ons horen. Later had je nog de Kabouters, die vond iedereen leuk en schattig; daarmee kon je wat bereiken, daarom is die club ook ten onder gegaan aan baantjesjagers. Provo heeft zich nooit opgericht, maar het mooie is dat we ons wel officieel hebben opgeheven. Een prachtige daad en helemaal in de geest van Provo. De situatie was toen echt zo dat je je als burger niet met zaken als openbare ruimte of vervoer bemoeide; dat deed je niet, maar vooral: het hoorde niet. Dat is misschien wel de grootste verandering met nu, want nu kan er veel meer, er is veel meer een luisterend oor voor alle mogelijke ideeën, alleen daar zijn er niet zoveel van.

1 Witte Fietsenplan van Provo, Amsterdam, 1965
foto Fotocollectie Elsevier/Hans Bruggeman

2 Witkarstation, Amstelveld, 1976
foto Stadsarchief Amsterdam/ J.M. Arsath Ro'is

Jan Konings Het is wel zo dat je als ontwerper met goede ideeën juist ook van de overheid een luisterend oor krijgt. Een idee tot een officieel project promoveren, dat lukt nu ongetwijfeld beter dan toen, maar afwijkende ontwerpen en ideeën echt gerealiseerd te krijgen, is erg lastig. De inrichting van de publieke ruimte is het resultaat van een proces waarin economie, politiek en regelgeving belangrijk zijn. Vormgeving vervult hierin slechts een marginale rol. Om hier iets aan te veranderen hoeft het systeem zelf niet veranderd te worden; je kunt ook juist de gaten en mogelijkheden in het systeem gebruiken. Ik werk aan de Haagse wijk Transvaal, die een gigantische herstructurering ondergaat, waarbij in een periode van twaalf jaar drieduizend woningen worden gesloopt en zestienhonderd worden gebouwd. Dichtgetimmerde huizen, braakliggende terreinen, lege winkelpanden en een kapotte sociale structuur door wegtrekkende bewoners zijn het gevolg. Door deze leegstaande woningen tijdelijk in te richten als hotelkamer wordt het vacuüm in de tussenfase gevuld met een programma. Mijn ontwerp Hotel Transvaal gebruikt de bestaande omgeving; een stedelijke conditie met allerlei voorzieningen. Juist de tijdelijkheid en de leegstand bieden mogelijkheden om de economie en de leefbaarheid te verbeteren. Voor de realisatie van Hotel Transvaal was het belangrijk om het project niet een hotel of huisvestingsproject te noemen maar een kunstproject.

Luud Schimmelpennink Voor mij is indertijd de politiek misschien wel zo'n manoeuvre geweest. Kijk, de Provo-beweging werd gewoon vervolgd, je kon om niks worden opgepakt en de politie viel bij je binnen als het ze uitkwam. Wij hebben toen echt bescherming gezocht onder de grondwet en onze beweging als een politieke partij ingeschreven. We deden mee aan de verkiezingen voor de gemeenteraad in Amsterdam, en als je de verkiezingsaffiche met de cartoon van Opland ziet die we toen overal ophingen, nou dat kon alleen onder de vlag van de politiek en de bijbehorende rechten. In elk ander geval waren we gewoon opgepakt. De politiek is voor mij een leven lang een logische stap geweest, eerst als Provo en vervolgens een aantal malen in de gemeenteraad voor de PvdA. Politiek is een manier om zaken voor elkaar te krijgen en dat is wat je ook als ontwerper wilt.

Dat heb ik me ook gerealiseerd toen we het plan voor de Witkar aan het optuigen waren. De Witkar is een schijnbaar eenvoudig elektrisch autootje, met alle problemen die daarbij hoorden, en die waren in de tijd van kleine accu's en zeer schaarse computers erg groot. Ik heb me met dergelijke problemen als ontwerper altijd graag beziggehouden. Hoe verhield de beperkte capaciteit van de accu zich tot de actieradius van de auto? Nu, dat bleek oplosbaar: stadsverkeer beperkt zich gemiddeld tot tochtjes van hooguit twee kilometer en onze accu's van toen waren klein, maar laadden voldoende snel op. Een ander probleem was: hoe financier je zo'n project, hoe wordt het betaald? We hadden daarvoor een deal met de gemeentegiro zodat er via hun centrale computer met behulp van een innovatieve magneetsleutel betaald kon worden.

Enfin, die Witkar was technisch mogelijk, maar het invoeren van het hele systeem vroeg natuurlijk om grote politieke en bestuurlijke inspanningen. Ik had daarvoor PvdA-kopstuk Ed van Tijn gevraagd om in ons bestuur plaats te nemen. Van Tijn, de latere burgemeester van Amsterdam, liet zich niet met een kluitje in het riet sturen, maar ook hij kon niet voorkomen dat we niet met een groot systeem maar eerst met een demomodel moesten beginnen. Dat je klein

1 The White Bike Plan introduced by Provo, Amsterdam, 1965 photo Fotocollectie Elsevier/Hans Bruggeman

2 White Car Station, Amstelveld, 1976 photo Stadsarchief Amsterdam/ J.M. Arsath Ro'is

Luud Schimmelpennink Look, of course I was a very atypical Provo. In the mid-1960s, Provo was the movement of ideas, of ludic actions, actually a contemporary way of demonstrating a new lifestyle. At the same time I was very interested indeed in getting things done. Don't forget, I went to technical school, I'm an engineer, and that means solving problems. What counts for me is the result, and that was not really in line with Provo. I was even accused of not really belonging to the movement because of that. Provo really was a movement of ideas, and however positive it might sound today, they saw us as just something from the gutter, and so no one wanted to be associated with us. Later on there were the Kabouters (Gnomes). Everyone thought they were fun and charming, so that was a way of getting something done, and that's why that club was ruined by the search for jobs. Provo was never founded, but the finest thing of all is that we did have an official disbanding: a fantastic action, completely in the spirit of Provo. But at the time the situation was such that, as a citizen, you didn't interfere in matters like the public domain or traffic, you didn't do it and you weren't supposed to do it. Perhaps that's the biggest difference from today, because now a lot more is possible, there's much more of a willing ear to listen to all kinds of possible ideas, it's just that there aren't so many of them around.

Jan Konings It's true that if you're a designer with good ideas, you get a hearing, even from the government. Turning an idea into an official project is no doubt easier now than it was then but it's still very difficult to get alternative designs and ideas actually put into practice. The way the public domain is arranged is the result of a process in which economics, politics and legislation play an important role. Design only plays a marginal role in this. To change this in some way, there's no need to change the system, but you can also make use of the holes and possibilities in the system. I'm working on the Transvaal district in The Hague, which is undergoing a gigantic restructuring: 3,000 homes are being demolished and 1,600 new ones being built in a period of 12 years. The result: boarded up homes, disused sites, vacant shop premises and a wreck of a social structure. By turning these empty homes into temporary hotel rooms, the vacuum is filled with programme in the intervening phase. My Hotel Transvaal design uses the environment as it is: an urban condition with all kinds of facilities. It is precisely the temporary nature of the project and the vacant property that provide the opportunities to improve the economy and the atmosphere of the district. To get Hotel Transvaal implemented, it was important not to call it a hotel or housing project, but an art project.

Luud Schimmelpennink Perhaps politics has always been that kind of manoeuvre for me. Look, the Provo movement was simply persecuted, you could be picked up for doing nothing and the police raided you when they felt like it. But at the time we sought protection in the constitution and registered our movement as a political party. We took part in the local elections in Amsterdam, and if you see the election poster with the cartoon by Opland that we put up at the time, that was only possible under the flag of politics and the corresponding rights. In every other case we were simply arrested. All my life politics has been a logical step, first as Provo and later serving on the council several times as a member of the Partij van de Arbeid (Labour Party). Politics is a way of getting things done and that is what designers want too. I realized that too when we were polishing up the plan for the White Car. The White Car looks like a simple electric car, with all of the related problems, and they were pretty big at a time when batteries were small and computers were very rare. I've always enjoyed working on problems like that as a designer. Take the limited capacity of the battery and the action radius of the car: that turned out to be capable of being resolved, because city traffic is usually limited to trips of no more than 2 km and our batteries were small at the time, but they could be recharged quickly enough. Another problem was how you get a project like that funded, how it is paid for. We made a deal with the municipal bank, the Gemeentegiro, to arrange payment with the aid of an innovative magnetic key via their central computer.

Well, that White Car was technically possible, but of course to introduce the entire system demanded a lot of political and administrative effort. I had asked

begint is natuurlijk billijk, maar de Witkar is waarschijnlijk toch vastgelopen op het beperkte aantal stations in de stad.

Jan Konings Een nieuw product kan heel krachtig zijn en een compleet nieuwe situatie creëren. De ontwikkeling van de Witkar laat al zien dat er zelfs zonder systeem enorme mogelijkheden geprojecteerd worden. En of de Witkar nou mislukt is of niet, dat is eigenlijk niet interessant, de discussie over de mogelijkheden reiken tot vandaag en morgen. Ook de vormgeving van zo'n nieuw product is een statement. Ik denk ook niet dat met een andere vormgeving de Witkar wel een praktisch succes was geworden. Het radicale ontwerp is gestapeld op het nieuwe systeem en ook op de nieuwe manier van langzaam en bijna geluidloos rijden. De Witkar is een anti-auto, en vormt daarmee een geweldige les voor de problemen waar
we nu voor staan.

Bij industrieel ontwerpen worden bij de ontwikkeling van een nieuw product verschillende prototypen en een nulserie gebruikt om uitvoerig te testen op uiteenlopende onderdelen – een noodzakelijke methode om allerlei fouten en mogelijkheden op te sporen. Ook wanneer het product uiteindelijk op de markt is gekomen, wordt het continu gemonitord en doorlopend verbeterd.

In de publieke ruimte kennen we deze methode niet. Een plan wordt uitgevoerd en moet direct functioneren zoals het op de tekening is bedacht, en vervolgens moet het in deze vorm jaren mee kunnen. De proef is een sterk middel om tot een goed functionerende publieke ruimte te komen. De tijdelijke status maakt het bijvoorbeeld mogelijk om op het gebied van de regelgeving een tijdelijke uitzondering te maken.

In Haarlem ben ik bezig met de realisering van het Reinalda-tussen-Park. Het project maakt gebruik van de situatie dat een park op een voormalige vuilstortplaats gesloopt moet worden omdat de grond vervuild is. Vanwege de sanering zou het park vijf jaar niet gebruikt kunnen worden. Het Reinalda-tussen-Park is een test voor onbekend programma. Een aaneenschakeling van activiteiten, tijdelijke voorzieningen en een tijdelijk programma maken van het park een levendige ruimte. Succesvolle onderdelen blijven bestaan, niet-functionerende onderdelen verdwijnen. De publieke ruimte kan zich eenvoudig aanpassen aan veranderende omstandigheden. Alle dertienhonderd bomen die gekapt worden vanwege de sanering worden gebruikt om allerlei voorzieningen te maken. De eerste is een paviljoen waar kan worden gegeten en gedronken. Zowel Hotel Transvaal als het Reinalda-tussen-Park is een reorganisatie van de bestaande situatie om iets radicaal nieuws te bereiken.

Luud Schimmelpennink De Witkar was een typische uiting van de modernistische periode, de jaren zestig en zeventig die nieuwheid en vooruitgang predikten. De Witte Fiets was natuurlijk ook zo'n ingreep in het bestaande, het was herorganisatie van een conventioneel product. Maar juist dat kwam toen in een negatief daglicht te staan: de overheid vond de fiets een symbool van armoede en zelfs van de hongerwinter. De Witkar werd aanvankelijk juist wel als een progressief voertuig begroet. Toch ben ik na de Witkar verdergegaan met nieuwe fietsenplannen, want die passen het beste bij Amsterdam, en zoals we nu zien bij veel steden in de wereld.

Het klopt dat de ontwikkeling van die ideeën over individueel openbaar vervoer, en dan met name de fiets in Amsterdam, een lange weg kent. De redenering is hier nog vaak dat alle Nederlanders een fiets hebben, en dat zo'n plan dus niet hoeft. Maar er worden in Amsterdam heel wat kilometers gemaakt door mensen die geen fiets bij zich hebben. Door het succes van de openbare fiets in Parijs, en eerder al in Wenen en Lyon, hebben we nu een goede kans om ons nieuwe plan te realiseren. In Parijs heet het Vélo Libre, liefkozend VéloLib. Hier noemen we het Groene Fietsenplan, omdat Witte Fietsenplan te beladen bleek.

Jan Konings Eigengebruik en herverdeling interesseren me in het bijzonder. Ik heb dat bestudeerd in pretparken, een meer geconditioneerde omgeving dan

3 Luud Schimmelpennink, Timo de Rijk, Jan Konings

4-7 Jan Konings, Reinalda-tussen-Park, Haarlem

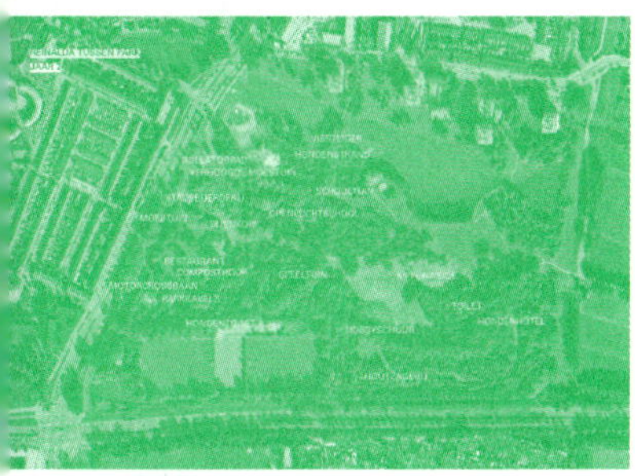

3 Luud Schimmelpennink, Timo de Rijk, Jan Konings

4-7 Jan Konings, Reinalda-tussen-Park, Haarlem

Ed van Tijn, who was high up in the Partij van de Arbeid, to sit on our committee. Van Tijn, who later became Mayor of Amsterdam, was not easily discouraged, but even he couldn't help the fact that we had to start with a demo model before introducing a big system. It's reasonable to start on a small scale, of course, but the White Car probably stranded because of the limited number of stations in the city.

Jan Konings A new product can be very powerful and can create an entirely new situation. The development of the White Car already shows that enormous possibilities can be projected, even when there is no system. What really matters is not whether the White Car was a failure or not, but that the discussion of the possibilities continues today and tomorrow. The design of a new product like that is a statement, too. I don't think that a different design would have turned the White Car into a practical success. The radical design is tied to the new system and the new method of driving slowly and almost silently. The White Car is an anti-car, and thus a fantastic lesson for the problems that we have to solve today.

In industrial design different prototypes and a null series are used in the development of a new product to thoroughly test all its different components. It's a method that is necessary to discover all kinds of errors and possibilities. When the product eventually reaches the market, it is still constantly monitored and improved.

This method doesn't exist in the public domain. A plan is implemented and has to function immediately just as it was thought up on the drawing-board, and it has to keep working in this form for years. The experiment is a good way of arriving at a smoothly functioning public domain. For instance, the temporary status makes it possible to make a temporary exception with regard to the regulations.

I'm working on the Reinalda-tussen-Park in Haarlem. The project makes use of the situation that a park on a former refuse tip has to be demolished because the soil is polluted. The park would have to be kept out of use for five years for cleaning up operations. The Reinalda-tussen-Park is a test for an unknown programme. A series of activities, temporary amenities and a temporary programme turn the park into a lively location. Successful components continue to exist, non-functional components disappear. The public domain can simply adapt to changing circumstances. All 1300 trees that have to be cut down for the cleaning up operations are used to make all kinds of facilities. The first is a pavilion where people can get something to eat and drink. Both Hotel Transvaal and the Reinalda-tussen-Park are reorganizations of the existing situation in order to achieve something radically new.

Luud Schimmelpennink The White Car was a typical expression of the modernist period, the 1960s and 1970s that preached novelty and progress. The White Bike was of course another intervention in an existing situation, it was the reorganization of a conventional product. But that was what gave it bad publicity: the government saw the bike as a symbol of poverty and even of the famine of 1944 known as the Hunger Winter. The White Car, on the other hand, was initially welcomed as a progressive vehicle. All the same, after the White Car I continued with new plans for bikes, because they are the most appropriate in Amsterdam and in many cities in the world, as can now be seen.

It's true that the development of those ideas about individual public transport and especially the bike in Amsterdam has a long gestation period. It's often argued here that all the Dutch have a bike, so there's no need for a plan like that. But a lot of kilometres in Amsterdam are covered by people who at any rate haven't got their bike with them. Thanks to the success of the public bike in Paris, and previously in Vienna and Lyon, we now have a good chance of pulling off our new plan for the public bike. In Paris it's called Vélo Libre, nicknamed VéloLib. Here it's called the Groene Fietsenplan (Green Bike Plan) because White Bike Plan apparently carried too many associations.

die van de stad. Of eigenlijk moet ik zeggen: in een ogenschijnlijk meer kunstmatig geordende omgeving, want ook de stad en alle publieke leven zijn door allerlei maatregelen kunstmatig. Het is erg aantrekkelijk om te denken dat een goed systeem zichzelf reguleert, want dan is het pas echt duurzaam. Maar dat betekent niet dat je die regulering niet een handje mag helpen, of zelfs ensceneren.

8 Jan Konings, Hotel Transvaal, Den Haag

9 Jan Konings, Hotel Experimenta, Amsterdam-Noord

Als mensen iets heel graag willen, hoef je geen slap verkooppraatje te houden, en belonen werkt beter dan straffen. Een positieve prikkel met een duurzaam effect; in verschillende pretparken is de organisatie wel genoodzaakt om goedlopende systemen uit te vinden. Zelfregulerende systemen voor de grote mensenmassa's zijn daar het ideaal, want elk structureel ingrijpen of begeleiden kost de organisatie handenvol geld en leidt vaak tot opstoppingen of andere problemen. Let wel: ik heb het niet over betere doorstroom of een efficiënte afwikkeling van diensten; het gaat me om het onverwachte maar gewenste resultaat.

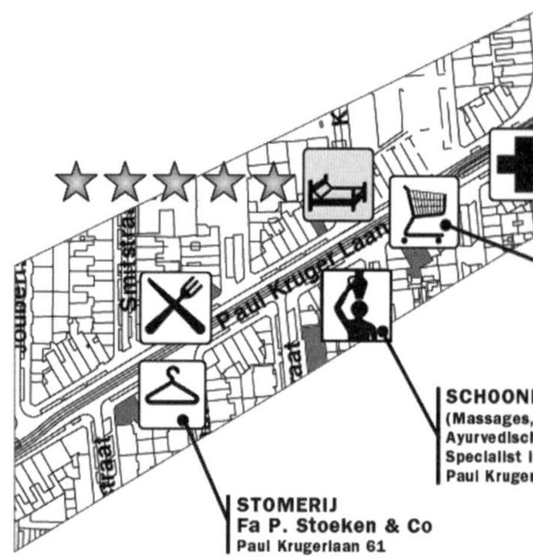

Om in het pretpark een betere doorstroom te verkrijgen en om wachtrijen voor de attracties te verkorten worden bezoekers gelokt naar plekken waar het op dat moment minder druk is. De beloning is een bezoek aan een attractie waarbij de bezoeker niet in de rij hoeft te staan maar direct door kan lopen. Met de tijd is dit fenomeen een attractie op zichzelf geworden, een fantastisch voorbeeld voor elke organisatie.

Luud Schimmelpennink Ik heb met alle plannen wel geleerd dat het algemeen belang moeilijk als beloning te koppelen is aan een individuele wens. Een van de doelstellingen van ons nieuwe mobiliteitsplan is dat de fijnstof- en CO_2-uitstoot in de stad verminderd wordt. Amsterdam moet op korte termijn gewoon minder rokende uitlaten hebben, maar als je haast hebt om op tijd ergens in de Jordaan of De Pijp te zijn, heb je daar even geen boodschap aan. De onmiddellijke en directe voordelen van een enkele rit moeten aanwijsbaar zijn, en dat zit in ons nieuwe plan ingebakken.

Het moet een fijnmazig systeem worden van transferia aan de rand van de stad, die op dit moment al bestaan en uitgebreid worden. Het vervoer naar de stad vindt plaats via kleine elektrische auto's en vervolgens gebruik van systeemfietsen. Onze Hollandse stadsfiets is te generiek voor het plan, we hebben een fiets nodig die geheel functioneert binnen het systeem van eenmalig gebruik, van vervoer per individu. Het is feitelijk een combinatie van het Witte Fietsenplan en het Witkarplan, van de ervaringen van onszelf, van Amsterdam, maar recent vooral hernieuwd door publiciteitsbedrijf JC Decaux in Parijs, en de verbeterde mogelijkheden van de Witkar die zijn uitgedacht door het Massasuchettes Institute of Technology. In Parijs bestaat nog vooral het probleem van het herverdelen van de fietsen, er staan er veel bij de Eiffeltoren en weinig boven op de berg bij de Sacre Coeur. Het plan biedt daar de grootste winst; in Amsterdam staan veel fietsen soms dagenlang op dezelfde plek, daar komt dan een eind aan. Als het moet, ga ik nog een keer de gemeenteraad in, want de tijd is rijp en de problemen zijn groot genoeg om het plan te laten slagen.

Jan Konings Als ontwerper heb ik me voorgenomen om me alleen maar bezig te houden met heel fundamentele behoeften, zoals slapen, eten, werken, seks, sport, veiligheid en sociaal contact. In Rotterdam is het verboden om in de openbare ruimte te overnachten. Op een gegeven moment gingen zwervers en toeristen er daarom toe over overdag te slapen in plaats van 's nachts. De regel werd toen, net als in veel andere steden, aangepast; voortaan was het geheel verboden te slapen in de openbare ruimte. Deze onopgemerkte verandering heeft een gigantisch gevolg, namelijk dat een fundamentele behoefte als slapen dus geen openbare aangelegenheid meer is. Vanaf dat moment houd ik me bezig met slapen in de publieke ruimte, in verschillende projecten steeds weer opnieuw, steeds iets anders, aangepast aan veranderende omstandigheden.

Luud Schimmelpennink Als ontwerper wil je invloed hebben op het leven.

8 Jan Konings, Hotel Transvaal, The Hague

9 Jan Konings, Hotel Experimenta, Amsterdam-Noord

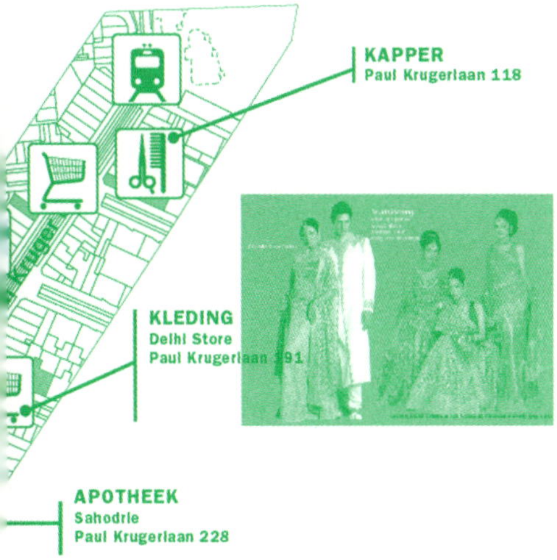

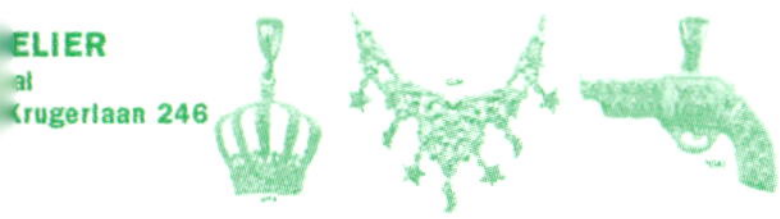

Jan Konings I'm particularly interested in personal use and redistribution. I've studied it in theme parks, a more conditioned environment than that of the city. Or in fact I should say, in an apparently more artificially arranged environment, because the city and all public life are artificial too, thanks to all kinds of measures. It is very attractive to think that a good system can regulate itself, because only then is it really sustainable. But that doesn't mean that you shouldn't lend that self-regulation a helping hand, or even set the stage for it. If people really want something very much, there's no need for sloppy sales talk, and reward works better than punishment. A positive stimulus with a sustainable effect – in many theme parks the organization is forced to devise smoothly operating systems. Self-regulating systems to deal with the large crowds of people are ideal there, because every structural intervention or supervision costs the organization a lot of money and often leads to bottlenecks or other problems. Note, I'm not talking about a better flow of people or an efficient operation of the services, but about the unexpected but desired result.

To improve the flow of traffic in the theme park and to reduce the queues for the attractions, visitors are lured away to spots where it is less busy at that moment. The reward is a visit to an attraction for which the visitor doesn't have to queue up but can walk straight in. In time this phenomenon has become an attraction in itself, a fantastic example for every organization.

Luud Schimmelpennink With all the plans I've learned that it's difficult to link the general interest as a reward to an individual desire. One of the aims of our mobility plan is to reduce the emissions of fine particles and CO_2 in the city. In the near future, Amsterdam must simply have less smoking exhaust pipes, but if you're in a hurry to get somewhere in time in the Jordaan or De Pijp, considerations like that won't cross your mind. The immediate and direct advantages of a single ride must be demonstrable, and that is part of our new plan.

It has to be a finely meshed system of transferia on the outskirts of the city, which already exist at the moment and will be expanded. Transport into the city is by means of small electric cars followed by the use of bikes belonging to the system. Our Dutch city bike is too generic for the plan, we need a bike that functions entirely within the system of single use, of individual transport. In fact it's a combination of the White Bike Plan and the White Car plan. It's based on our own experiences in Amsterdam, but more recently above all renewed by the JC Decaux publicity firm in Paris and the improved possibilities of the White Car that have been developed by the Massachusetts Institute of Technology. The main problem in Paris is still that of the redistribution of the bikes: there are too many near the Eiffel Tower, and not enough on top of the hill near Sacré Coeur. That is where the plan offers the greatest advantages; in Amsterdam many bikes are sometimes left standing for days on the same spot. There will be no more of that. If I have to, I'll run for council again, because the time is ripe and the problems are big enough for the plan to succeed.

Jan Konings As a designer I have decided to occupy myself exclusively with very basic needs such as sleep, food, work, sex, sport, safety and social contact. In Rotterdam there is a law against spending the night in the public domain. At a certain moment the tramps and tourists started sleeping in the daytime instead of at night. Then the rule was changed, as in many other cities, so that it is now entirely forbidden to sleep in the public domain. This unnoticed change has an enormous consequence: a fundamental need such as sleep can no longer be met in public. Since then I've been concerned with sleeping in public, each time in a different project and in a different way, adapted to the changing circumstances.

Luud Schimmelpennink As a designer you want to influence how people live.

Momkai – Nalden.net *Momkai – Nalden.net*

Blogger Nalden was er vroeg bij. Negen jaar geleden, op zijn zestiende, hield hij al een weblog bij over hiphop. Sinds 2008 doet hij dat in het Engels en schrijft hij over trends op het gebied van muziek, design, mode, architectuur, internet en gadgets, en over persoonlijke zaken. Aanvankelijk verzorgde hij de techniek zelf, tegenwoordig werkt hij met een speciaal door bureau Momkai gemaakt content-managementsysteem op basis van Flash. Toen hij met bloggen begon, was er weinig concurrentie, maar tegenwoordig zijn er talloze weblogs, die allemaal op elkaar lijken doordat ze met dezelfde standaardsoftware worden gemaakt. Om zich te onderscheiden wilde Nalden een *rich media application*, waarin tekst, beeld en geluid geïntegreerd zijn.

De site is inmiddels geen hobby meer van Nalden; hij verdient zijn geld met het geven van adviezen aan bedrijven, die via Nalden.net contact met hem opnemen. De weblog wordt bezocht door dertigduizend mensen per maand, die willen weten welke trends Nalden heeft gespot. Ook kenners van website-architectuur zijn liefhebbers van Nalden.net. De jury van de Webby Award, een van de belangrijkste, internationale prijzen voor website design, kende de site dit jaar een eervolle vermelding toe.

Nalden.net biedt veel meer interactiviteit dan de gemiddelde weblog en ziet er veel aantrekkelijker uit. De site heeft meer weg van een desktopapplicatie dan van een internetapplicatie. De site bevat interessante toepassingen. Naldens eigen teksten staan bijvoorbeeld op losse kaartjes die ook een achterkant hebben. Daarop staat het commentaar dat bezoekers hebben gestuurd. Wie geen zin heeft om die commentaren te lezen wordt er dus niet mee geconfronteerd, wat bij de meeste weblogs wel het geval is. **MV**

Blogger Nalden was quick off the mark. Nine years ago, when he was 16, he already had a weblog where he published about hip-hop. Since 2008, he blogs in English and writes about trends in the areas of music, design, fashion, architecture, the Internet, gadgets and about personal business. In the beginning, he carried out the technical side himself; these days he works with a Flash-based content management system specially designed by bureau Momkai. When he started blogging there was precious little competition, but these days there are countless weblogs, which all look like each other, because they are made with the same standard software. To stand out from the crowd, Nalden wanted a so-called rich media application, where text, images and sound are integrated.

The site is no longer a hobby for Nalden, he earns his money by giving advice to companies who contact him through Nalden.net. Every month, the weblog is visited by 30,000 people who want to know which trends Nalden has spotted. Connoisseurs of website architecture also appreciate Nalden.net. The jury of the Webby Award, one of the most important international prizes for website design, awarded the site an honourable mention this year.

Nalden.net offers much more interactivity than the average weblog and looks much more attractive. The website looks more like a desktop application than an Internet application. The site contains interesting features. For example, Nalden's own texts are placed on separate cards which also have a reverse side. The comments sent by visitors can be seen there. People who can't be bothered to read their comments are not confronted with them which is usual on most weblogs. **MV**

Communicatie / Communication

Ontwerper/Designer
Momkai, Harald Dunnink

Opdrachtgever/Client
Nalden

Website
www.momkai.com

Foto's/Photos
Menno Kok, Daniel J. Ashes, Sartoria, Nike SB & Momkai

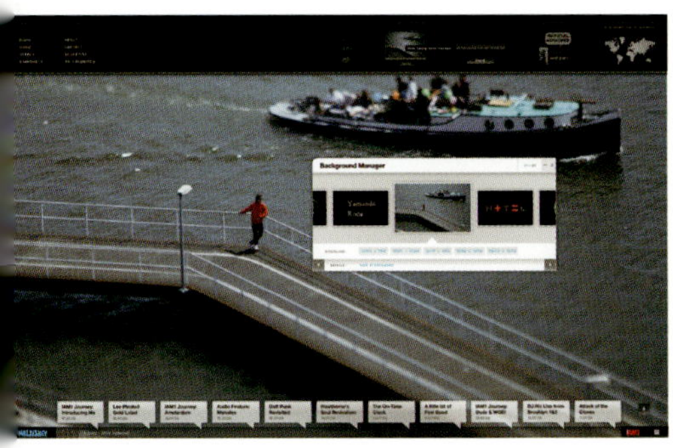

Volgende / Next
P 164, 168 >>

Postma Graphics & Motion – The Big Bank Theory

Postma Graphics & Motion – The Big Bank Theory

Communicatie / Communication

Ontwerper/Designer
Postma Graphics & Motion, Paul Postma (regie, artdirection/direction, art direction) Raoul Deleo (illustraties/illustrations), Hazazah (productie/production), The Ambassadors (animaties/animations)

Opdrachtgever/Client
Dawn voor klant Alex/Dawn for client Alex

Website
www.motiondesign.nl

Een bank die zich anno 2009 wil herpositioneren, heeft iets uit te leggen, want consumenten vertrouwen bankmensen niet meer op hun blauwe ogen. Internetbank Alex stond voor dit probleem toen deze zich wilde omvormen van specifieke beleggersbank naar vermogensbank. Reclamebureau Dawn kreeg de opdracht om de verandering geloofwaardig over te brengen in een campagne. Daarvoor liet het Amsterdamse bureau een animatie maken van de Big Bank Theory. Deze theorie verklaart hoe grote banken gedoemd zijn om te groeien ten koste van de spaarders en de beleggers. Alex doet dit natuurlijk niet.

Er zijn vrij veel animaties gemaakt naar aanleiding van de bankcrisis, maar slechts weinige zijn in staat om deze in zestig seconden uit te leggen. De commercial The Big Bank Theory slaagt hier wel in en is visueel aantrekkelijk, oorspronkelijk in zijn uitvoering en bovendien humoristisch. Dit is vooral te danken aan het werk van illustrator Raoul Deleo, die de Alex-mascotte en de overige karakters creëerde. Deze zijn in drie dimensies tot leven gebracht door postproductiestudio The Ambassadors. De regie van deze volledig met de computer gemaakte commercial was in handen van ontwerper Paul Postma. Hij maakte een goed lopende productie, waarin de beelden en de gesproken tekst als vanzelf samengaan. Je vraagt je alleen af waarom vermogensbank Alex op zijn website niets doet met de mascotte uit de commercial. **MV**

A bank which wants to reposition itself in the market in the year 2009 has some explaining to do, because these days consumers do not just take the bankers' word for it. Internet bank Alex was faced with this problem when it wanted to convert from a specific investment bank to an asset management bank. Advertising agency Dawn was commissioned to convey the change in a plausible way in a campaign. To do this, the Amsterdam agency had an animation made of the Big Bank Theory. This theory explains why big banks are doomed to grow at the expense of savers and investors. Needless to say, Alex is different.

Quite a lot of animations have been made as a result of the bank crisis, but very few are capable of explaining the situation in 60 seconds. The commercial The Big Bank Theory succeeds in this, and is visually attractive, original in its execution and humoristic as well. That is mainly thanks to the work of illustrator Raoul Deleo, who created the Alex mascot and the other characters. These were brought to life in three dimensions by post-production studio The Ambassadors. The direction of this completely computer-made commercial was in the hands of designer Paul Postma. He made a smooth-flowing production, where the images and spoken text blend together very naturally. The only thing you are left wondering about is why asset management bank Alex makes no use whatsoever of the mascot from the commercial on its website. **MV**

alex.

ExperimentaDesign, Amsterdam

18 september – 1 november 2008

ExperimentaDesign is een biënnale gewijd aan design, architectuur en creativiteit. De eerste vier edities werden vanaf 1999 gehouden in Lissabon. De directie van de biënnale wordt gevoerd door de Portugese Gouta Moura Guedes. De biënnales zijn steeds georganiseerd rondom een thema, voor de Amsterdamse editie was dat 'Space and place. Design for the urban landscape'. De biënnale presenteerde een grote variëteit aan lezingen, van onder anderen Ron Arad, Anthony Dunne en Rem Koolhaas, debatten, tentoonstellingen en bijeenkomsten in clubs en culturele instellingen, de meeste rondom het thema van micro-urbanisme. Een belangrijk onderdeel van Experimenta was het Droog Design-onderdeel *Urban Play*, dat samengesteld was door curator en creative innovator Scott Burnham. Zijn stelling dat alle steden in feite hetzelfde zijn en dat hun karakter en identiteit worden bepaald door de verschillende bewoners en bezoekers was uitgangspunt voor een programma van ingrepen en activiteiten in de stad. Een groot programmaonderdeel was de tentoonstelling in de stad, waarin auto's, billboards, het wegdek en straatmeubilair als dragers voor ontwerpen en kunstwerken werden gebruikt. Grotere projecten waren er van kunstenaars en ontwerpers als Martí Guixé, NL Architects, Jan Konings en Nothing Design Group. Bij de opening was het project van grafisch ontwerper Stefan Sagmeister onmiddellijk goed voor commotie. Zijn ontwerp, dat met een kwart miljoen beschilderde koperen 5 eurocentmunten de galmende slogan 'Obsessions make my life worse and my work better' op straat vormde, werd spoedig ontmanteld door minder fijnbesnaarde toeschouwers. Sagmeisters hoop dat zijn kunstwerk tot spel en deelname verleidden, werd definitief de kop ingedrukt door de Amsterdamse politie, die aan de onrust om al dat braakliggende geld een einde maakte door alle munten op te vegen en af te voeren. Een alerte blogger schreef: 'When guerrilla art becomes official, we need to look to officials for guerrilla art.' De moeizame communicatie en achterblijvende bekendheid van Experimenta bewezen dat de **urban condition** alles te maken heeft met de multimediale wereld van nu. **TdR**

Evenement en debat / Events and Debate

ExperimentaDesign, Amsterdam

18 September – 1 November 2008

ExperimentaDesign is a biennial dedicated to design, architecture and creativity. The first four editions, starting in 1999, were held in Lisbon. The director of the biennial is the Portuguese Gouta Moura Guedes.

Biennials are always organized around a theme. The theme for the Amsterdam edition was 'Space and Place. Design for the Urban Landscape'. The biennial presented a large variety of lectures by Ron Arad, Anthony Dunne, Rem Koolhaas and others, as well as debates, exhibitions and meetings in clubs and cultural institutions, most of them devoted to the theme of micro-urbanism. An important part of Experimenta was the Droog Design contribution *Urban Play*, which was put together by the curator and creative innovator Scott Burnham. His claim that all cities are actually the same and that their character and identity are determined by the various residents and visitors was the starting point for a programme of interventions and activities in the city. A major component of the programme was the exhibition in the city, in which cars, billboards, roads and street furniture were used as media for designs and works of art. There were larger-scale projects by such artists and designers as Martí Guixé, NL Architects, Jan Konings and Nothing Design Group. Graphic designer Stefan Sagmeister immediately caused a stir at the opening of the project. His design – 250,000 painted copper 5 eurocent coins laid out in the street to form the resounding slogan 'Obsessions make my life worse and my work better' – was soon dismantled by less high-minded spectators. Sagmeister's hope that his work of art would encourage people to take part in the game and to participate was definitively shattered when the Amsterdam police put an end to the commotion that all the money lying in the street was causing by sweeping up all the coins and taking them away. An alert blogger wrote: 'When guerrilla art becomes official, we need to look to officials for guerrilla art.' The difficult communication and the name that Experimenta established for itself prove that the urban world has everything to do with the multimedia world of today. **TdR**

2

1-2 / *Obsessions make my life worse and my work better*, Sagmeister Inc. for Droog Event 2: *Urban Play*, onderdeel van/part of ExperimentaDesign Amsterdam 2008

foto/photo: Flickr.com/Group Droog & ExperimentaDesign Amsterdam 2008

1

3

4

3 / *Bushwaffle*, Rebar for Droog Event 2: Urban Play, onderdeel van/part of ExperimentaDesign Amsterdam 2008

Photographer: Flickr.com/Group Droog & Experimenta-Design Amsterdam 2008

4 / *Fish in the Sky*, Nothing Design Group for Droog Event 2: Urban Play, onderdeel van/part of ExperimentaDesign Amsterdam 2008

foto/photo: Flickr.com/Group Droog & ExperimentaDesign Amsterdam 2008

Particuliere masteropleiding krijgt accreditatie

juni 2009

De masteropleiding Interdisciplinaire Ruimtelijke Vormgeving (IRV) van de Schrofer Academie loopt al een paar jaar, maar kreeg pas in juni 2009 een officiële accreditatie. Dat komt mooi uit voor de studenten die in 2009 afstudeerden, want zij krijgen de internationaal erkende titel master of applied arts (MAA).

De studie IRV omvat alle aspecten die met ruimtelijke vormgeving samenhangen. De ontwerper die de opleiding heeft afgerond, moet in staat zijn om de creatieve, maatschappelijke en commerciële aspecten te integreren waarbij hij in staat is alle vormgevingsdisciplines in te zetten. De gedachte hierachter is dat een ontwerper een woon- of werkomgeving of een publieke ruimte pas zinvol kan inrichten als hij ook de maatschappelijke en commerciële aspecten in zijn plan betrekt.

IRV is niet een zogeheten doorstroommaster, waaraan studenten direct na hun bacheloropleiding beginnen; ze is bedoeld voor ontwerpers die al enkele jaren gewerkt hebben. De opleiding duurt anderhalf jaar en vergt behalve de 18.000 euro aan cursusgeld vier dagen in de week. Die dagen brengen de deelnemers door op een ontwerpbureau waar ze onder begeleiding van een coach aan hun projecten werken. Daarnaast krijgen ze les van gastdocenten en bezoeken ze tentoonstellingen.

De particuliere masteropleiding IRV van de Schrofer Academie is het initiatief van ontwerper Gilian Schrofer, directeur van het Amsterdamse ontwerpbureau Concern. De naam van de academie is een eerbetoon aan de familie Schrofer, die enkele bekende ontwerpers heeft voortgebracht onder wie de grafisch ontwerper Jurriaan Schrofer en Jan Schrofer, de oprichter van meubelfabriek De Cirkel, die in 1967 opging in de Ahrend Groep. **MV**

Private Master's Course Receives Accreditation

June 2009

The Master's course in Interdisciplinary Spatial Design (IRV) of the Schrofer Academy has been going on for a couple of years, but it was only in June 2009 that it received official accreditation. That is welcome for the students who graduated in 2009, because they receive the internationally recognized title of Master of Applied Arts (MAA).

The Master's course IRV covers all aspects connected with three-dimensional design. A designer who has completed the course must be able to integrate the creative, social and commercial aspects and to deploy all the design disciplines. The idea behind this is that a designer cannot design a residential or work environment or a public space properly unless his or her plan also takes into account the social and commercial aspects involved.

IRV is not a Master's course that students can take immediately after their Bachelor's course; it is intended for designers with several years of working experience. The 18-month course is given four days a week and costs 18,000 euros. Participants spend those four days a week in a design agency where they work on their projects under the supervision of a coach. They also receive tuition from guest tutors and visit exhibitions.

The private IRV Master's course of the Schrofer Academy is the initiative of the designer Gillian Schrofer, director of the Amsterdam design agency Concern. The name of the academy is a tribute to the Schröfer family, which has produced several well-known designers, including the graphic designer Jurriaan Schrofer and Jan Schrofer, the founder of the De Cirkel furniture factory, which was taken over by the Ahrend group in 1967. **MV**

Vorige / Last
<< P 48, 69, 104, 110
Volgende / Next
P 197 >>

Claudi Kessels – Op basis van Bas Oudt

Kennelijk heeft Bas Oudt in de jaren dat hij lesgaf aan de Gerrit Rietveld Academie veel indruk gemaakt op zijn studenten, want anders zouden niet acht van hen een boek over hun vroegere docent hebben gemaakt. Oudt verliet de opleiding vijftien jaar geleden om gezondheidsredenen; die studenten zijn inmiddels dus gevestigde ontwerpers.

Oudt is zowel grafisch ontwerper als drukker. Hierdoor kon hij als een van de weinige docenten uitleggen hoe je het meeste uit de druktechnieken kunt halen, vertelt een oud-student. Het boek *Op basis van Bas Oudt* is hier zelf een voorbeeld van, want daarin zijn bijzonder veel druk- en afwerktechnieken toegepast.

De totstandkoming van het boek duurde ruim een jaar. In die periode kwamen de ontwerpers om de twee weken bij elkaar om de voortgang te bespreken. Zij hebben met hun bijdrage aan het boek gereageerd op het werk van Oudt, dat volgens een van hen uitgesproken en onconventioneel was. Maar, tekent hij erbij aan, Oudt drong hun zijn mening niet op. Uitgangspunt van hun grafische reactie zijn de sterk uiteenlopende idolen van Oudt, onder wie zanger Frank Sinatra, glasontwerper Andries Copier en Bibendum, het Michelin-mannetje.

Het boek is niet alleen een eerbetoon aan Oudt: de samenstellers willen zijn werk onder de aandacht brengen van een breder publiek dan de kring van zijn voormalige studenten. Oudt werkte onder meer voor de Amsterdamse galerie W139, die in de jaren tachtig en negentig spraakmakend was. **MV**

Claudi Kessels – Based on Bas Oudt

In the years that Bas Oudt taught at the Gerrit Rietveld Academy, he apparently made a big impression on his students, because otherwise eight of them would not have made a book about their former teacher. Oudt left the academy 15 years ago for health reasons, so those students are established designers by now.

Oudt is both graphic designer and printer. As a result, he was one of the few teachers who could explain how to get the most out of printing techniques, according to one of his former students. The book *Op basis van Bas Oudt* (Based on Bas Oudt) is itself an example of this, because a great number of print and finishing techniques have been applied.

The book took more than a year to realize. During that time, the designers got together every fortnight to discuss progress. Their contribution to the book gives a reaction to Oudt's work, which according to one of them was individual and unconventional. Although he had plenty to say, Oudt did not force his opinions on his students. The starting point for their graphic reaction is Bas Oudt's widely divergent fascinations, including the singer Frank Sinatra, glass designer Andries Copier and Bibendum, the Michelin Man.

The book is not only a tribute to Oudt, the compilers also wish to see his work known to a broader public than the circle of his former students. Among other things, he worked for the W139 gallery in Amsterdam, which was high-profile in the 1980s and 1990s. **MV**

Communicatie / Communication

Ontwerper/Designer
Claudi Kessels

Grafische bijdragen van/ Graphic contributions from
Pieter Boddaert, Jozee Brouwer, Ron Faas, Yolanda Huntelaar, Harmen Liemburg, Richard Niessen, Katja van Stiphout, Esther de Vries

Opdrachtgever/Client
Uitgeverij De Buitenkant/De Buitenkant Publishers

Website
www.claudikessels.nl

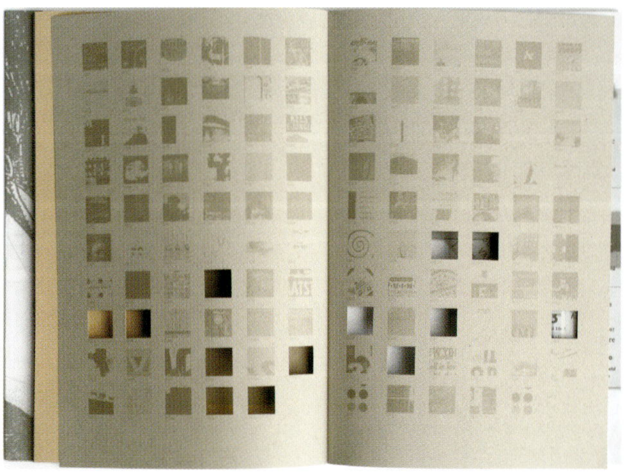

OP BASIS VAN
BAS OUDT / BASED
ON BAS OUDT

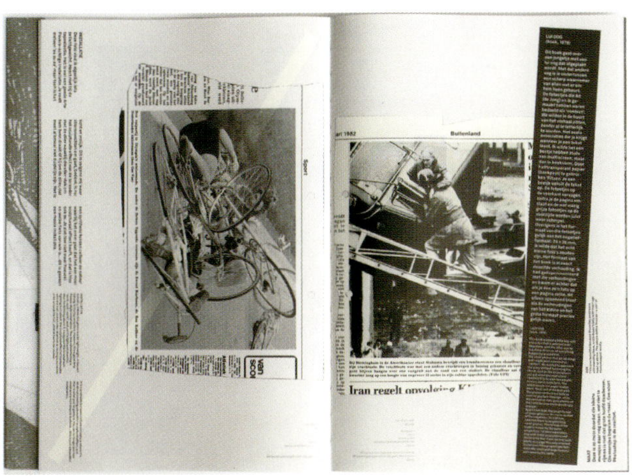

ALL OPINION
IS TRANSCIENT
ONLY THE
WORK OF ART
REMAINS.
NEW YORK
People
should
fall in love
with their
eyes
closed
MANIFESTATIE

Vorige / Last
<<P 127
Volgende / Next
P 132>>

Tentoonstelling 'Talent 2008'

18 oktober – 30 november 2008

Bijna moest het Eindhovense Designhuis in 2009, anderhalf jaar na de opening, zijn deuren sluiten, omdat de gemeente Eindhoven niet bereid leek een gat in de begroting te vullen. Dit gat was ontstaan doordat het Designhuis een Europese subsidie waarop het had gerekend niet kreeg. De aanvankelijke weigering van de gemeente was vreemd, want Eindhoven is hard bezig zich als designstad internationaal op de kaart te zetten en heeft zelfs de ambitie om in 2012 Turijn en Seoul op te volgen als World Design Capital. Het gemeentebestuur zag net op tijd in dat sluiting van het Designhuis niet bevorderlijk was voor het imago van de stad en zegde drie ton toe. Daarnaast sprong de provincie Noord-Brabant bij. Het budget is krapper, maar de gemeente is een blamage bespaard gebleven.

Het Designhuis is het geesteskind van Lidewij Edelkoort, die tot 2009 leiding gaf aan de Design Academy Eindhoven en tegenwoordig creatief directeur is van het Designhuis. Zij miste in de stad een ruimte om het werk van studenten en ontwerpers tentoon te stellen, en liet haar oog vallen op het gebouw van het voormalige kantongerecht, dat naast het Van Abbemuseum staat. Dit pand werd op kosten van de gemeente verbouwd.

De banden van het Designhuis met de Design Academy zijn nauw, wat zijn weerslag heeft op de tentoonstellingen. De meeste gingen over ontwerpers die gestudeerd of gedoceerd hebben aan deze academie. Dit leverde geen slechte tentoonstellingen op, maar geeft een enigszins eenzijdig beeld van wat design kan inhouden. Dat werd doorbroken met de tentoonstelling 'Talent 2008', die het afstudeerwerk van 150 studenten van Europese academies toonde. 'Talent 2008' krijgt haar vervolg met 'Talent 2009', waarmee een interessante traditie tot stand is gekomen. **MV**

Exhibition 'Talent 2008'

18 October – 30 November 2008

It looked as though the Eindhoven Designhuis would have to close in 2009 – just 18 months after opening – because the local authorities did not seem prepared to fill a hole in the budget. This hole was the result of a failure by the Designhuis to obtain a European grant on which it had counted. The initial refusal by the city was strange, because Eindhoven is working hard to put itself on the international map as a design city and even has the ambition of following Turin and Seoul as World Design Capital in 2012. In the nip of time the local council realized that the closure of the Designhuis would not be beneficial to the image of the city and promised it 300,000 euros. The province of North Brabant also lent a helping hand. The budget is tighter, but Eindhoven was spared a scandal.

The Designhuis is the brainchild of Lidewij Edelkoort, director of the Design Academy Eindhoven until 2009, now creative director of the Designhuis. She found that the city lacked a place to exhibit the work of students and designers. Her eye fell on the building of the former magistrate's court next to the Van Abbemuseum, which was renovated at the expense of the municipality.

The Designhuis has close ties with the Design Academy, and this is reflected in the exhibitions. Most of them have been devoted to designers who studied or taught at the academy. The result was not poor-quality exhibitions, but a rather one-sided picture of what design can mean. This changed with the exhibition 'Talent 2008', which presented the graduation work of 150 students from European academies. There is a follow-up to 'Talent 2008' in 'Talent 2009', marking the start of an interesting new tradition. **MV**

1

1 / 'Talent 2008', Daphna Isaacs en/and Laurens Manders

2 / 'Talent 2008', Designhuis Eindhoven
foto/photo Yuri Suzuki

Opening vernieuwd Zuiderzeemuseum

Enkhuizen
april 2008

Niet iedereen was blij met die ommezwaai waarmee het Zuiderzeemuseum in Enkhuizen afstand nam van zijn cultuurhistorische achtergrond: folklore eruit, actuele beeldende kunst en Dutch design erin. De lijn wordt voortgezet met ambitieuze exposities waar Nederlandse designers en modemakers door folklore en klederdracht geïnspireerde mode en accessoires tonen. In de Zuiderzeehuisjes zijn hier en daar designinterieurs ingericht. Studio Job (Nynke Tynagel en Job Smeets) bouwde een quasi-historisch interieur met bronzen en palissanderhouten objecten, dat Zuiderzee-soberheid met Shakers-minimalisme combineert. Er volgt nog een fris, kinderboekachtig tegeltableau. Net als edelgraffiti-kunstenaar Hugo Kaagman maakten mode-illustratoren Piet Paris en Peter Jeroense hun versie van hip Delfts Blauw. Minder stereotiep interpreteert het – net als Studio Job – ontwerpersechtpaar Carole Scholten en Stefan Baijings lokale tradities, vaak met hulp van oorspronkelijke ambachtsbedrijfjes in het museumdorpje. Scholten en Baijings ontwierpen met *conversation pieces for the interior* hedendaags, gedecoreerde meubelstukken, uitgevoerd door meester-ambachtslieden. Inspiratiebron voor de ontwerpen vormen vijf topstukken uit de collectie van het Zuiderzeemuseum. Het project kwam voort uit een eerdere serie manden en schalen van fijnscheenwerk: een in onbruik geraakte fijne vlechttechniek met in drieën of vieren gekloven, witte wilgentenen van circa 2,5 meter.

Het Zuiderzeemuseum nieuwe stijl wil voorkomen dat het 'een platte ansichtkaart' wordt. In plaats van 'oubollige folklore en klederdrachten' vraagt het modeontwerpers als Alexander van Slobbe, Viktor & Rolf en Francisco van Benthum erop te reageren. Achterliggend idee is te laten zien hoe de grote ideeënrijkdom van de Nederlandse modewereld haar inspiratie ontleent aan de Nederlandse folkloristische kledingtraditie. Zo werden hedendaagse ontwerpen naast de traditionele kostuums en objecten uit eigen collectie getoond. Curatoren Van Slobbe en Van Benthum stelden met de designtheoretici José Teunissen en Liesbeth den Besten in 2009 de mode-en-accessoiresexpositie 'Gejaagd door de wind' samen, waarover uitgebreid verslag werd gedaan door lifestyle- en modebladen. **CR**

Opening of Renovated Zuiderzeemuseum

Enkhuizen
April 2008

Not everyone was pleased with the U-turn by which the Zuiderzeemuseum in Enkhuizen broke with its cultural historical background: folklore is out, contemporary art and Dutch Design are in. That line is being continued with ambitious exhibitions where Dutch (fashion) designers present fashion and accessories inspired by folklore and costume. Design interiors have been introduced here and there in the Zuiderzee cottages. Studio Job (Nynke Tynagel and Job Smeets) built a quasi-historical interior with bronze and palisander wood objects that combine a Zuiderzee sobriety with the minimalism of the Shakers. Then there is a refreshing tile tableau that looks as though it has walked out of the pages of a book for children. Like the graffiti artist Hugo Kaagman, fashion illustrator Piet Paris and Peter Jeroense presented their version of hip Delft Blue. Like Studio Job, the designer duo Carole Scholten & Stefan Baijings offer a less stereotypical interpretation of local traditions, often making use of the original handicraft workshops in the museum village. *Conversation Pieces for the Interior* by Scholten & Baijings are contemporary, decorated pieces of furniture made by master craftsmen. The inspiration for the designs is formed by five highlights from the collection of the Zuiderzeemuseum. The project grew out of an earlier series of baskets and bowls, made using a fine weaving technique with white willow shoots of about 2.5 m long and split into three or four that has fallen into disuse.

The new-style Zuiderzeemuseum wants to avoid becoming 'a cliché postcard'. Instead of 'old-fashioned folklore and costumes', it invites fashion designers such as Alexander van Slobbe, Viktor & Rolf or Francisco van Benthum to react to them. The underlying idea is to show how the great wealth of ideas in the Dutch fashion world draws inspiration from the Dutch folk costume tradition. Contemporary designs were displayed side by side with the traditional costumes and objects. The curators Van Slobbe and Van Benthum, together with the design theoreticians José Teunissen and Liesbeth den Besten, put together the exhibition of fashion and accessories 'Gone with the Wind' in 2009, which was eagerly picked up by the lifestyle and fashion magazines. **CR**

Foto's/Photos
Erik en Petra Hesmerg

Cadeau van één miljoen euro voor Design Academy

17 november 2008

Er ging een lichte schok door Eindhoven toen Lidewij Edelkoort aankondigde in het najaar van 2008 op te stappen als voorzitter van het college van bestuur van de Design Academy. Onder leiding van Edelkoort, die de functie van voorzitter de afgelopen tien jaar parttime vervulde, is de reputatie van de academie internationaal versterkt. Zij is opgevolgd door Anne Mieke Eggenkamp, die al deel uitmaakte van de directie, en modeontwerper Alexander van Slobbe, die de nieuwe functie van creatief directeur zou gaan bekleden. Van Slobbe kwam er snel achter dat deze functie niet te combineren is met zijn mode-ontwerpstudio, en in september maakte de academie bekend dat hij opstapt.

Het bericht over het vertrek van Edelkoort viel samen met een cadeau van de minister van Cultuur, Ronald Plasterk, aan de academie. Hij heeft een potje met 4 miljoen euro voor culturele instellingen die zich internationaal onderscheiden. De Design Academy is zo'n instelling en krijgt van hem 1 miljoen euro. Met dat geld kan de academie haar internationale spilfunctie op het gebied van het designonderwijs versterken en uitbreiden.

Er zijn al plannen voor filialen in India, maar het kan zijn dat de Design Academy het geld zal moeten aanwenden om twaalf voormalige studenten van de masteropleiding schadeloos te stellen. Zij studeerden enkele jaren geleden af in de veronderstelling dat ze de internationaal erkende academische graad van master of arts zouden krijgen. Op hun diploma stond echter master of design, een titel die internationaal niet erkend is. Dit was vooral voor de studenten uit Aziatische landen een tegenvaller, want daar staat de MA-titel in hoog aanzien. De twaalf studenten hebben in een gezamenlijke procedure de academie gedagvaard, omdat ze hun schade vergoed willen hebben. De rechtbank van Den Bosch stelde hen in het gelijk, maar sprak zich nog niet uit over de hoogte van de schadevergoeding. Deze kan in de tonnen gaan lopen. **MV**

A Million Extra Euros for the Design Academy

17 November 2008

A slight tremor shook Eindhoven when Lidewij Edelkoort announced that she was resigning as chair of the governing body of the Design Academy in the autumn of 2008. Under her guidance – she occupied the position of part-time chair for the last ten years – the reputation of the academy had flourished internationally. Her successor is Anne Mieke Eggenkamp, already a member of the governing body, while fashion designer Alexander van Slobbe was appointed creative director. Unfortunately, Van Slobbe soon realized that it is impossible to combine this function with his fashion design studio, and in September the Academy announced his resignation.

The report of Edelkoort's resignation coincided with a gift to the academy from the Minister of Culture, Ronald Plasterk. He has a fund of four million euros for cultural institutions that distinguish themselves internationally. As one of those institutions, the Design Academy received a million euros from him, which it can use to reinforce and extend its international hub function in the field of design teaching.

There are already plans for subsidiaries in India, but it is possible that the Design Academy will have to use the funds as compensation to 12 former students of the Master's course. They graduated a few years ago in the expectation that they would receive the internationally recognized academic title of Master of Arts. Their diploma, however, contains the title Master of Design, which is not internationally recognized. This was a bitter blow, particularly for students from Asia, because the title of Master of Arts is held in high esteem there. The 12 students started a class action against the academy for damages. The court in 's-Hertogenbosch reached a decision in their favour, but has not yet made a pronouncement on the amount of the damages, which may run into hundreds of thousands of euros. **MV**

1

2

1 / Lidewij Edelkoort en/and minister van OCW/Minister of Education, Culture and Science, Ronald Plasterk
2 / Alexander van Slobbe en/and Anne Mieke Eggenkamp
foto/photo Blommers/Schumm

Volgende / Next
P136, 196 >>

Stormhand – Atelier LaDurance, promotionele Japanese Denim-verpakking

Stormhand – Atelier LaDurance, Promotional Japanese Denim Packaging

Het meest authentieke denim worden geweven in Japan. Dat komt doordat Japanse textielproducenten in de jaren zestig de speciale weefgetouwen opkochten die door de Amerikaanse producenten waren afgedankt omdat ze te langzaam waren. Vanwege deze authenticiteit en omdat de kwaliteit van de stof beter is, gebruikt het kleine, Franse jeanslabel Atelier LaDurance alleen Japanse denim.

Dit gegeven bracht grafisch ontwerper Boy Bastiaens van studio Stormhand op het idee om de spijkerbroeken van Atelier LaDurance te verpakken als sushi. Elke broek zit opgerold in een bamboe matje dat met klittenband wordt gesloten. Op dat matje zijn de merknaam Atelier LaDurance en het kwaliteitslabel gezeefdrukt. De bamboe verpakking roept eenzelfde gevoel van authenticiteit op als het denim, en geeft ook eenzelfde tactiele ervaring. Dat geldt ook voor de verpakkingen van de accessoires van Atelier LaDurance en de originele reparatieset die bij elk kledingstuk wordt geleverd.

De verpakkingen spelen een belangrijke rol in de merkcommunicatie van Atelier LaDurance. Het bedrijf beschikt niet over de marketingbudgetten van de grote jeansmerken en communiceert vooral via de verpakkingen van zijn kleding en accessoires. Ook als de producten worden afgebeeld, is dat vaak met de verpakking, wat bijdraagt aan de herkenbaarheid in de winkels. Met de door Stormhand ontwikkelde verpakking laat Atelier LaDurance goed zien dat het zich wil onderscheiden van de andere jeansmerken.
MV

The most authentic denim is woven in Japan. The reason is because in the 1960s, Japanese textile manufacturers bought up the special looms discarded by American producers, because they were too slow. On account of this authenticity and because the quality of the cloth is better, the small French jeans label Atelier LaDurance uses only Japanese denim.

This fact gave graphic designer Boy Bastiaens at studio Stormhand the idea for packaging the jeans made by Atelier LaDurance as sushi. Every pair of trousers is rolled up in a little bamboo mat fastened with Velcro. The brand name Atelier LaDurance and the quality label are screen-printed onto the mat. The bamboo packaging evokes the same feeling of authenticity as the denim, and also provides the same tactile experience. The same is true of the packaging for Atelier LaDurance accessories and the original repair kit supplied with every item of clothing.

Packaging plays an important role in Atelier LaDurance's brand communication. The company does not have access to the marketing budgets enjoyed by the big jeans brands and relies mainly on the packaging for its clothing and accessories to get the message across. In addition, when the products are illustrated, it is often with the packaging, and this contributes to the recognisability in the shops. With the packaging developed by Stormhand, Atelier LaDurance demonstrates clearly that it wants to distinguish itself from other jeans brands. **MV**

Ontwerper/Designer
Stormhand, Boy Bastiaens

Opdrachtgever/Client
Atelier LaDurance

Website
www.stormhand.com

Foto's/Photos
Bert Janssen

Vorige / Last
<< P 135

Volgende / Next
P 196 >>

...,staat – Bols Genever

Jenever is niet de drank die je onmiddellijk associeert met trendy cafés en dito cocktails. Dit is echter wel waarnaar jeneverstoker Lucas Bols streeft met zijn vorig jaar geïntroduceerde merk Bols Genever. Het bedrijf wil dat bartenders deze drank gaan gebruiken als basis voor cocktails.

Het Amsterdamse ontwerpbureau ...,staat kreeg van Lucas Bols de opdracht om de fles, speciale glazen en de andere middelen voor de merkcommunicatie te ontwikkelen. De ambities van Bols zijn hoog, want het heeft het merk Bols Genever geïntroduceerd in clubs en cocktailbars in New York en San Francisco. In de Verenigde Staten had Lucas Bols in de negentiende eeuw een sterke positie en werd zijn jenever veel gebruikt in cocktails. Na de Tweede Wereldoorlog kon er niet geëxporteerd worden vanwege graanschaarste. Gin en wodka namen de plaats van jenever in.

Bols Genever wordt gestookt naar een recept uit 1820, want 'authentieke merken zijn weer in', zegt Sandie van Doorne, creative director van Lucas Bols, in *Het Parool*. De authenticiteit komt ook tot uiting in de vorm van de fles en de typografie. De vorm is afgeleid van de stenen jeneverkruik, die Lucas Bols al eeuwen in gebruik heeft. De zwierige kalligrafie op de fles refereert zowel aan een logo van Lucas Bols uit de negentiende eeuw als aan de handgeschreven letters op de deuren van de Amsterdamse grachtenpanden en ramen van cafés. De kalligrafie is verzorgd door de Amsterdamse ontwerper en kalligraaf Niels Meulman.

Door donkergrijs rookglas te kiezen hebben de ontwerpers voorkomen dat de fles oubollig of traditioneel oogt. De sfeer die het verpakkingsontwerp wil oproepen, wordt voortgezet in de fotografie van de reclamecampagne en op de website die ...,staat voor Bols Genever heeft ontworpen. Al drukt de traditie daar zwaar op de vormgeving. **MV**

Communicatie /
Communication

Ontwerper/Designer
...,staat, Niels Meulman

Opdrachtgever/Client
Lucas Bols B.V.

Website
www.staatamsterdam.nl

Foto's/Photos
Bart Oomes, ...,staat

...,staat – Bols Genever

Jenever is not the first drink that springs to mind when you think about trendy cafés and ditto cocktails. But that is exactly the aim of jenever distiller Lucas Bols with the brand Bols Genever, introduced last year. The company wants bartenders to use this drink as the basis for cocktails.

Amsterdam design bureau ...,staat creative statements was commissioned by Lucas Bols to develop the bottle, special glasses and the other items for brand communication. Bols has high ambitions, it has already introduced the brand Bols Genever in clubs and cocktail bars in New York and San Francisco. In the USA, Lucas Bols had a strong position in the nineteenth century and his jenever was used in many cocktails. After the Second World War, export was impossible due to the shortage of grain. Gin and vodka took over from jenever.

Bols Genever is distilled using a recipe from 1820, because 'Authentic brands are in again', according to Sandie van Doorne, creative director at Lucas Bols, in newspaper *Het Parool*. The authenticity is also expressed in the shape of the bottle and the typography. The shape is derived from the stone jenever crock, used by Lucas Bols for centuries. The elegant calligraphy on the bottle refers not only to a Lucas Bols logo from the nineteenth century but also to the hand-written letters on the doors of canal-side houses and café windows in Amsterdam. The calligraphy was done by Amsterdam designer and calligrapher Niels Meulman.

By choosing dark grey smoked glass, the designers have prevented the bottle from looking old-fashioned or traditional. The atmosphere evoked by the packaging design is continued in the photography used for the advertising campaign and the website which ...,staat creative statements also designed for Bols Genever. Although it must be said that tradition weighs a little too heavily on the design there. **MV**

Bols
Genever
Amsterdam
1575
IMPORTED FROM HOLLAND
GRAIN SPIRIT,
GRAIN NEUTRAL SPIRITS
WITH NATURAL FLAVORS
1L. 42% ALC./VOL.

Café
„de Roode Baron"

Z.O.GENEVER
BOLS
Bols
Genever
Amsterdam

Studio Maarten Baas – Real Time

Denk aan een van de zeven geitjes, dat zich in grootvaders klok verstopte voor de hongerige wolf. Dit element uit het welbekende sprookje verwerkte 'autonoom ontwerper' Maarten Baas in zijn tijdserie. Immers: in deze weinig opvallende klok blijkt (bij beurspresentaties) een manspersoon verstopt te zitten. Letterlijk op gezette tijden tekent die op de binnen-/achterzijde van de ronde glazen plaat ietwat beverige wijzers, waarmee hij de tijd aangeeft. Een minuut of vijf later wist dezelfde hand met een sponsje het inmiddels vergleden tijdstip uit en tekent de wijzers een stukje verder. Baas visualiseert de tijd, die door de een als voorbijvliegend wordt ervaren en door de ander juist als een voortkruipend fenomeen wordt beleefd.

Het sterke is dat Baas deze visuele, filosofische vondst verder uitwerkt in twee andere projecten. Er is een monumentale digitale versie waarin de cijfers/strepen net als bij de staande klok handmatig worden aangepast. Meer een beeldendekunstperformance is de metersgrote klok die plat op de grond ligt. We zien alleen hoe mannen met engelengeduld een strook zand telkens een stukje verschuiven. Bekijk je het tafereel van boven, dan blijken de stroken zand de wijzers van een grote klok te vormen. De tijd als bijna onzichtbaar verstrijkend fenomeen.

Baas morrelt aan de grenzen van vormgeving doordat hij eigenlijk antidesign maakt. Dat deed hij overigens al met zijn befaamde gecontroleerd-afgefikte designmeubels.

De term 'autonome vormgeving', iets ontwerpen zonder aan een opdrachtgever of productie te denken, dekt de werkwijze van Baas voor een deel. Zijn klokken hoef je niet per se live te zien. Een opname op dvd volstaat al om het sterk visuele concept van de zichtbare tijd (en niet die van het uurwerk) te ondergaan. **CR**

Studio Maarten Baas – Real Time

Think of one of the seven little goats that hid in grandfather's clock to escape from the hungry wolf. A comparable fairytale aspect characterizes the *Real Time* series by 'autonomous designer' Maarten Baas, for a man turns out to be hidden (during fair presentations) in this rather inconspicuous clock. Literally at regular intervals, the man draws clock hands on the inner side of the clockwork-less glass face to indicate the time. About five minutes later, that same hand washes away the by-now past moment in time and draws the pointers a little bit further. While some people experience time as rushing by and others as a slowly crawling phenomenon, Baas visualizes time.

He reinforces this visual, philosophical idea by working it out further in other projects. There is a monumental digital version in which the numbers/stripes are adjusted by hand, comparable to the standing clock. Elsewhere, in what is more of a visual art performance, a metres-high clock lies flat on the floor. We see men with the patience of saints continually moving a strip of sand a little further along. Looking at the scene from above, the strips of sand turn out to be the hands of a large clock – time as an almost invisibly passing phenomenon.

Baas fiddles around on the edges of design by making anti-design. He actually already began doing this with his famous controlled-burnt design furniture.

The term 'autonomous design' – designing something without having to think about a client or production – partly describes this way of working. You do not necessarily have to see these clocks live. A DVD recording is sufficient to experience the strong visual concept of visible time (and not that of the clock). **CR**

Product / Product

Ontwerper/Designer
Studio Maarten Baas, Maarten Baas

Website
www.maartenbaas.com

Foto's/Photos
Ricardo sà da Costa, Sarah Jane

Vorige / Last
<< P 36, 138

Studio Libertiny – The Weldgrown Void

Een metalen poef in een soort paddenstoelvorm, gemaakt uit rijen aaneengesloten puntlassen. Dat klinkt eenvoudiger dan het is. De ontwerper en maker Tomáš Gabzdil Libertiny, een van oorsprong Slowaakse ontwerper en tegenwoordig werkzaam in Rotterdam, doet zo'n drie uur over drie centimeter. Een volledige poef kost hem dus een dikke week, zoals te zien was in Milaan tijdens de Salone. Libertiny werkt hiervoor op een verticale, langzaam draaiende schijf die normaliter in de zware industrie gebruikt wordt voor het lassen van metalen buizen. Hij begint aan de onderzijde en werkt rondom het gat in de eerste donutachtige vorm laagje voor laagje verder naar boven. In voltooide toestand kun je de puntlassen die samen de poef vormen met je vingers voelen. Uiteraard kan het veel sneller en makkelijker dan Libertiny verkoos te doen. Maar het werken met lassoldeer alsof het de klei op een draaischijf is waarmee je een pot boetseert, spreekt hem aan vanwege het ambachtelijke aspect.

Eigenlijk zijn we het ontwend om tijdens het maakproces naar producten te kijken. Hoe iets vorm krijgt of zelfs hoe iets groeit, onttrekt zich aan ons blikveld. Blijkbaar vinden we dat niet interessant.

Net als bij zijn andere arbeidsintensieve projecten committeert Libertiny zich hier aan de welhaast maniakaal-ambachtelijke kanten van de vormgeving. Die geven het project een sterkere authenticiteit dan doorsnee massaproducten, waarbij elk zichtbaar spoor van de maker is 'weg-gedesigned'.

Het 'punkcraft' project-in-wording komt voort uit een initiatief van Fendi, een Italiaanse fabrikant van luxe kleding en lederaccessoires. Het bedrijf nodigde jonge ontwerpers uit te experimenteren met de tijdens productie overgeschoten restjes leer. Libertiny deed dat niet maar trok gewoon een lichtbruine leren jas van Fendi aan, waarop de vonken schroeiden die bij het lassen opspatten. En ook dat is natuurlijk een duidelijke stellingname tegen luxe producten. **CR**

Studio Libertiny – The Weldgrown Void

A metal hassock shaped something like a mushroom, made of rows of joined spot welds. This sounds simpler than it actually is. It takes the designer/maker Tomáš Gabzdil Libertiny (originally from Slovakia and now working in Rotterdam) about three hours to complete three centimetres. So an entire hassock takes him a good week to make, as could be seen in public during the Salone in Milan. To make this, Libertiny works on a slowly revolving vertical disk that normally is used in heavy industry for welding metal pipes. Starting at the bottom, he works upward layer by layer around the hole in the first donut-like shape. When it is finished, your fingers can feel the spot welds that together form the hassock. Of course, this could be done much more quickly and easily. But working with welding solder as if it were clay on a potter's wheel appeals to Libertiny because of the aspect of artisanship.

We have in fact grown unaccustomed to seeing products while they are in the process of being made. How something takes shape, or even how something grows, is hidden from our view. Apparently, we do not mind this.

Just as in other, similarly labour-intensive projects, Libertiny concentrates here on the almost fanatic craftsmanship aspects of design, which give the project a greater authenticity than the average mass-produced product, where the visible traces of the maker have been 'designed away'.

The 'punk craft' project-in-the-making stems from an initiative by Fendi, an Italian manufacturer of luxury clothing and leather accessories. The company invited young designers to experiment with pieces of leather that are left over during production. Instead of doing that, Libertiny simply donned a light brown leather jacket by Fendi, which was singed by sparks as he welded. That, of course, is a clear statement against luxury products. **CR**

Product / Product

Ontwerper/Designer
Studio Libertiny, Tomáš Gabzdil Libertiny

Website
www.studiolibertiny.com

Tomáš Gabzdil Libertiny
The Weldgrown Void

Tomáš Gabzdil Libertiny
The Weldgrown Void

Tomáš Gabzdil Libertiny
The Weldgrown Void
CEBORA

Vorige / Last
<< P 85, 98

Studio Roosegaarde – Flow 5.0

Studio Roosegaarde – Flow 5.0

Interieur en publieke ruimte / Interior and Public Space

Ontwerper/Designer
Studio Roosegaarde

Opdrachtgever/Client
New Media Festival TodaysArt, Den Haag/The Hague

Website
www.studioroosegaarde.net

Foto's/Photos
Lotte Stekelenburg

Honderden ventilatoren die in schermen zijn gemonteerd reageren op het geluid en de bewegingen van mensen die voorbijlopen. De effecten zijn zichtbaar en voelbaar. Zichtbaar omdat een draaiende ventilator een ander soort transparantie teweegbrengt dan een ventilator die stilstaat. En voelbaar vanwege de wind die door de ventilatoren wordt gegenereerd.

Met Flow 5.0 is Daan Roosegaarde er opnieuw in geslaagd technische middelen op een zodanige manier in te zetten, dat mensen ertoe worden uitgedaagd een interactie aan te gaan met de ruimtelijkheid en de techniek die aan de installatie verbonden zijn. De kracht zit hem onder meer in het feit dat Flow 5.0 weliswaar 'functieloos' is, maar tegelijkertijd uitermate inzichtelijk en concreet. De huidige, 10 meter lange versie van het scherm doet uitzien naar vergelijkbare projecten van een grotere omvang. **OK**

Hundreds of fans, mounted on screens, react to the sound and motion of passers-by. The effects can be seen and felt. Seen because a whirling fan produces a different kind of transparency than a motionless fan. And felt because of the wind generated by the fans.

With Flow 5.0 Daan Roosegaarde has once again managed to mobilize technical resources in such a way that people are challenged to engage with the space and the technology associated with the installation. One of its strengths is the fact that Flow 5.0 is 'functionless', but at the same time extremely logical and concrete. The current 10-m version of the screen whets our appetite for comparable projects on a larger scale. **OK**

Vorige / Last
<< P 80

Volgende / Next
P 148 >>

Interieur en publieke ruimte / Interior and Public Space

Ontwerper/Designer
Urban Alliance, Jasper Klinkhamer (Studio Klink), Remco Wilcke (CUBE architects), Hans van Helden en/and Matthijs ten Berge (illuminate Outdoor Media), Matthias Oostrik

Opdrachtgever/Client
Projectbureau Vernieuwing Bijlmermeer/ Bijlmermeer Renovation Planning Office

Website
www.urbanalliance.nl

Foto's/Photos
Bart Dykstra, Jasper Klinkhamer

Urban Alliance – Moodwall

Voetgangerstunnels in flatwijken zijn doorgaans niet de meest aangename en sociaal veilige plaatsen. Vaak wordt met verlichting geprobeerd iets te doen aan de sinistere sfeer.

Een groep ontwerpers, die voor de gelegenheid een samenwerkingsverband aangingen onder de naam Urban Alliance, ging een aantal stappen verder. Zij creëerden de Moodwall, een 24 meter lange interactieve wand onder een viaduct in de Bijlmer in Amsterdam, met 2500 leds die in verschillende kleuren reageren op de bewegingen van de voorbijgangers. De wand is eigenlijk een pilot voor een elders op te richten Moodwall van wel 70 meter.

De leds zijn aangebracht in verticale ribbels, die de wand meteen graffitibestendig maken. De patronen van de oplichtende leds zijn enigszins in de lengte uitgerekt, zodat ze ook vanuit een schuine hoek – en zelfs van buiten de tunnel – nog goed kunnen worden waargenomen.

Naast het feit dat de Moodwall de onderdoorgang opvrolijkt, heeft hij ook een sociale functie. Passanten voelen zich minder onveilig en zelfs de jongeren die uit verveling af en toe rottigheid uithalen zullen erdoor in een aangenamere mood worden gebracht. Mogelijk is de tunnel met de Moodwall nog steeds een hangplek. Maar dan in elk geval een prettige. **OK**

Urban Alliance – Moodwall

Pedestrian underpasses in high-rise neighbourhoods are generally not very pleasant or safe. Planners often turn to lighting as an antidote to this sinister mood.

A group of designers, working together under the name Urban Alliance, took this a couple of steps further. They created the Moodwall, a 24-m-long interactive wall underneath a viaduct in Amsterdam neighbourhood Bijlmer, which has 2500 LEDs in different colours that respond to the movements of passers-by. The wall is actually a pilot for a 70-m Moodwall planned elsewhere.

The LEDs are installed in vertical ridges, which render the wall virtually graffiti-resistant. The patterns of the illuminating LEDs have been slightly elongated, making them clearly visible from an oblique angle – and even from outside the tunnel.

The Moodwall does not just brighten up the subway, but also has a social function. Passers-by feel less unsafe and it will even lighten the mood of the bored youths who occasionally get up to no good. The tunnel with the Moodwall may still be a place to loiter, but at least it's a pleasant place to loiter. **OK**

Volgende / Next
P 162,178 >>

Richard Vijgen, Thomas Kopperschlaeger – Rijkswaterstaat LEF Future Center

Het LEF Future Center van Rijkswaterstaat in Utrecht is een project dat nog voor de recessie is bedacht en uitgevoerd, want tegenwoordig zou het waarschijnlijk meteen als te kostbaar van tafel zijn geveegd. Daarmee is het nog geen slecht project, verre van zelfs, maar projecten als dit hebben snel de schijn van geldverspilling tegen.

In het LEF Future Center kunnen beleidsambtenaren, politici en andere partijen terecht wanneer ze bezig zijn met projecten op het gebied van infrastructuur of waterbeheersing, en er besluiten moeten worden genomen of een strategie moet worden bepaald. De interactieve omgeving van het LEF Future Center faciliteert in workshops de discussies en beslissingsprocessen. Rijkswaterstaat heeft het zelf over het forceren van doorbraken en over 'out of the box-denken'. De drie letters LEF staan gewoon voor het woord 'lef'.

Het ruimtelijk ontwerp is van Kossmann.dejong, een ontwerpbureau dat veel tentoonstellingen maakt. Vijgen en Kopperschlaeger ontwikkelden de audiovisuele en interactieve toepassingen. De workshopdeelnemers zitten in een theater waar op de wanden en de vloer kaarten, foto's, video's en infographics kunnen worden geprojecteerd. Deelnemers aan een workshop in het LEF Future Center kunnen op de multilayered-kaarten staan en detailkaarten oproepen, die op de wanden worden getoond. In de control room kunnen verschillende scenario's worden afgespeeld, die dienen om de discussie over een onderwerp op gang te brengen. De workshopdeelnemers worden helemaal ondergedompeld in de interactieve omgeving.

De inrichting van de omgeving en de multimediale voorzieningen wijken sterk af van die in het gebruikelijke overheidskantoor. De workshops in het LEF Future Center zijn in trek, meldt Rijkswaterstaat. Het is goed om te constateren dat men zich bij Rijkswaterstaat realiseert dat de inrichting van ruimte en het gebruik van multimedia de omstandigheden kunnen scheppen waarin innovatieve ideeën loskomen en mensen worden gestimuleerd buiten de gebaande paden te treden. Daarvoor is ontwerptalent nodig en bij de opdrachtgever lef. **MV**

Communicatie / Communication

Ontwerper/Designer
Richard Vijgen, Thomas Kopperschlaeger

Opdrachtgever/Client
Rijkswaterstaat/Department of Waterways and Public Works

Website
www.richardvijgen.nl,
www.thomaskopperschlaeger.nl

Richard Vijgen, Thomas Kopperschlaeger – Rijkswaterstaat LEF Future Center

The LEF Future Center of Rijkswaterstaat (the Department of Waterways and Public Works) in Utrecht is a project that was devised and realized before the recession, because these days the idea would probably have been swept from the table as too expensive. That does not make it a bad project, far from it in fact, but projects like this can easily give the impression of extravagance.

Policymakers, politicians and other interested parties can apply to the LEF Future Center if they are involved in projects in the areas of infrastructure or water management and decisions have to be taken or strategies determined. The interactive environment of the LEF Future Center facilitates discussions and decision processes in workshops. Rijkswaterstaat goes so far as to talk about forcing breakthroughs and thinking outside the box. The three letters LEF stand for the Dutch word *lef* which means daring.

The spatial design was created by Kossmann.dejong, a design bureau that makes a lot of exhibitions. Vijgen and Kopperschlaeger developed the audio-visual and interactive applications. The workshop participants sit in a theatre where maps, photos, videos and infographics can be projected onto the walls and floor. Participants in a workshop at the LEF Future Center can stand on the multilayered maps and call up detailed maps, which are displayed on the walls. In the control room, different scenarios can be played out, with the purpose of getting a discussion going about a particular subject. The workshop participants are completely immersed in the interactive environment.

The layout of the surroundings and the multimedia facilities are strikingly different from what can be found in the usual government offices. The workshops in the LEF Future Center are popular, according to Rijkswaterstaat. It is good to see that people at Rijkswaterstaat realize that the spatial layout and the use of multimedia can create the circumstances in which innovative ideas are generated and people are stimulated to walk off the beaten track. To achieve this, design talent is necessary, and a daring client. **MV**

Hoe hoog woon
je?
Hoe oud be
je?

Vorige / Last
<< P 80, 144

West 8 – Brug over de Vlaardingse Vaart

West 8 – Bridge across the Vlaardingen Canal

Interieur en publieke ruimte / Interior and Public Space

Ontwerper/Designer
West 8 urban design & landscape architecture, Adriaan Geuze, Maarten van de Voorde, Andrew Tang i.s.m./with ABT, Rob Nijsse en/and Konstruktiebedrijf Hillebrand B.V.

Opdrachtgever/Client
Gemeente Vlaardingen

Website
www.west8.com

Foto's/Photos
Jeroen Musch, West8

Aan de ene kant van de Vlaardingse Vaart ligt de Vlaardingse woonwijk Holy, aan de andere kant strekt zich het recreatiegebied Broekpolder uit. Het Rotterdamse bureau West 8 kreeg de opdracht een fietsbrug te ontwerpen om beide werelden met elkaar te verbinden.

Om de non-descripte locatie, vlak bij de snelweg en het voormalige Holy Ziekenhuis, schwung te geven, kwam West 8 met een brug die even vrolijk als opvallend is. De constructie die het brugdek draagt, is simpel en gecompliceerd tegelijk. In feite is het een gewone vakwerkbrug, maar dan getordeerd: van de ene tot de andere oever draait de constructie bijna een kwartslag. Daarmee krijgt de bovenkant van de brug een soort boogvorm, met het hoogste punt in het midden.

Over, of liever gezegd: door de brug rijden is een bijzondere ervaring. Door de getordeerde omhulling is het alsof je zelf plotseling scheef fietst. Spannend is ook dat de constructie juist iets minder dan een kwartslag draait. Daardoor staat het brugportaal op de ene oever recht, maar op de andere oever nog net een beetje scheef. Om de brug nog meer te laten opvallen in zijn anonieme omgeving is hij ook nog eens van een ossenrode coating voorzien.

Het kan niet anders of de brug over de Vlaardingse Vaart is een icoon dat zich, als je hem eenmaal hebt gezien, voorgoed in je geheugen nestelt. Opmerkelijk is verder dat de getordeerde constructie ook van het rechte brugdek een vreemd element maakt. De brug lijkt een statement te bevatten, zonder dat we precies weten welk. Misschien wil hij wel een tuinbrug zijn – een verwijzing naar de bruggetjes die we kennen uit de Japanse en Chinese tuinarchitectuur. **OK**

On one side of the Vlaardingen Canal is the residential area Holy, on the other lies the vast recreation area Broekpolder. Rotterdam-based office West 8 received the commission to design a pedestrian/bicycle bridge to link the two worlds.

In order to give the non-descript location, adjacent to the motorway and the former Holy Hospital, some pizzazz, West 8 designed a bridge that is cheerful and eye-catching in equal measure. The construction supporting the bridge deck is both simple and complicated. In actual fact, it is a regular truss bridge, except that it has been twisted: between the two banks the construction does nearly a quarter of a turn. As a result, the top of the bridge forms a kind of arch that peaks in the middle.

Going over, or rather going through the bridge is an extraordinary experience. The twisted framework gives cyclists the impression that they are cycling a little bit askew. Equally exciting is the fact that the construction does just a bit less than a quarter turn. This means that the bridge portal is straight on one bank, but still a bit out of kilter on the other. And to make the bridge even more conspicuous in its anonymous setting, it has been coated in oxblood red paint.

Once you set eyes on it, you will not be able to get the iconic bridge across the Vlaardingen Canal out of your mind. Interestingly, the twisted structure also lends the straight bridge deck a touch of strangeness. The bridge seems to be making a statement, though which one is not entirely clear. Perhaps it wants to be a garden bridge – an allusion to the small bridges we know from Japanese and Chinese garden design. **OK**

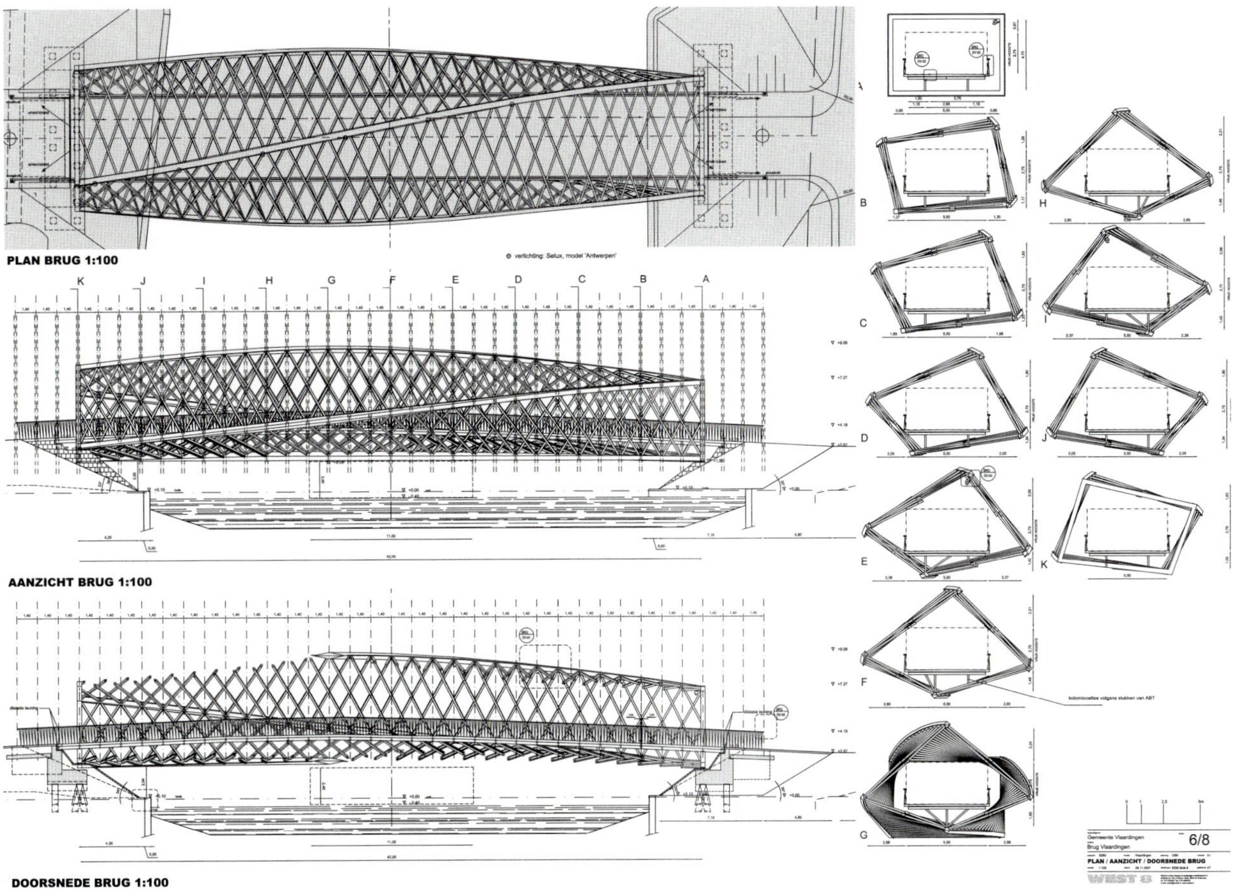
PLAN BRUG 1:100
verlichting: Selux, model 'Antwerpen'
AANZICHT BRUG 1:100
DOORSNEDE BRUG 1:100
A
B
C
D
E
F
G
H
I
J
K
Gemeente Vlaardingen
Brug Vlaardingen
6/8
PLAN / AANZICHT / DOORSNEDE BRUG
WEST 8

Volgende / Next
P 153, 157 >>

Inspirate – Nuna Buggy

Nederlandse productontwerpers hebben een reputatie hoog te houden wat betreft uitvouw/klapbare kinderwagens: buggies. Net als bij de rollators voor het andere einde van de mobiliteitsmarkt luistert het gebruiksgemak extra zwaar. Het gaat namelijk niet alleen om de pure functie – kindje erin zetten, vastmaken en rijden maar – maar ook om de handelingen eromheen: in en uit de auto, trappen op en af, boodschappen doen, opbergen.

In de loop der tijd is ook een overeenkomstige stijl voor buggies ontstaan: stoer en sportief, iets als een Range Rover. Met de Nuna Buggy zijn de praktische en uiterlijke wensen samengebracht in één model. De buggy is snel, eenvoudig en compact op te vouwen. In die stand kan de buggy overeind blijven staan en weer met één hand worden uitgevouwen. De aluminium profielen zijn zodanig ontworpen dat ze in opgevouwen toestand een minimale hoogte innemen.

De Nuna Buggy heeft een in lengte verstelbaar handvat om de opgevouwen buggy als een vliegtuigkoffertje achter je aan te trekken, waardoor je één hand vrij hebt om je kind vast te houden. Het zitje in de buggy is comfortabel dankzij een verstelbare rugleuning met een blokkering tegen schokken, extra vering onder de zitting en verende wielen. Een kap biedt schaduw en bescherming tegen zon en regen. Ook is er een ruim opbergmandje. De soepele zwenkwielen en de verstelbare duwstang maken het mogelijk de buggy snel te wenden en met één hand te besturen. Opmerkelijk zijn verder een aantal op maat gemaakte accessoires, zoals een regenhoes, insectennet, parasol en voetenzak. Anders dan bij de meeste kinderwagens is het frame niet van standaard aluminium, maar geanodiseerd uitgevoerd. **CR**

Inspirate – Nuna Buggy

Dutch product designers have a reputation to uphold when it comes to foldout/collapsible baby strollers and buggies. Just like rollators at the other end of the mobility market spectrum, user comfort requires extra precision. For this is not just about the buggy's pure function – putting the baby in, strapping up and driving off – but particularly about its manoeuvrability: getting it in and out of cars, going upstairs with it, doing shopping, storing it. The buggy also must not get in the way when folded up.

In the meantime, a corresponding style of buggies has evolved, tough and sporty looking, something like a Range Rover. With the Nuna Buggy, practicality and attractiveness are combined in one model. The buggy can be folded quickly and easily into a compact shape. From that position, the buggy can be unfolded again with one hand. The folding principle is the starting point of the design: hood, adjustable seat and shopping compartment fall into the folded package. The aluminium profiles are designed so that they take up minimum height in the folded state.

The Nuna has a handle that is adjustable in height so that you can pull the folded buggy behind you like a suitcase or baggage trolley, leaving one hand free to hold your child. The seat of the buggy is comfortable thanks to a shock-proof adjustable back, extra spring action under the seat and wheel suspension. A hood provides shade in sunny weather and protection when it rains. There is also a roomy storage compartment. The smoothly swivelling wheels and adjustable push bar make it possible to quickly turn the buggy and steer it with one hand. Also noteworthy are a number of specially designed accessories such as a rain cover, insect netting, parasol and foot bag. Unlike most strollers, the frame is not standard aluminium, but anodized. **CR**

Product / Product

Ontwerper/Designer
Inspirate BV, Aukje Peters, Erik Baas, Martijn van Gelderen, Maurits Homan, Sanne-Fleur Willemsen, Therese Johansson, Thomas van der Schoor, Vincent ten Horn

Opdrachtgever/Client
NUNA International BV

Website
www.inspirate.nl

Van der Veer Designers – Yepp Maxi

In Nederland Fietsland worden veel jongere kinderen achter op de fiets van hun ouder vervoerd. De Yepp Maxi is een kinderzitje voor achter op de fiets, geschikt voor kinderen tot 6 jaar die maximaal 22 kg wegen. Veiligheid, comfort en gebruiksgemak staan centraal door gebruik van een vijfpuntsgordel, geïntegreerde voetafscherming (geen voetjes tussen de spaken) en drie reflectoren aan de achterzijde. Daarbij kun je de Yepp Maxi door zijn lichte gewicht zeer eenvoudig vastklikken op de fiets en er weer af halen. Op hun beurt kunnen de kinderen gemakkelijk in het stoeltje gezet worden of daar uit getild worden. Een begerenswaardig product, dat daarom is uitgerust met een antidiefstalslot. Voor de zetel is schokabsorberend kunststof gebruikt met een gesloten celstructuur die voorkomt dat er (regen)water in dringt. Tevens is het materiaal antibacterieel en eenvoudig schoon te maken.

De al eerder voor zijn fietsen en fietsgerelateerde accessoires gelauwerde ontwerper Michel Krechting, tevens managing director van GMG, ontwikkelde voor deze Nederlandse producent van kinderzitjes een nieuwe productlijn naast de oude fietszitjes. Inmiddels heeft de Yepp Maxi de Red Dot Design Award en de Fiets Innovatie Award 2009 toegekend gekregen. **CR**

Van der Veer Designers – Yepp Maxi

In bicycle land the Netherlands, many parents transport their young children on the back of their bikes. The Yepp Maxi is a children's seat for the back of a bicycle, suitable for children up to the age of six weighing a maximum of 22 kg. Safety, comfort and user friendliness come first: a five-point safety belt, integrated foot protection (no feet between the spokes) and three reflectors on the backside. Moreover, the light weight of the Yepp Maxi makes it extremely easy to snap it onto a bike and take off again. Children, in turn, can easily be put into the seat or lifted out. The seat is made of a shock-absorbing synthetic with a closed cellular structure that prevents rain and water from penetrating. The material is also antibacterial and easy to clean.

Designer Michel Krechting, previously awarded for his bicycles and bicycle-related accessories, and also managing director of GMG, developed a new product line for this Dutch producer of children's seats. The Yepp Maxi has won the Red Dot Design Award and the Dutch Bicycle Innovation Award 2009. **CR**

Ontwerper/Designer
Van der Veer Designers

Opdrachtgever/Client
GMG bv (Gebroeders Melkert Gouda)

Website
www.vanderveerdesigners.nl

Foto/Photo
Bas Kleingeld, Studio Kaland

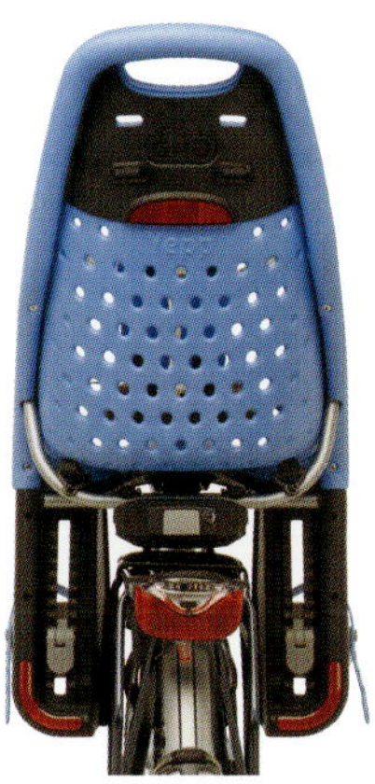

Volgende / Next
P 174, 176 >>

Communicatie /
Communication

Ontwerper/Designer
Press Only, José Klap (creative director & art direction), Sandor Lubbe (creative consultant), Igor Guinau (assistant creative consultant) Smel Amsterdam (lookbook & website), Frederik Heyman (photography campaign), Bart Oomes (photography still-life images)

Opdrachtgever/Client
Quinny, Dorel Nederland

Website
www.pressonly.nl

Press Only – Quinny by Henrik Vibskov

Het lijken twee onverenigbare grootheden, de Deense modeontwerper, drummer en filmmaker Henrik Vibskov en de Nederlandse producent van kinderwagens Quinny, maar de campagne voor het merk Quinny by Henrik Vibskov moet de consumenten van het tegendeel overtuigen. Vibskov ontwierp voor Quinny een aantal producten en dessins, die als we op de verkoopprijzen van de producten afgaan bedoeld zijn voor het hogere marktsegment. In zijn ontwerpen refereert Vibskov aan de belevingswereld van kleine kinderen, waarin sprookjes een belangrijke rol spelen. Dit is ook het thema geworden van de campagne, waarin die belevingswereld wordt verbeeld op een wijze die ook volwassenen – 'modern urban parents' in het marketingjargon – moet aanspreken. De Belgische fotograaf Frederik Heyman, die onder andere werkt voor het modetijdschrift *Zoo Magazine*, heeft de foto's voor de campagne 's avonds gemaakt, wat het sprookjeseffect versterkt.

Het idee voor de samenwerking is afkomstig van José Klap, creative director van het Amsterdamse bureau Press Only. Dat heeft ook het team samengesteld dat de campagne heeft ontwikkeld. Het is goed te zien dat Dorel Nederland, de producent van Quinny, hierop niet heeft willen bezuinigen. Het luxueuze lookbook, dat is vormgegeven door het Amsterdamse ontwerpbureau Smel, kreeg een leren omslag met een blindpreeg.

De advertenties, de fotografie en de vormgeving van het drukwerk en de speciale website getuigen van een strakke artdirection. Dat levert een herkenbaar en consistent beeld op, dat qua sfeer ver af staat van merken als Bugaboo en Maxi-Cosi, het andere kinderwagenmerk van Dorel Nederland. **MV**

Press Only – Quinny by Henrik Vibskov

They seem like two completely incompatible big shots – Danish fashion designer, drummer and filmmaker Henrik Vibskov and Quinny, the Dutch manufacturer of strollers, but the campaign for the brand 'Quinny by Henrik Vibskov' is intended to convince consumers of the contrary. Vibskov designed a number of products and patterns for Quinny, which are intended for the high end of the market, judging by the retail prices of the products. In his designs, Vibskov refers to small children's perception of their surroundings, where fairy tales play an important role. That has also become the theme of the campaign, where that perception of the world is represented in a way that will also appeal to adults – 'modern urban parents' in marketing jargon. The Belgian photographer Frederik Heyman, who works for, among others, fashion magazine *Zoo Magazine*, took the photos for the campaign in the evening, which reinforces the fairy tale effect.

The idea of the collaboration came from José Klap, Creative Director at the Amsterdam bureau Press Only. She also put together the team that developed the campaign. It is quite clear that Dorel Nederland, who produces Quinny, did not want to economize here at all. The luxurious look book, designed by the Amsterdam design bureau Smel, has an embossed leather cover.

The advertisements, the photography, the design of the printed materials and the special website bear witness to tight art direction. That yields a recognizable consistent image, which in terms of atmosphere is far removed from brands such as Bugaboo or Maxi-Cosi, the other Dorel Nederland stroller brand. **MV**

BERG Toys – Freestyler

Wie hem ziet, wil hem meteen proberen. En geen wonder: de Freestyler is een creatieve en sportieve doorontwikkeling van de skelter, een bestseller van producent Berg Toys, expert op het gebied van buitenspeelgoed.

In dit ontwerp combineerde Martijn van Gelderen, in 2005 cum laude afgestudeerd aan de TU Delft, de aloude skelter met een crossfiets tot een soort ongemotoriseerde quad. Ook deze vierwieler biedt een nieuwe rijervaring voor alle leeftijden. Als de berijder meer naar achteren zit en zo zijn gewicht verplaatst, kan hij echt stunten. Dankzij een tweewiel-aandrijfsysteem rijdt de Freestyler namelijk even makkelijk op twee als op vier wielen, zelfs in de krapste bochten. Het scooter- en motorachtige duozadel is langwerpig van vorm. Daardoor kunnen zowel kleine als grote kinderen er goed alleen of met zijn tweeën op zitten en rijden.

Speciale schijfremmen op de achterwielen en een *wheely-bar* (om de voorwielen los van de grond te trekken) op de achterzijde bewerkstelligen dat het rijden en stunten vrijwel nooit gevaarlijk wordt.

De Freestyler rijdt op zowel harde als zachte ondergronden. Je kunt ermee driften als een racer maar ook crossen als in een rally. Het stoere uiterlijk en de degelijke kwaliteit sluiten aan bij de belevingswereld van de actieve gebruiker van 5 tot 99 jaar, aldus de producent. **CR**

BERG Toys – Freestyler

Everyone who sees it wants to try it immediately – and no wonder. The Freestyler is a creative, sporty version of the skelter, a bestseller of producer Berg Toys, experts in the field of outdoor toys.

In this design, Martijn van Gelderen, who graduated *cum laude* from Delft University of Technology in 2005, combined the time-honoured skelter and a crossbike to come up with a kind of non-motorized quad. This four-wheeler offers a new riding experience for all ages. When you shift your weight by sitting more to the back, you can really do stunts. Thanks to a two-wheel-drive system, the Freestyler rides just as easily on two or four wheels – even in the tightest corners. The double saddle has an elongated shape like those on scooters and motorcycles. This makes it easy for both young and old kids to sit on and ride the Freestyler alone, or two at a time.

Special disc brakes on the back wheels and a so-called wheely bar (for lifting the front wheels off the ground) at the back ensure that riding and doing stunts never becomes dangerous.

The Freestyler can be ridden on both hard and soft ground – drifting like a racer but also cyclo-crossing like in a rally. The sturdy appearance of the Freestyler and correspondingly solid quality meet the needs of the active user from 5 to 99 years old, claims the producer. **CR**

Product / Product

Ontwerper/Designer
BERG Toys, Martijn van Gelderen, Matthijs de Wit, Albert Heres, Wessel Akveld en/and Bas Roelofs

Opdrachtgever/Client
BERG Toys B.V.

Website
www.bergtoys.nl

Vorige / Last
<< P 134

Volgende / Next
P 182 >>

Philips Design Probes

Van de omvorming van gloeilampenfabriek naar lifestyle company maakt Philips nu echt werk. Sinds de aanstelling van de Italiaanse ontwerper Stefano Marzano in 1991 is de designafdeling steeds meer geïnteresseerd geraakt in onderzoek naar maatschappelijke ontwikkelingen om die vervolgens te verwerken in nieuwe producten. Eigen onderzoek naar sociale en culturele trends en hun betekenis voor de postmoderne consument kreeg gestalte onder Josephine Green en steeds meer projecten toonden de ideeën van de Philips-designafdeling over de toekomst.

De Philips Design Probes zijn onderzoeksgemotiveerde en toekomstverkennende projecten met onderwerpen waarvan Philips verwacht dat ze op langere termijn tot de mainstream van de consument behoren. Als punt aan de horizon is gekozen voor het jaar 2020 en de clusters van ideeën en soms ook bijna-producten bieden inzicht in vijf gebieden: politiek, economie, cultuur, omgeving en technologie. Via de Probes en sommige digitaal uitgewerkte ideeen probeert het bedrijf ook feedback te ontlokken van de consument.

De belangrijkste probes zijn SKIN, VIBE, SMELL en FOOD. Een project van dit jaar is SKIN, dat zich richt op de toekomstige integratie van *sensitive materials*. Philips verwacht er veel van de *electronic textile development*. Jurken bezitten emotieve technologie en de stoffen reflecteren in kleur en patroon op de emotionele veranderingen. In samenwerking met de Royal College of Art ontwikkelt Philips SMELL, waaronder producten die door middel van geur kunnen communiceren. Er wordt onder andere gebruikgemaakt van het reukvermogen van honden om kanker op te sporen. Voor FOOD zijn Philips en zijn designafdeling geïnteresseerd in verschillende manieren om met voedsel en de keuken om te gaan. De Diagnostic Kitchen werkt met een *nutrition monitor*, een andere omgeving is een verdere ontwikkeling van de moleculaire keuken, en Home Farming biedt een biosfeerachtige omgeving. Deze laatste keuken is digitaal verder uitgewerkt en figureert op YouTube om de consumenten van morgen warm te maken voor Philips en vooral om kennis te verwerven. Immers, zoals Philips breed uitmeet op zijn website: maar liefst 96 procent van alle nieuwe producten verdient de gemaakte kosten niet terug. **TdR**

Philips Design Probes

Philips is now seriously concentrating on changing its image from electric lamp factory to lifestyle company. Since the appointment of the Italian designer Stefano Marzano in 1991, the design department has shown an increasing interest in research on social trends and their incorporation in new products. Research by the company on social and cultural trends and their significance for the postmodern consumer took shape under Josephine Green and more and more began to show the ideas of the Philips design department about the future.

The Philips Design Probes are research-motivated projects that explore the future on themes that Philips expects to belong to the mainstream of the consumer in the long term. The year 2020 has been chosen as the point on the horizon, and the clusters of ideas – and sometimes almost the products themselves – provide insight into five areas: politics, the economy, culture, environment and technology. The company is also trying to get consumer feedback through the Probes and some digitally elaborated ideas.

The main probes are SKIN, VIBE, SMELL and FOOD. One of this year's projects is SKIN, which targets the future integration of sensitive materials. Philips has high hopes of Electronic Textile Development. Dresses contain emotional technology and the materials reflect changing moods in their colour and pattern. Philips is developing SMELL, including products that communicate by smell, in cooperation with the Royal College of Art. For instance, the sense of smell of dogs is used to trace cancer. For FOOD, Philips and its design department are interested in different ways of dealing with food and the kitchen. The Diagnostic Kitchen works with a nutrition monitor, another environment is a further development of the molecular kitchen, and Home Farming offers a biosphere-like environment. The latter kitchen has been elaborated digitally and appears on YouTube to win the hearts of the next generation for Philips and above all to obtain information. After all, as Philips widely publicises on its website, no less than 96 per cent of all new products fail to earn back the investment involved. **TdR**

1 / Philips Design Probe, SMELL
Courtesy Philips

2-3 / Philips Design Probe,
FOOD
Courtesy Philips

1

3

Vorige / Last
<<P 14

Volgende / Next
P 179 >>

Philips Design – Kitten Scanner

Nee, er worden geen jonge poesjes gescand in dit apparaat. De Kitten Scanner is bedoeld voor in een kinderkliniek of op een kinderafdeling van het ziekenhuis, want helaas moeten ook kinderen weleens plaatsnemen in een scanner voor een CAT- of CT-onderzoek. Dat kan een beangstigende ervaring zijn, wat dit op maat gemaakte apparaat probeert te voorkomen. En meer dan dat. De Kitten helpt kinderen te begrijpen wat er met hen gebeurt tijdens het onderzoek. Via een interactief rollenspel en het vertellen van verhalen worden de verschillende stadia van het onderzoek op een prettige manier uitgelegd.

Het apparaat staat daarom in de wachtkamer, waar kinderen ermee kunnen 'spelen' voordat ze in de grote 'echte' versie plaatsnemen. Kinderen leren wat een CT-scan is, hoe het apparaat werkt en waarom ze de scan nodig hebben. Ook in andere, meervoudig bekroonde medische apparatuur van Philips probeert het 'zachte' en tactiele ontwerp de angst van de gebruiker weg te nemen. Als niet onbelangrijk bijproduct speelt de Kitten een cruciale rol in de voorbereidingen van een medische procedure voor een extra kwetsbare groep gebruikers. **CR**

Philips Design – Kitten Scanner

Have no fear, young kittens will not be scanned in this machine, even though the name suggests it. The Kitten Scanner is intended for children's clinics or wards. Unfortunately, children also sometimes have to undergo a medical CAT or CT examination. The experience can be frightening, and this tailor-made machine aims to prevent that. Moreover, the Kitten helps children understand what is going to happen during the examination. The various stages are explained in a pleasant manner through interactive role-play and storytelling in order to dispel the child's fear of the clinical treatment and accompanying technology.

This is why the Kitten is placed in waiting rooms, where children can 'play' with it before being confronted with the large 'real' version later on. Children learn what a CAT scan is, how it works, and why they need it. Other types of highly awarded Phillips medical equipment also try to dispel the user's fear through 'soft' and tactile design. As a not unimportant by-product, the Kitten plays a crucial role in preparing an extra vulnerable group of users for a medical procedure. **CR**

Product / Product

Ontwerper/Designer
Philips Design

Website
www.philipsdesign.com

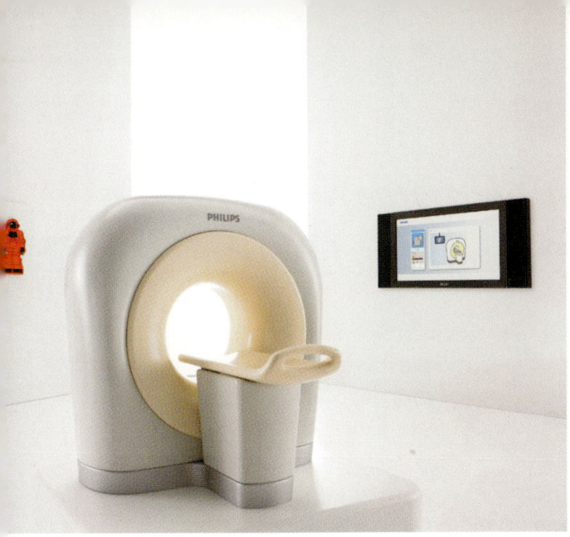
PHILIPS

Vorige / Last
<< P 146

Volgende / Next
P 178 >>

Ramon Schreuder – Social Soundmachine

Het samen maken van muziek brengt mensen tot elkaar, maar het maken van elektronische composities is doorgaans een solistische activiteit. Een computer en een toetsenbord laten zich immers moeilijk door twee of meer mensen tegelijk bedienen. Ontwerper Ramon Schreuder wil hierin verandering brengen. Hij heeft voor zijn Social Soundmachine de gebruikelijke interfaces gelaten voor wat ze zijn en een exemplaar ontwikkeld dat werkt met fysieke objecten, een zogeheten haptische interface.

Deze objecten komen tot leven wanneer ze op een tafel worden gezet waarin een multitouch-beeldscherm is verwerkt. Het systeem herkent het object en weet welk instrument of geluidseffect het representeert. Witte objecten representeren de verschillende muziekinstrumenten, de gele staan voor de melodie en de paarse voor de geluidseffecten. Ook is het mogelijk zelf zang op te nemen. De muziek komt tot stand door de objecten over de tafel te bewegen, wat ook lichteffecten oplevert. De gebruikers hoeven niet vanaf nul te beginnen, want het systeem levert een aantal basis-muzieksamples, waaruit ze een keuze kunnen maken.

Schreuder heeft de Social Soundmachine niet alleen gemaakt. Hij werkte hiertoe samen met industrieel ontwerpers, een softwareontwikkelaar, dj's en producers. Het was het project waarmee hij in 2006 afstudeerde aan de Hogeschool voor de Kunsten Utrecht. Inmiddels heeft Schreuder met steun van de Kunstbalie een tweede versie van de Social Soundmachine ontwikkeld, waarmee hij langs festivals en scholen trekt.

Goedkoop is de Social Soundmachine niet. In een interview zei Schreuder dat zijn systeem duurder is dan een auto uit de middenklasse. Met de Social Soundmachine lijkt de haptische interface het stadium van experimenteel project voorbij te zijn. **MV**

Ramon Schreuder – Social Soundmachine

Making music together unites people, but composing an electronic piece of music is usually a solo activity. It is difficult for two or more people to operate a computer and keyboard at the same time. Designer Ramon Schreuder wants to change this situation. For his Social Soundmachine, he has abandoned the usual interfaces and developed an interface that works with physical objects, a so-called haptic interface.

These objects come to life when they are placed on a table that incorporates a multi-touch screen. The system recognizes the object and knows which instrument or sound effect it represents. White objects represent different musical instruments, yellow are for the melody and purple for sound effects. It is also possible to record your own song. The music is created by moving the objects around on the table, which also produces light effects. The users do not need to start from scratch, because the system provides a number of basic music samples for people to choose from.

Schreuder did not make the Social Soundmachine on his own. He worked in collaboration with industrial designers, a software developer, DJs and producers. It was his final study project before graduating in 2006 from the Hogeschool voor de Kunsten (School of the Arts) in Utrecht. By now, Ramon Schreuder has developed a second version of the Social Soundmachine with support from the Kunstbalie, which he takes with him on his travels to festivals and schools.

The Social Soundmachine is not cheap. In an interview, Schreuder said that his system costs more than a medium-priced car. With the Social Soundmachine, the haptic interface seems to have progressed past the stage of an experimental project. **MV**

Communicatie / Communication

Ontwerper/Designer
Ramon Schreuder

Opdrachtgever/Client
pyramus.nl/Kunstbalie

Website
www.lewisdavis.us

Foto's/Photos
Arne Coomans Fotografie, feelingthemusic.com

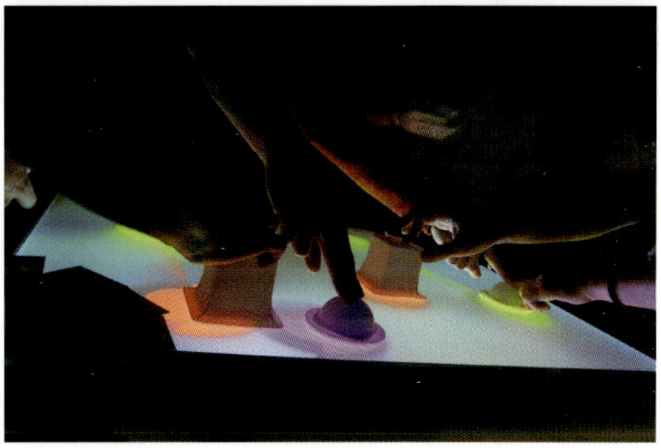

Vorige / Last
<< P 122

Volgende / Next
P 168 >>

Ontwerper/Designer
Firma Rieks Swarte, Jacqueline van Eeden, Rieks Swarte

Opdrachtgever/Client
Limburgs Symfonie Orkest en Zuidelijk Theaterkoor/Limburg Symphony Orchestra and Southern Theatre Choir

Website
www.firmarieksswarte.nl

Foto's/Photos
Jacqueline van Eeden

Firma Rieks Swarte – Beeldverhaal 'L'enfant et les sortilèges' van Maurice Ravel

Franse opera opgevoerd als Indonesisch wajang-poppenspel, zo zou je *L'enfant et les sortilèges* van Maurice Ravel kunnen omschrijven. Ravels kinderopera gaat over een vervelend jongetje dat geconfronteerd wordt met betoverde dingen, die zich tegen hem keren. Voor de concertante uitvoering van deze opera door het Limburgs Symfonie Orkest en het Zuidelijk Theaterkoor heeft de Firma Rieks Swarte een poppenspel gemaakt dat op een groot beeldscherm boven het orkest te zien is.

De poppen komen tot leven voor een decor dat op een vijftien meter lange en veertig centimeter brede strook papier is getekend. Dit decor staat voor het orkest opgesteld. De twee poppenspelers moeten zich tijdens de vijftien minuten die de uitvoering duurt telkens verplaatsen; een derde persoon filmt het poppenspel met een videocamera. De beelden worden direct geprojecteerd.

De productie van de Firma Rieks Swarte zit vol grappige effecten, en de kinderlijke tekenstijl past goed bij de opera. In de muziekvakpers is lovend geschreven over de manier waarop de Firma Rieks Swarte het verhaal heeft verbeeld. Het probleem met deze opera is volgens de operakenners dat sommige personages, waaronder een theepot, een libel en een vleermuis, moeilijk zijn te ensceneren. Dit wordt in deze uitvoering dus ondervangen door ze niet door acteurs te laten spelen maar door poppen. Het poppenspel lijkt zich moeiteloos te verenigen met de muziek. Zelfs de emoties van de zangers worden op een geloofwaardige manier door de poppen overgebracht. **MV**

Firma Rieks Swarte – Comic Strip of Maurice Ravel's 'L'enfant et les sortilèges'

French opera performed as an Indonesian wajang puppet show, that's how you could describe *L'enfant et les sortilèges*, composed by Maurice Ravel. Ravel's children's opera is about an annoying little boy who is confronted with enchanted things, which turn against him. For the concertante performance of this opera by the Limburg Symphony Orchestra and the Southern Theatre Choir, Firma Rieks Swarte made a puppet show displayed on a large screen above the orchestra.

The puppets come to life in front of scenery drawn on a strip of paper 15 m long and 40 cm high. This scenery is located in front of the orchestra. The two puppeteers have to move repeatedly during the 15-minute performance, while a third person films the puppet show with a video camera. The images are projected live.

The Firma Rieks Swarte's production is full of amusing effects and the childlike drawing style fits in well with the opera. In the specialist music publications, Firma Rieks Swarte's representation of the story has been written about very favourably. According to the connoisseurs, the problem with this opera is that some of the characters, including a teapot, a dragonfly and a bat, are difficult to stage. In this production, the problem is overcome by having the characters played by puppets instead of actors. The puppet show seems to blend effortlessly with the music. Even the emotions of the singers are plausibly conveyed by the puppets. **MV**

Vorige / Last
<< P 20

Volgende / Next
P 172 >>

Communicatie /
Communication

Ontwerper/Designer
Paul Faassen

Opdrachtgever/Client
De Harmonie

Website
www.paulfaassen.nl

Paul Faassen – Horizonvervuiling

Paul Faassen behoort tot de meest gevraagde Nederlandse illustratoren van dit moment. Zijn werk verschijnt behalve in bladen als *Vrij Nederland*, *Elle*, *Quote*, de *VPRO Gids* en *Volkskrant Magazine* ook in boekvorm. Voor zijn tweede boek, *Horizonvervuiling*, heeft Faassen nieuwe en eerder gepubliceerde illustraties gebruikt om het verhaal van een wandeling te vertellen. Tijdens de wandeling maakt de lezer kennis met personen van wie sommige later weer terugkomen. Eigenlijk moet je de illustraties als één panoramische tekening beschouwen, meent Faassen. Bij het omslaan van de pagina's zorgt de boekvorm voor verrassingseffecten.

Faassen past een collagetechniek toe waarbij hij verschillende tekenstijlen en fotografie mengt met door hem zelf geschreven teksten. De losse elementen voegt hij in de computer samen tot een illustratie. Deze manier van werken past goed bij zijn associatieve, vervreemdende illustraties, waarvan de inhoud zich niet onmiddellijk laat raden. De teksten zijn onderdeel van de tekening, wat volgens Faassen een bepaalde spanning oplevert. Het zijn beeldcolumns waarin hij commentaar levert op gebeurtenissen en maatschappelijke verschijnselen, van het plassen in zwembaden tot de happiness-industrie. **MV**

Paul Faassen – Horizon Pollution, Destruction of the Landscape

Paul Faassen is one of the most in-demand Dutch illustrators at the moment. His work appears not only in magazines such as *Vrij Nederland*, *Elle*, *Quote*, the *VPRO TV Guide* and *Volkskrant Magazine*, but also in book form. For his second book *Horizonvervuiling* (Horizon Pollution), Faassen has used new and previously-published illustrations to tell the story of a walk. During the walk, the reader makes acquaintance with people who sometimes appear again later. Actually, the illustrations should be considered as a single panoramic drawing, according to Faassen. The book form creates surprise effects for the readers as they turn the pages.

Faassen makes use of a collage technique whereby he blends different styles of drawing and photography with texts he has written himself. He merges the separate elements into an illustration on the computer. This method of working fits in well with his associative, alienating illustrations, whose content is not immediately obvious. The texts are part of the drawing, which produces a certain tension, according to Faassen. They are image columns in which he vprovides a commentary on social phenomena, from peeing in swimming pools to the happiness industry. **MV**

HEBBEN JULLIE ER ZIN IN ??
MWOAH

Vorige / Last
<< P 122, 164

Ewoudt Boonstra, Piet Parra – Ich Clack Dich

Communicatie / Communication

Ontwerper/Designer
Ewoudt Boonstra, Piet Parra

Opdrachtgever/Client
Le Le

Tot ontzetting van veel beroepsfotografen maakte Kodak dit jaar bekend te zullen stoppen met de productie van de Kodachrome-film. Door de opkomst van de digitale fotografie is het produceren en ontwikkelen van de filmrolletjes een marginale activiteit geworden waaraan niets te verdienen valt. Maar misschien dat film nog eens zijn comeback maakt in de fotografie zoals ook de vinylplaat is blijven voortleven.

De band Le Le (uitspreken als lulluh) brengt met het nummer *Ich Clack Dich* een ode aan het oude fototoestel en alles daaromheen. De driemansband presenteert zich als Frans-Duitse ghettotech-band maar komt gewoon uit Amsterdam. De bandleden lijken zichzelf niet helemaal serieus te nemen, wat niet wegneemt dat de videoclip in zwart-wit van *Ich Clack Dich* er gelikt uitziet. De aanstekelijke clip is een collage van foto's, stop-motionanimatie en stukjes video.

De clip is gemaakt door artdirector Ewoudt Boonstra en illustrator en grafisch ontwerper Piet Parra. De laatste is ook een van de bandleden van Le Le. In hoog tempo laat de clip alle facetten van de bijna vergeten fotografie zien, van de glamourfotografen tot het gerommel met chemicaliën in de doka. **MV**

Ewoudt Boonstra, Piet Parra – Ich Clack Dich

To the dismay of many professional photographers, Kodak announced this year that it will be stopping the production of Kodachrome film. As a result of the boom in digital photography, the production and development of the rolls of film has become a marginal activity that is no longer profitable. But perhaps film will make a comeback some day in photography, in the same way that the vinyl record has continued to exist despite the CD.

The band Le Le (pronounced as in French) with their track *Ich Clack Dich* has composed an ode to the old camera and everything to do with it. The three-man band presents itself as a French-German ghetto tech band, but is actually from Amsterdam. The band members do not seem to take themselves at all seriously, but that does not take away from the fact that the black-and-white video clip for *Ich Clack Dich* looks very slick. The catchy clip is a collage of photos, stop motion animation and a piece of video.

The clip was made by art director Ewoudt Boonstra and illustrator and graphic designer Piet Parra. The latter is also one of the band members of Le Le. At high speed, the clip shows every facet of the almost-forgotten art of photography, from glamour photographers to messing about with chemicals in the darkroom. **MV**

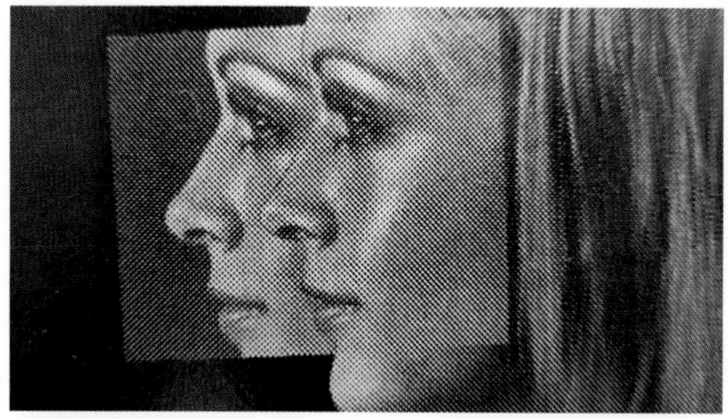
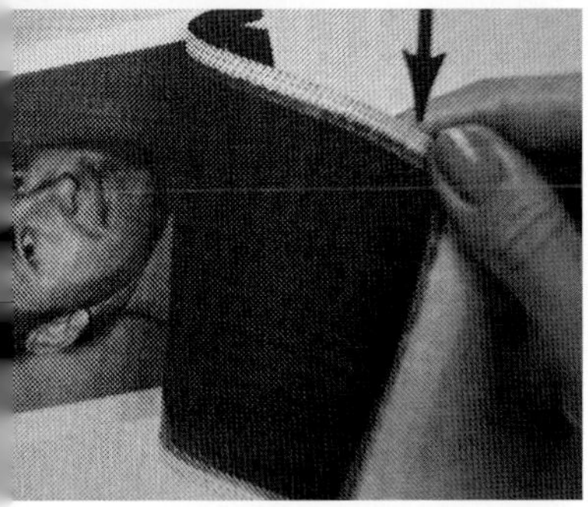
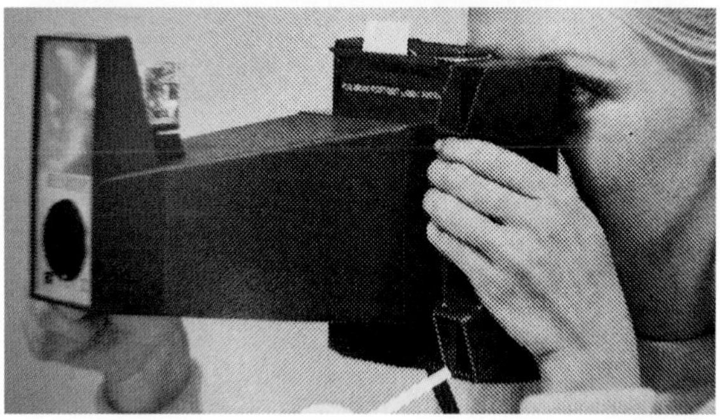
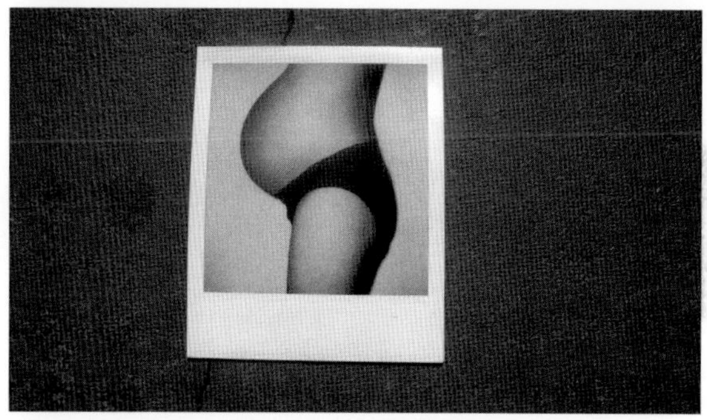

ELE
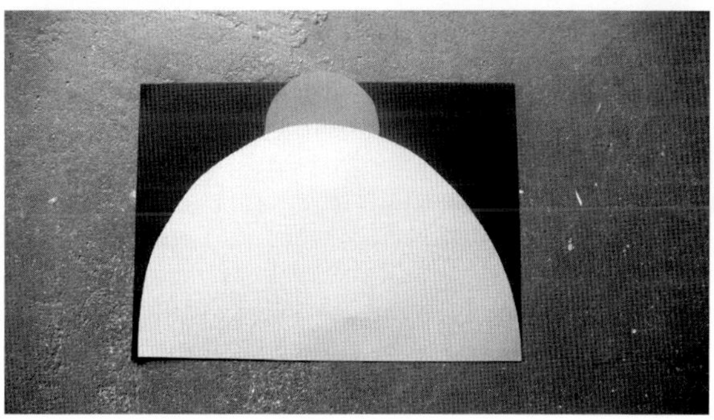
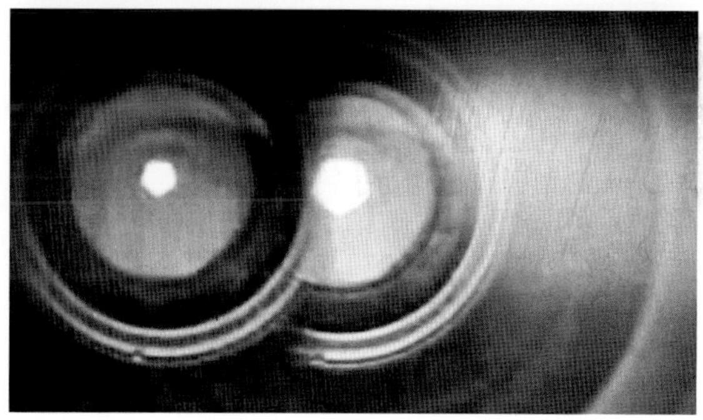
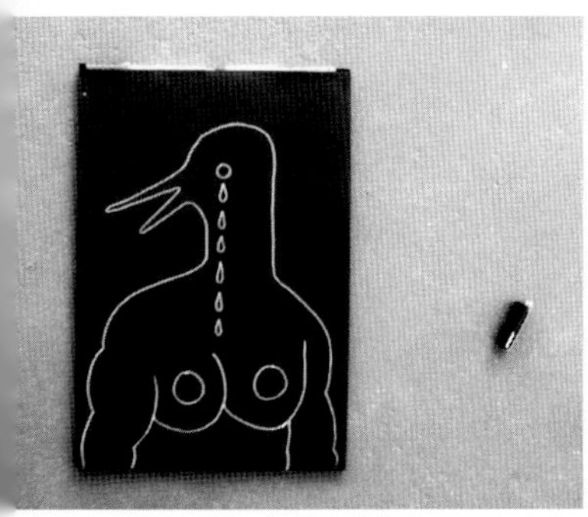

LIEB
M
IR

CH CLA
CH CK
ICH
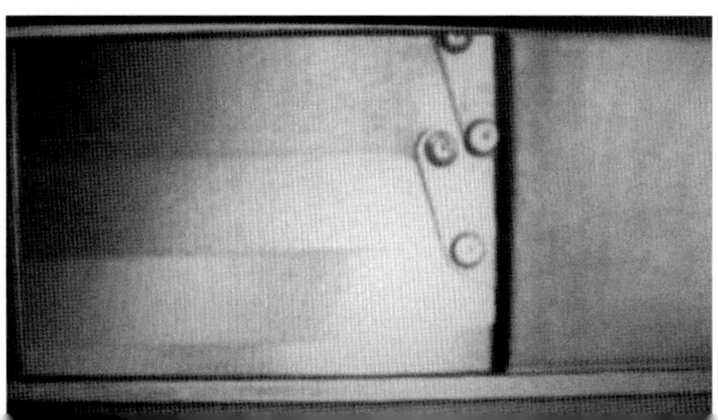

Vorige / Last
<<P 112, 121

Communicatie /
Communication

Ontwerper/Designer
Richard Vijgen, Thomas Kopperschlaeger

Opdrachtgever/Client
Huijbers & Agelink

Website
www.richardvijgen.nl,
www.thomaskopperschlaeger.nl

Richard Vijgen, Thomas Kopperschlaeger – Onder Anderen

Het internet leent zich heel goed voor kleinschalige projecten die tot doel hebben de cohesie in een buurt te bevorderen. Onder Anderen is zo'n project. De bedenkers ervan, het kunstenaarsduo Germa Huijbers en Carolina Agelink, wilden de bewoners van de Delftse professorenbuurt de gelegenheid bieden om hun jeugdherinneringen te delen met andere bewoners. De buurt zelf heeft weinig fysieke ontmoetingsplaatsen zoals een park, een buurthuis of een winkelcentrum. Op dertig plekken in de buurt zijn de herinneringen zichtbaar gemaakt op borden. De website van Onder Anderen biedt verdieping en er is ruimte voor reacties.

Het kunstproject is tot stand gekomen nadat de twee kunstenaars door de buurt zijn gaan wandelen met de bewoners. Hun gesprekken met de bewoners leverden een verzameling op van meer dan zeventienhonderd objecten, die door de kunstenaars zijn gefotografeerd en ondergebracht in een digitaal archief aan de hand van dertig thema's. De objecten zijn op de website zowel geografisch als chronologisch te bekijken.

Vijgen en Kopperschlaeger ontwierpen de borden en ontwikkelden de website van Onder Anderen. De mobiele versie van de website maakt het mogelijk om tijdens het wandelen door de buurt de toelichtingen te raadplegen. Door de eenvoudige opzet van website is deze heel geschikt voor een brede doelgroep. De buurtbewoners blijken de website van Onder Anderen echter niet intensief te gebruiken, want van de mogelijkheid om bij de objecten een reactie te plaatsen is nog nauwelijks gebruikgemaakt. **MV**

Richard Vijgen, Thomas Kopperschlaeger – Among Others

Internet is eminently suitable for small-scale projects where the aim is to encourage cohesion in a neighbourhood. Onder Anderen (Among Others) is that type of project. Its creators, artist duo Germa Huijbers and Carolina Agelink, would like the inhabitants of the 'Professor' neighbourhood in Delft to share their childhood memories with other residents. The neighbourhood itself has very few physical meeting places such as a park, a community centre or a shopping centre. Memories have been made visible on notices in 30 places in the area. The Onder Anderen website provides background information and space for reactions.

The art project came about after the two artists had walked through the neighbourhood with the inhabitants. Their conversations with the residents generated a collection of more than 1,700 objects, which were photographed by the artists and digitally archived, classified into 30 themes. The objects can be viewed on the website either geographically or chronologically.

Vijgen and Kopperschlaeger designed the notices and developed the website for Onder Anderen. The mobile version of the website makes it possible to read the information during a walk through the neighbourhood. The simple set-up of the website makes it eminently suitable for a broad target audience. However, the local residents do not appear to have made intensive use of the website, because, so far, hardly anyone has taken advantage of the opportunity to write a comment next to the objects. **MV**

13
ANDEREN.NL

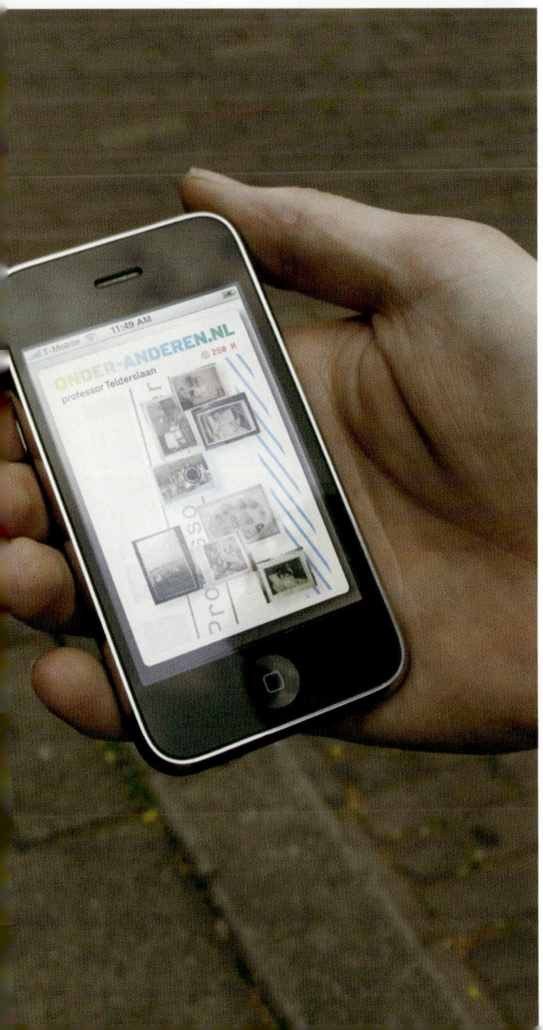
ONDER-ANDEREN.NL
professor Telderslaan

ONDER-ANDEREN.NL
HELP | OVER ONDER-ANDEREN | COLOFON
THEMA'S
TIJDLIJN
KAART
Baby
Ukkie
Kind
Tiener
Kleuterschool
Lagere School
Middelbare School
Ik op school
Pak je schrift
Knutseldeknutsel
Geslaagd!
Mijn klas
Familie
Oogappel
Oh, de liefde!
Vriendschap
Op de leesplank
Vergeet mij niet
Mieters, hip, cool!
Knuffels
Lekker spelen
Geld verdienen
De vereniging
Kom buiten!
Erop uit
In en na de oorlog
de Professorenbuurt
Prijs de heer
1910
1920
1940
1950
vergroot
Veel plezier!

ONDER-ANDEREN.NL
HELP | OVER ONDER-ANDEREN | COLOFON
THEMA'S
TIJDLIJN
KAART
Oogappel
Mieters, hip, cool!
15
16
Tiener
Mieters, hip, cool!
vergroot
volgende
Baby
Beschuit met muisjes
Oogappel
1900 tot nu.
Veel plezier!

Vorige / Last
<< P 20, 166

Gijs Kast – Böhnhase

Het boek *Böhnhase*, waarmee Gijs Kast in 2008 afstudeerde aan de Design Academy Eindhoven, lijkt een enigszins uit de hand gelopen practical joke. Niemand zal deze Gouden Gids voor zwartwerkers waarschijnlijk raadplegen als hij een beunhaas zoekt voor een klus. Al lijkt het wel mogelijk, want naast de omschrijving van de activiteiten die de beunhazen uitvoeren, staan ook steeds hun telefoonnummers vermeld. Maar dat blijkt allemaal verzonnen.

Kast kwam op het idee voor het boekje toen hij zich ging verdiepen in de beunhaaseconomie van de Eindhovense wijk Doornakkers, waar hij woont. Deze wijk kreeg in 2007 de twijfelachtige eer te zijn uitgeroepen tot een van de veertig 'prachtwijken' in Nederland. Zelf had Kast niet het idee dat hij in een typische achterstandswijk woonde, al merkte hij wel dat veel wijkbewoners zwart klussen. Dit bracht hem op het idee een tegenhanger te maken van de Gouden Gids. Het was de eerste keer dat Kast zich zou bezighouden met illustratie.

Kasts zwarte gids biedt een mooie serie portretten van mensen uit de wijk. Daaraan voegde hij de portretten van enkele kopstukken van de Design Academy toe, die kennelijk ook worden geacht zwart te klussen. De tekeningen zijn geen karikaturen, al heeft de stijl wel iets stripachtigs. Kast zelf zegt zich verwant te voelen aan de Britse illustrator David Foldvari.

Een subsidie van het Fonds BKVB stelde Kast in staat zijn boek in een oplage van 1200 exemplaren in eigen beheer uit te geven. Dat is een goede investering gebleken, want het leverde hem illustratieopdrachten op van *de Volkskrant* en het tijdschrift *Hollands Diep*. **MV**

Gijs Kast – Böhnhase

The book *Böhnhase*, which was Gijs Kast's final project before graduating in 2008 from the Design Academy Eindhoven, seems like a practical joke that got out of hand. It is unlikely that anyone will ever consult these Yellow Pages for moonlighters if he is looking for a cowboy to carry out a job. Although it does seem to be possible, because beside the description of every cowboy's activities, there is a telephone number listed. But apparently none of these are genuine.

Kast came up with the idea for the booklet when he became engrossed in the 'black economy' in the Doornakkers neighbourhood in Eindhoven, where he lives. This neighbourhood received the doubtful honour in 2007 of being classified as one of the 40 *prachtwijken* (disadvantaged 'treasure' neighbourhoods) in the Netherlands. Kast himself was not aware that he lived in a typical disadvantaged neighbourhood, although he did notice that there was a lot of moonlighting going on among the residents. That gave him the idea of making a counterpart to the Yellow Pages business directory. For Kast it was the first time that he got involved in illustration.

Kast's 'Black Pages' provide an excellent series of portraits of people living in the neighbourhood. He added portraits of a number of important people from the Design Academy, who are also deemed to be moonlighting, apparently. The drawings are not caricatures, although the style is reminiscent of comic strips. Gijs Kast says himself that he feels an affinity with the British illustrator David Foldvari.

Subsidy from the Fonds BKVB (Netherlands Foundation for Visual Arts, Design and Architecture) made it possible for him to publish *Böhnhase* on his own, in an edition of 1,200 copies. This turned out to be a good investment, because it led to assignments to make illustrations for the quality newspaper *De Volkskrant* and the magazine *Hollands Diep*. **MV**

Communicatie / Communication

Ontwerper/Designer
Gijs Kast

Website
www.gijskast.com

GIRLS
GIRLS
GIRLS
Elite

Bertina
0622853904

HARRY

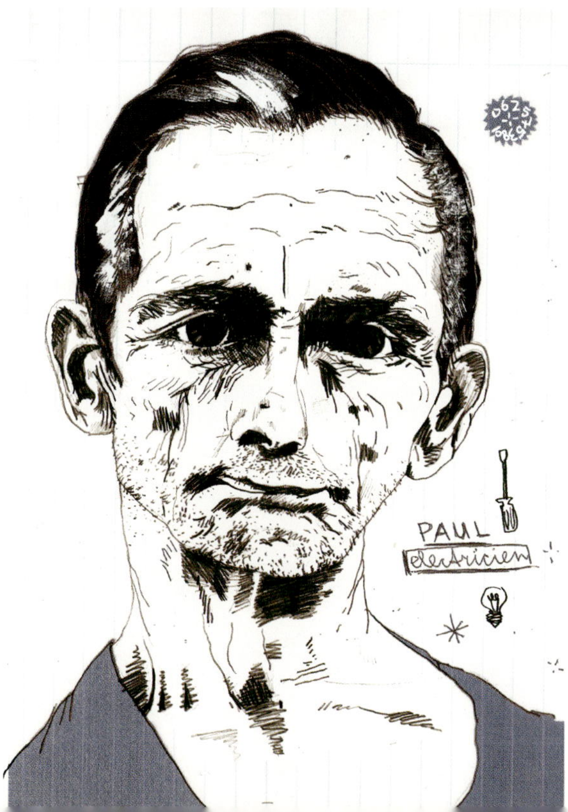
PAUL
electricien

böhn

Communicatie / Communication

Ontwerper/Designer
Mister Motley i.s.m./with o.a. KesselsKramer (Christiaan Borstlap, Job van Dijk), 75B, Wibbine Kiem, Rollergirl, SYB

Opdrachtgever/Client
Mister Motley, Hanne Hagenaars

Mister Motley – Mister Motley

Een breed publiek in contact brengen met kunst lijkt een bijna onmogelijke opgave, maar het tijdschrift *Mister Motley* doet al vijf jaar een dappere poging. De initiatiefnemer van *Mister Motley*, de Stichting Kunst en Openbare Ruimte, wil kunst koppelen aan thema's uit het leven van alledag. Het tijdschrift wisselt regelmatig van vormgever om zijn frisheid te behouden en heeft een uitgebreide website waarop de onderwerpen uit de nummers worden verdiept. Kunst koppelen aan het alledaagse leven is ook het thema van de reclamecampagne waarmee het tijdschrift in 2008 zijn naamsbekendheid wilde vergroten en nieuwe abonnees wilde aantrekken. Dat laatste lijkt geslaagd, want het aantal abonnees groeide met dertig procent.

Voor de campagne zijn bestaande beelden van diverse kunstenaars gebruikt voorzien van een kort bijschrift. Hierdoor gaat het beeld deel uitmaken van het leven van Mister Motley. Bij een foto van Nicky Zwaan, waarop twee kinderen hangen aan een muur, staat bijvoorbeeld: 'De nichtjes van Mr. Motley', en bij een foto van een gemaskerde Duitse herder: 'De hond van Mr. Motley'. Mister Motley knutselde zelf ook een drumstel in elkaar van conservenblikjes en ijzerdraad. De tien affiches van de campagne onthullen steeds iets over Mister Motley, zonder dat hij ooit zelf in beeld komt. De mysterieuze Mister Motley kan van alles zijn, zoals kunst van alles kan zijn; dat is wat het tijdschrift wil uitdragen.

De door het Amsterdamse reclamebureau KesselsKramer ontwikkelde campagne brengt de missie van de makers van het tijdschrift goed over. De vervreemdende beelden op de affiches werken goed op straat en zetten de kijker op het verkeerde been. Goede kunst doet dat ook. Met de typische Kesselskramer-humor wordt de kunst ontdaan van haar sacrale karakter zonder dat de campagne in de valkuil van de parodie trapt. Daarmee sluit de campagne goed aan bij de mentaliteit van het tijdschrift. **MV**

Mister Motley – Mister Motley

Bringing a wide audience in contact with art seems to be an almost impossible task, but the magazine *Mister Motley* has been making brave attempts for five years now. The initiator behind *Mister Motley*, the Foundation for Art and Public Space (SKOR), wants to link art with themes from everyday life. The magazine changes its designer regularly to keep its freshness and has a comprehensive website providing background information about the subjects covered in the issues. Linking art to everyday life is also the theme of the 2008 advertising campaign to make the magazine better-known and attract new subscribers.

The latter seems to have been successful, because the number of subscribers grew by 30 per cent.

Existing images by different artists were used for the campaign, each provided with a short caption. As a result, the image becomes part of Mister Motley's life. For example, next to a photo by Nicky Zwaan, which shows two children hanging from a wall, the caption reads 'Mr. Motley's nieces' and next to a photo of a masked German shepherd it says 'Mr. Motley's dog'. There is also a drum kit which Mister Motley knocked up himself from tin cans and wire. The ten posters for the campaign all reveal something about Mister Motley, without him appearing in any of the pictures. The mysterious Mister Motley could be anything, and that is what the magazine wants to propagate about art.

The campaign was developed by the Amsterdam advertising agency KesselsKramer and succeeds in getting the mission of the makers of the magazine across. The alienating images on the posters work well on the street and put the observer on the wrong track. Good art does the same. Using typical Kesselskramer humour, art is stripped of its sacred character without the campaign falling into the pitfall of parody. And that makes the campaign fit in well with the mentality of the magazine. **MV**

1 / 75B
2 / KesselsKramer
3 / Mister Motley
4 / Wibbine Kien, Hanne Hagenaars
5 / Rollergirl

2

3

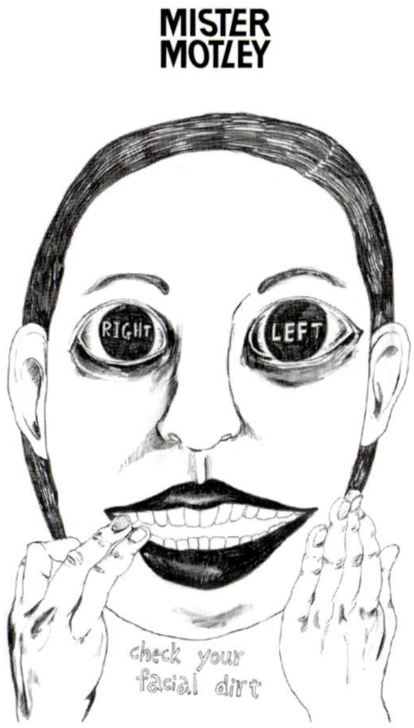

Chiaki Kamikawa

4

5

Vorige / Last
<< P 154, 174

La Bolleur – La Bolleur

Ooit stond in Eindhoven de naam La Bolleur voor relaxen op niveau. Toen dit bordeel zijn deuren sloot, kraakten Timon van der Hijden, Zowie Jannink en Steie van Vugt het pand en kaapten de naam, omdat zij een alternatieve uitgaansgelegenheid misten in de stad. In 2008 werd het pand van La Bolleur gesloopt, maar de mensen achter deze semi-illegale club besloten de naam te handhaven en die tot een echt merk in de uitgaanswereld te maken.

Het merk La Bolleur kan voor van alles staan. De drie initiatiefnemers, die elkaar kennen van de Design Academy Eindhoven, organiseren exposities, filmavonden, comedynights, theatervoorstellingen, diners en feesten. Dat doen ze tegenwoordig op twee nieuwe locaties in het centrum van Eindhoven, en steeds vaker worden ze gevraagd om in andere steden iets te organiseren.

Voor de communicatie van het merk worden traditionele middelen ingezet zoals flyers en affiches, maar ook bijzondere middelen. Om een feest te promoten dat de Eindhovense designscene in 2008 tijdens de Salone in Milaan organiseerde, maakten ze een caravan met een dak waaruit elk uur een ballon met de merknaam verrees. Met een optocht door de Eindhovense binnenstad, waarbij een kok op een kar stond te koken, werden tijdens de Dutch Design Week de kaartjes voor het La Bolleur-diner verkocht.

De merkuitingen hebben niet een specifieke La Bolleur-stijl; ze moeten het hebben van hun verrassingseffect en de kwaliteit van het ontwerp. De ontwerpers nemen de vrijheid om te experimenteren met druktechnieken. Voor sommige affiches passen ze de bijna vergeten stenciltechniek toe, die zij nieuw leven hebben ingeblazen. **MV**

La Bolleur – La Bolleur

The name La Bolleur once stood for high-class relaxation in Eindhoven. When the brothel closed its doors, Timon van der Hijden, Zowie Jannink and Steie van Vugt occupied the building as squatters and hijacked the name, because they thought Eindhoven lacked an alternative entertainment location. The building where La Bolleur was housed was demolished in 2008, but the people behind this semi-illegal club decided to retain the name. They want to make La Bolleur a real brand in the entertainment world.

The brand La Bolleur stands for all sorts of things. The three initiators, who know each other from the Design Academy Eindhoven, organize exhibitions, film evenings, comedy nights, theatre performances, dinners and parties. These days, they do that at two new locations in the centre of Eindhoven, and increasingly they are asked to organize something in other cities.

For the brand communication, traditional means are used such as flyers and posters, but also out-of-the-ordinary means. To promote a party that the Eindhoven design scene organized during the Salone in Milan in 2008, they made a caravan which produced a balloon with the brand name out of the roof every hour. With a procession through the city centre of Eindhoven, where a chef stood cooking on a cart, they sold tickets for the La Bolleur dinner during the Dutch Design Week.

The brand messages do not have a specific La Bolleur style, they depend on their surprise effect and design qualities. The designers allow themselves the freedom to experiment with printing techniques. For some posters they make use of the almost-forgotten stencil technique, which they have given a new lease of life. **MV**

Communicatie / Communication

Ontwerper/Designer
La Bolleur, Timon van der Hijden, Steie van Vugt, Zowie Jannink

Opdrachtgever/Client
La Bolleur

Website
www.labolleur.com

Foto's/Photos
Boudewijn Bolman

LA BOLLEUR

LA BOLLEUR

PARTY
DRINKS
LA BO

c'est une party
Ceci n'est pas une pipe.

29 may
O.Boogie
Hexaplex
Shiny Shady
Jack de La
8 euro
and more
LA BOLLEUR
Stroomhuis
23:00
doors open

Vorige / Last
<< P 146, 162

Communicatie / Communication

Ontwerper/Designer
Richard Vijgen, Thomas Kopperschlaeger

Opdrachtgever/Client
WATT Rotterdam

Website
www.richardvijgen.nl,
www.thomaskopperschlaeger.nl

Richard Vijgen, Thomas Kopperschlaeger – WATT Systems Monitor

Milieubewust dansen in de WATT Sustainable Dance Club was vorig jaar zo nieuw dat het de internationale media haalde. De aandacht ging vooral uit naar de dansvloer die de energie van de discogangers omzet in elektriciteit. In de Rotterdamse dance club valt nog meer te beleven op het gebied van duurzaamheid. De wc's worden bijvoorbeeld doorgespoeld met regenwater. WATT claimt dat de investeringen in duurzame oplossingen hebben gezorgd voor een CO_2-uitstoot die dertig procent lager is dan die van vergelijkbare clubs. Het energie- en waterverbruik maar ook het verbruik van bier en andere drank wordt constant bijgehouden door een computersysteem en in beeld gebracht op videoschermen. Onder de flitsende video's loopt continu een zogeheten bizbar met de actuele water- en bierstanden, het elektriciteitsverbruik, de temperatuur en de luchtvochtigheidskoersen.

In de door Vijgen en Kopperschlaeger ontwikkelde WATT Systems Monitor gaat de beat van de videobeelden omhoog wanneer de activiteit in de club toeneemt. Het activity level wordt berekend aan de hand van de lichaamstemperatuur van de bezoekers en verschijnt op de beeldschermen. Alle data worden om de twee minuten ververst. Tijdens de update van het systeem wordt op de beeldschermen de werking uitgelegd. De interactie tussen de gebruikers en het systeem komt niet tot stand door te drukken op knoppen of te klikken met de muis, maar door hun bewegingen, wc- en drankgebruik.

Wie meent dat datavisualisatie saai is, moet eens een bezoekje brengen aan de WATT Sustainable Dance Club. WATT Systems Monitor laat daar zien dat het visualiseren van data zelfs te integreren is in het interieur van een disco. **MV**

Richard Vijgen, Thomas Kopperschlaeger – WATT Systems Monitor

Environmentally-friendly dancing in WATT Sustainable Dance Club was so new last year that it made the headlines in international media. Most of the attention was for the dance floor, which converts the energy of the disco dancers into electricity. However, there is more to discover in the Rotterdam dance club in the area of sustainability. For example, the toilets are flushed with rainwater. WATT claims that the investments in sustainable solutions have led to CO_2 emissions 30 per cent lower than in similar clubs.

Consumption of energy and water, but also of beer and other drinks is constantly monitored by a computer system and displayed on video screens. Under the dazzling videos runs a so-called (CNN-style) bizbar which visualizes the current water and beer levels, electricity consumption, temperature and humidity rates.

On the WATT Systems Monitor, designed by Vijgen and Koppenschlaeger, the beat of the video images increases as activity in the club increases. The activity level is calculated on the basis of the body temperature of the visitors and displayed on the screens. The data is refreshed every two minutes. While the system is being updated, the operation is explained on the screens. The interaction between the users and the system does not take place by pressing buttons or clicking with a mouse, but by their movements, toilet use and drink consumption.

Anyone who thinks that data visualization is dull should make a point of going to the WATT Sustainable Dance Club. The WATT Systems Monitor shows that data visualization can even be integrated into the interior of a disco. **MV**

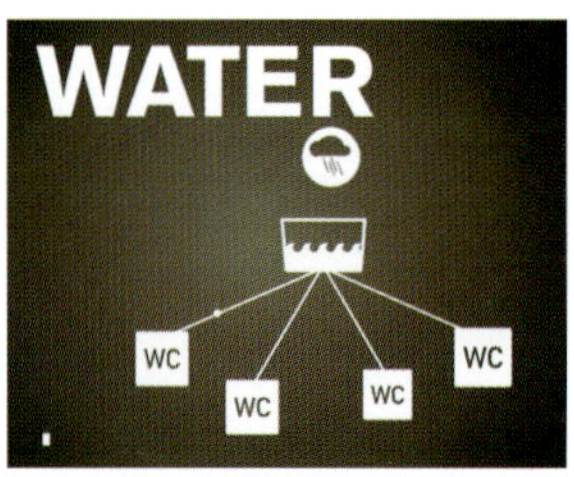

WeLL Design – Miscea – touch-free multifunctionele kraan

Met natte handen glibberend een kraan proberen dicht te draaien. Te veel zeep uit een dispenser drukken. Te lang leidden de (meng)kraan met al zijn functies, het zeepbakje en het afwasmiddel of andere reinigingslotions aparte levens en leken elkaar alleen maar in de weg te zitten. Met de Miscea is dat verleden tijd. Deze kraan wordt via een sensor gestuurd en is tevens uitgerust met een dispenser. Het voordeel hiervan is dat je met één simpele handbeweging dicht bij de glazen interface de waterstroom, temperatuur en uitgifte van twee aanvullende vloeistoffen, zoals zeep, desinfectans, lotion of afwasmiddel, kunt bedienen. Gekleurde led-lampjes lichten op om de gekozen functie aan te geven. De Miscea is daarmee geschikt voor plaatsen waar de hoogste hygiëne gewenst is: in de gezondheidzorg en voedingsmiddelenindustrie maar ook gewoon thuis. Door de combinaties van functies behoort ook waterverspilling tot het verleden. De kraan bespaart zelfs tot zeventig procent. Even efficiënt is de dosering van zeep en desinfectans, wat in ziekenhuizen besmettingen tegengaat en daardoor mensenlevens kan redden.

Het ontwerp van de kraan is minimalistisch uitgevoerd. Hierdoor dringt het zich visueel niet op maar is het een bescheiden icoon.

WeLL Design is sinds jaar en dag een van Nederlands meest vooraanstaande ontwerpbureaus. **CR**

WeLL Design – Miscea – Touch-Free Multifunctional Faucet

Ever try to close a faucet with slippery wet hands? Push too much soap out of a dispenser? For too long, the faucet, the soap dish and liquid detergent or other cleaning lotions have led separate lives and only seemed to get in each other's way. With the Miscea, that's a thing of the past. This sensor-controlled faucet also has a dispenser. A simple hand movement near the glass interface controls water flow, temperature and the dispensing of two additional liquids, such as soap, disinfectant, lotion or detergent. Coloured LEDs light up to indicate the chosen function, making the Miscea suitable for places that require superior hygiene, like the health and food industry, but also in the home. The combination of functions also eliminates water wastage, leading to water savings of up to 70 per cent. The dosage of soap and disinfectant is equally efficient, which avoids infections in hospitals and thus can save people's lives.

The design of the faucet is minimalistic, making it discreet rather than visually obtrusive. WeLLdesign has been one of the Netherlands' leading design studios for many years now. **CR**

Product / Product

Ontwerper/Designer
WeLL Design, Mathis Heller

Opdrachtgever/Client
MISCEA BV

Website
www.welldesign.com

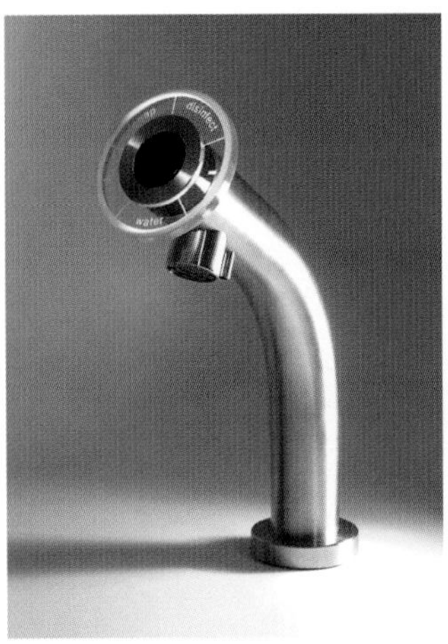

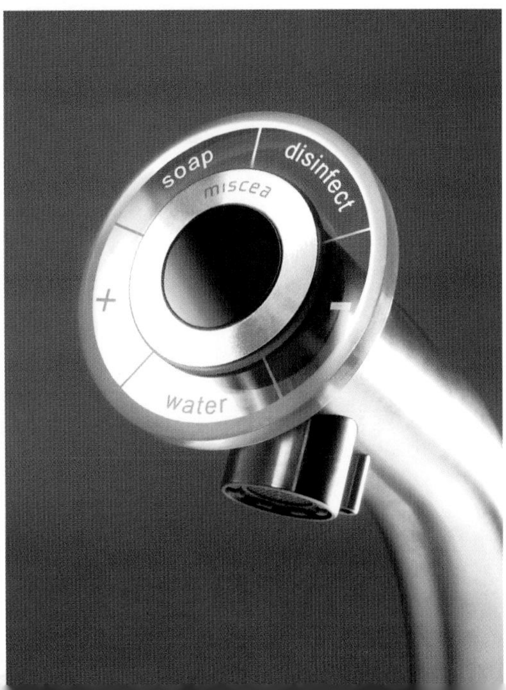

Vorige / Last
<< P 42, 46

Innovaders – Wattcher

Het bewust omgaan met energiebronnen begint met meten – en dus weten. Voor dat doel is de Wattcher ontwikkeld. Dit nieuwe product meet het stroomgebruik in de privésituatie in huis. Maar dat niet alleen. Het laat de stroom ook zien. De stroom die de espressomachine verbruikt, maar ook het aquarium of de tuinverlichting.

Ontwerper Marcel Wanders, die meer bekend is van zijn luxueuze interieurproducten, combineert in dit juist terughoudend vormgegeven meetinstrumentje technisch vernuft met functioneel design. Je hangt en steekt de Wattcher – als een stukje zeep op een lange tong – in het stopcontact.

Dan licht een mooi geïntegreerde en onopvallende display op, waarbij de cijfers alleen zichtbaar zijn wanneer het nodig is. Verbruikt een apparaat veel energie, dan lichten de cijfers snel op; verbruikt het weinig, dan gaat dit juist langzaam.

De Wattcher beschikt over eenvoudig te bedienen functies. Je kunt bepalen of je het energieverbruik van één bepaald moment met een overmacht aan ingeschakelde machines wilt kunnen aflezen. Of juist het dag- of weekgebruik bij de reguliere apparatuur.

Achterliggend idee is uiteraard dat je door het meten bewuster omgaat met energie en het eventueel besparen daarvan. Duurzaamheid kent immers geen tijd. De Wattcher weerspiegelt zo ons eigen energiegedrag, dat we weer kunnen koppelen aan een online stappenplan om energie te besparen. **CR**

Innovaders – Wattcher

Conscientious use of energy starts with measuring – in other words, knowing. The Wattcher has been designed for that purpose. This new product measures total electricity consumption in the home. But not only numerically. It also shows electricity consumption visually: the electricity that the espresso machine is currently using, or the aquarium or the lights in the garden.

Designer Marcel Wanders, better known for his luxurious interior products, combines technical ingenuity with functional design in this sleekly designed meter. You simply stick the Wattcher in a socket, where it hangs like a bar of soap attached to a long tongue. Then a beautifully integrated and unobtrusive display lights up, in which the numbers are only visible if necessary. The display pulses slowly when energy is low, and faster when energy usage is high.

The Wattcher has several functions that are easy to operate. You can choose whether you want to measure how much energy you are using when you have powerful electrical devices switched on, or the amount of electricity you use daily or weekly with normal devices.

The underlying idea, of course, is that measuring consumption will lead to a more aware use of energy and eventually to saving energy. After all, the goal is sustainability. The Wattcher reveals our own energy behaviour and couples that with an online plan for saving energy. **CR**

Product / Product

Ontwerper/Designer
Innovaders, Marcel Wanders

Opdrachtgever/Client
Eneco

Website
www.wattcher.nl

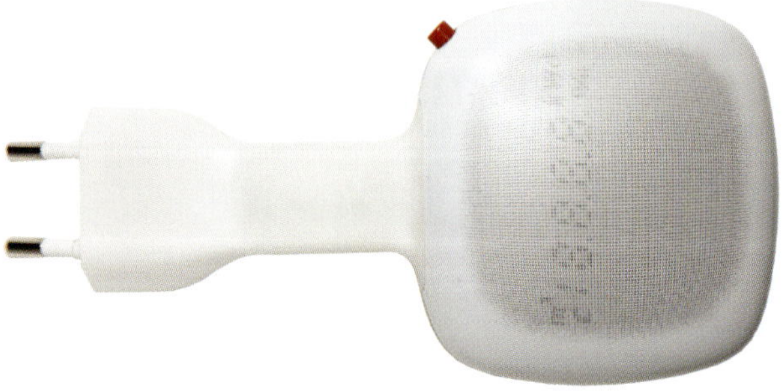

Vorige / Last
<< P 38, 40

Solid Lighting – Ventura-lamp

Het duurt vaak even voor een nieuwe technologie niet alleen een slimme maar ook visueel aantrekkelijke toepassing krijgt. In dit geval is de energiezuinige tafellamp Ventura een goed voorbeeld van wat je met de uiterst compacte en zuinige ledtechnologie kunt doen.

De schotelvormige tafellamp hangt aan staalkabels en is uitgevoerd in twee kleuren giethars met een aluminium frame. Daarin bevinden zich maar liefst 36 powerleds van 1,2 watt elk die elektronisch aangestuurd worden. De leds hebben een levensduur van vijftigduizend uur en verbruiken maar een vijfde van wat een gloeilamp consumeert.

Ook wanneer de lamp niet brandt, spreekt het modulaire lijnenspel in het ontwerp aan. Als geheel doet de sobere geometrische vorm denken aan de minimale objecten die Ad Dekkers in de jaren zeventig van de twintigste eeuw concipieerde.

De Rotterdamse ontwerpers Leo Krol en Vincent de Rijk komen respectievelijk uit de industrieel-technische en ambachtelijke disciplines van het designvak. Solid Lighting is een eveneens Rotterdamse producent van verlichting voor de projectsector, dat het (evenwel) aandurft innovatieve experimenten te ondernemen. **CR**

Solid Lighting – Ventura Lamp

It often takes a while for a new technology to acquire not only a clever but also a visually attractive application. In this case, the Ventura energy-saving table lamp is a good example of what you can do with extremely compact and economical LED technology.

The saucer-shaped table lamp hangs from steel cables and is made of moulded resin in two colours with an aluminium frame. Enclosed within the lamp are as many as 36 LEDs, each 1.2 W, controlled electronically. The LEDs have a lifetime of 50,000 hours and use only one fifth of the power that an incandescent lamp uses.

Even when the lamp is not on, the modular play of lines in the design is attractive. As a whole, the sober geometrical form is reminiscent of the minimal objects conceived by Ad Dekkers in the 1970s.

The Rotterdam designers Leo Krol and Vincent de Rijk come respectively from the industrial technical and the artisanal disciplines of the design profession. Solid Lighting is also a Rotterdam producer of lighting for the project sector, which (nonetheless) dares to undertake innovative experiments. **CR**

Ontwerper/Designer
Solid Lighting Rotterdam,
Leo Krol, Vincent de Rijk

Opdrachtgever/Client
Solid Lighting Rotterdam

Website
www.solidlighting.com

Toon van Tuijl Designprijs voor Home Sweet Home van Demakersvan

Ontwerpers kunnen een wezenlijke bijdrage leveren aan de economie van de ontwikkelingslanden, want met hun ideeën en expertise zijn lokale producenten in staat om producten te maken die zijn afgestemd op de eisen en smaak van consumenten in meer welvarende landen. Het probleem is dat de westerse ontwerpers de bedrijven in de ontwikkelingslanden niet kennen, en omgekeerd hebben de bedrijven weinig kennis van de westerse markten en zijn zij vrijwel niet bekend met design. Daarom is in Nederland de stichting Dutch Design in Development (DDiD) opgericht, die Nederlandse ontwerpers en marketing- en communicatiespecialisten in contact brengt met bedrijven in ontwikkelingslanden.

DDiD is met het NCDO en Cynthia van Tuijl-Postma ook een van de initiatiefnemers van de jaarlijkse Toon van Tuijl Designprijs. Deze prijs gaat naar een Nederlands ontwerp dat bestemd is voor de westerse markt en geproduceerd wordt in een ontwikkelingsland. Behalve naar de vormgeving van het product wordt ook gekeken naar diens impact op de economische groei van en sociale omstandigheden in betreffend ontwikkelingsland. De naamgever van de prijs, de Eindhovense ontwerper Toon van Tuijl, kwam in 2006 bij een roofoverval in Kenia om het leven, toen hij daar de productie begeleidde van door hem ontworpen tuinmeubels.

Dit jaar zijn twee ontwerpen genomineerd voor de Toon van Tuijl Designprijs. Het ene is Home Sweet Home van het Rotterdamse ontwerpbureau Demakersvan, een 1200 meter lang gekantklost hek dat in 2010 rond het Bijlmer Sportpark zal worden geplaatst. Het andere is Potten, een serie potten en vazen van latex en textiel, ontworpen door Renske Papavoine. De Potten worden geproduceerd binnen een rehabilitatieproject in Bhopal, India, waardoor het ontwerp een blijvende impact heeft op de gemeenschap.

De jury kende de Toon van Tuijl Designprijs 2009 toe aan het hek van Demakersvan, dat is gebaseerd op het Lace Fence van ontwerper Joep Verhoeven, een van de oprichters van het ontwerpbureau. In Home Sweet Home zijn decoraties en motieven verwerkt uit de diverse culturen in Amsterdam-Zuidoost. Het hek wordt gemaakt in India, waar de Demakersvan een paar jaar geleden een fabriek hebben opgericht met zestig medewerkers. **MV**

Toon van Tuijl Design Prize for Home Sweet Home by Demakersvan

Designers can make a substantial contribution to the economy of developing countries, because with their ideas and expertise local producers are able to make products that are attuned to the demands and taste of consumers in more prosperous countries. The problem is that the Western designers do not know the companies in the developing countries, and vice versa those companies know little about the Western markets and are hardly familiar with design. That was the reason to set up the Dutch Design in Development (DDiD) Foundation in the Netherlands to bring Dutch designers, marketing and communications specialists in contact with companies in the developing countries.

DDiD, NCDO and Cynthia van Tuijl-Postma are the originators of the annual Toon van Tuijl Design Prize. This prize is awarded to a Dutch design that is intended for the Western market and is produced in a developing country. The jury takes into account not only the design of the product but also its impact on the economic growth and social conditions in the developing country concerned. The prize is named after the Eindhoven designer Toon van Tuijl, who was killed during a robbery in Kenya in 2006, where he was supervising the production of garden furniture that he had designed.

Two designs were nominated for the Toon van Tuijl Design Prize this year: Home Sweet Home by the Rotterdam design agency Demakersvan, a 1,200-m bobbin-lace fence that will be placed around the Bijlmer Sportpark in 2010; and Pots, a series of latex and textile pots and vases designed by Renske Papavoine. The pots are produced as part of a rehabilitation project in Bhopal, India, which enables the design to make a permanent impact on the community.

The jury awarded the Toon van Tuijl Design Prize 2009 to the fence by Demakersvan, which is based on the Lace Fence by designer Joep Verhoeven, one of the founders of the design agency. Home Sweet Home incorporates decorations and motifs from the various cultures in South-East Amsterdam. The fence is made in India, where Demakersvan started a factory with 60 employees a couple of years ago. **MV**

Evenement en debat / Events and Debate

Foto's/Photos
Demakersvan
Albert Font

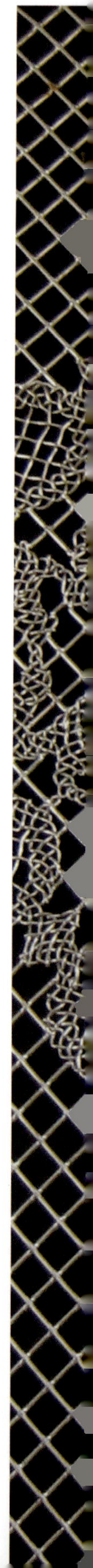

Design kan de wereld veranderen

Wat moet iemand die nauwelijks geld heeft om eten te kopen met een luxeproduct als een mobiele telefoon? Of met hightech ledverlichting? Niets natuurlijk. Dat was althans lange tijd de gedachte. Maar het bedrijfsleven heeft de 4 miljard armste mensen in de wereld als potentiële consumenten ontdekt. Niet alleen kleine, maatschappelijk bewuste ondernemingen; ook multinationals als Philips en Unilever bedenken producten om hun levens te veraangenamen en de vicieuze cirkel van armoede te doorbreken. Niet uit liefdadigheid. Er is veel geld te verdienen aan wat 'de onderkant van de economische piramide' (Engels: **base of the pyramid**, kortweg BoP) wordt genoemd. Mits je de juiste producten ontwerpt. Voor de ontwikkeling van die producten zijn geschikte ontwerpers nodig. Ontwerpers die bereid zijn zich werkelijk te verdiepen in de behoeften van de armste consumenten in de wereld.

Het is een succesverhaal: het telefoonbedrijf GrameenPhone maakt per jaar tientallen miljoenen euro's winst door mobiele telefoons te verkopen aan de straatarme bevolking op het platteland van Bangladesh. Potentiële klanten kunnen een kleine lening afsluiten om de telefoon aan te schaffen. Daarmee draait het bedrijf de arme Bengalen geen poot uit. Integendeel. Als het goed is, levert de telefoon de eigenaar ook iets op. Zij – want de koper is vaak een vrouw – wordt in haar dorp een wandelende telefooncentrale. Door de andere dorpelingen te laten betalen voor telefoongesprekken, kan ze niet alleen de lening aflossen maar ook haar brood verdienen. Bijkomend voordeel is dat het dorp niet meer geïsoleerd is van de rest van wereld. Als mensen een dokter nodig hebben of werk willen zoeken, pakken ze gewoon de telefoon in plaats van kilometers te lopen.

De mobiele telefoon blijkt op die manier een verrassend effectief middel tegen armoede. De oprichter van GrameenPhone, de Bengaal Iqbal Quadir, kwam op het idee toen hij als investeringsadviseur in de Verenigde Staten werkte. Toen op een dag het computernetwerk op zijn kantoor uitviel, realiseerde hij zich hoe essentieel communicatie eigenlijk is. Hij dacht terug aan het moment dat hij als dertienjarige jongen in Bangladesh naar de stad moest lopen om daar medicijnen te halen. Eenmaal aangekomen bleek de voorraad op. Met één telefoontje had hij zich al die moeite kunnen besparen. En in het arme Bangladesh betekent een dag lopen een dag geen werk, en een dag geen werk is een dag geen geld. Dan maakt een simpele telefoon een wereld van verschil. Quadir stapte met zijn idee naar de Grameenbank, de bedenker van het 'microkrediet' voor de arme bevolking; het krediet is sindsdien een cruciaal onderdeel van het telecombedrijf.

Niels Juist

Design Can Change the World

For someone who hardly has enough money to buy food, what use is a luxury product such as a mobile telephone? Or high-tech LED lighting? None whatsoever, of course. At least that is what everyone thought for a long time. But the business world has discovered the four billion poorest people in the world as potential consumers. And not just small, socially-aware organizations; multinationals such as Philips and Unilever are also thinking up products to make these people's lives more pleasant and to break the vicious circle of poverty. It is not charity. There is a great deal of money to be made from what is called 'the bottom of the economic pyramid', the 'Base of the Pyramid' or just the 'BoP'. Providing you design the right products. For the development of such products, you need suitable designers. Designers who are prepared to really immerse themselves in the requirements of the poorest consumers in the world.

It is a success story: telephone company Grameenphone makes tens of millions of euros profit every year, selling mobile telephones to the poverty-stricken population of rural Bangladesh. Potential customers can take out a small loan to buy the telephone. However, the company is not fleecing poor Bengali's this way. On the contrary. The telephone also provide's the owner with a return. She – because the buyer is often a woman – becomes a walking telephone exchange in her village. By letting the other villagers pay for phone calls, she can not only pay off her loan but also earn a living. There is an additional advantage; the village is no longer so isolated from the rest of the world. If people need a doctor or are looking for work, they can simply use the telephone instead of walking for miles.

In this way, the mobile telephone turns out to be a surprisingly effective means to combat poverty. The founder of Grameenphone, the Bengali Iqbal Quadir, came up with the idea when he worked as an investment adviser in the USA. When the computer network in his office broke down one day, he realized just how essential communication is. He thought back to the time that he had to walk to the city to

Base of the pyramid

GrameenPhone is een typisch voorbeeld van een succesvol product voor de allerarmsten in deze wereld. Lange tijd was het idee dat het alleen zin had om producten te ontwikkelen voor een kleine bovenlaag; die had immers geld te besteden. Maar de Amerikaanse econoom C.K. Prahalad bracht daar verandering in. Zijn boek *The Fortune at the Bottom of the Pyramid* uit 2005 zette de vier miljard armste wereldburgers als potentiële markt op de kaart. De theorie die hij samen met zijn collega Stuart Hart ontwikkelde, is eigenlijk het gevolg van een uit de hand gelopen kerstgedachte. Prahalad vroeg zich in een kerstvakantie af hoe het toch mogelijk was dat we ondanks al onze kapitaalkracht, kennis en technologie geen oplossing hebben voor de schrijnende armoede in de wereld. Hij stelde zich ten doel een vorm van kapitalisme te bedenken waar iedereen van meeprofiteert in plaats van alleen een kleine bovenlaag. Zijn oplossing was simpel: behandel arme bevolkinggroepen niet als slachtoffers maar als potentiële consumenten en in een aantal gevallen als ondernemers. Prahalad riep de multinationals op om betaalbare producten te ontwikkelen voor degenen die aan de onderkant van de economische ladder staan. Want hoewel zij individueel weinig te besteden hebben, zijn ze met zo veel dat ze als groep een enorme commerciële waarde vertegenwoordigen. Mits je bereid bent te investeren én je te verdiepen in hun leefpatroon. Prahalad betoogt dat de producten niet alleen maar de levens van de armste consumenten veraangenamen, maar dat ze tevens als vliegwiel kunnen dienen voor de lokale economie.

1 Woodstove, ontwerp Leonie Ideler (TU Delft) voor Philips

Telefoons voor Afrika

Het inzicht van Prahalad heeft zich verspreid en de Amerikaanse hoogleraar heeft inmiddels heel wat discipelen. Ook de Nederlandse multinationals zijn de markt aan de basis van de economische piramide aan het verkennen. Sommige bedrijven zagen de potentie al eerder. De relatief kleine telecomaanbieder Celtel, die zijn basis heeft in Hoofddorp, liep voor de muziek uit door zich in 1998 al volledig op Afrika te richten. De onderneming – die werd opgezet door de van oorsprong Soedanese ingenieur Mo Ibrahim – deed op een heel continent wat GrameenPhone in Bangladesh deed. Op dit moment heeft het bedrijf 16 miljoen klanten verspreid over dertig landen in Afrika, waaronder Sierra Leone, Burkina Faso en Soedan. Toen Ibrahim met zijn avontuur begon, was geen enkel groot telecombedrijf geïnteresseerd in Afrika. Het continent werd vooral geassocieerd met honger, ziekten, oorlogen en corruptie. Bovendien leek er nauwelijks geld te verdienen, want de totale economie van alle Afrikaanse landen is ongeveer even groot als die van België en Nederland samen. 'Alleen kloppen de officiële cijfers niet,' zegt Martin de Koning van Celtel, 'want 90 procent van de economie in Afrika is informeel. In een stad als Kinshasa wonen 14 miljoen mensen. Daarvan hebben er twaalfduizend een bankrekening.'

Celtel begon met het verkopen van prepaid kaarten. Eerst van 10 dollar, toen van 5 dollar en inmiddels van 50 dollarcent. De Koning: 'De gemiddelde Afrikaan kijkt per dag wat hij in zijn borstzakje heeft en beslist dan of hij van dat geld een sigaret koopt, een biertje drinkt of zijn familie belt.' Het beltegoed is in veel landen zo ingeburgerd dat mensen het ook gebruiken als betaalmiddel. Zo maken jongeren die in de stad wonen beltegoed over naar de mobiel van hun moeder op het platteland, die daar op haar beurt weer haar boodschappen mee kan betalen. Ook kleine zelfstandigen, zoals vissers en boeren, hebben een groot voordeel van een telefoon. Zij hoeven niet meer te worden afgescheept met een fooitje van een tussenhandelaar die hun producten met veel winst verkoopt. In plaats daarvan bellen ze direct met hun afnemers om de beste prijs te krijgen.

De lokale bevolking profiteert op deze manier net zoveel van prepaid kaarten, als het bedrijf zelf. 'Wij hebben zevenduizend mensen op de loonlijst staan, van wie de meeste uit de landen zelf komen,' zegt De Koning, 'maar het aantal

1 Woodstove, design Leonie Ideler (TU Delft) for Philips

collect medicine, as a 13-year-old boy in Bangladesh. When he arrived, the medicine turned out to be out of stock. With a single telephone call, he could have saved himself all that effort. And in poverty-stricken Bangladesh, a day's walk means a day without work, and a day without work is a day without money. In that case, a simple telephone makes a world of difference. Quadir took his idea to the Grameen Bank, where the idea had originated to launch 'micro-credit' for the poor population. Since then, credit has been a crucial component of the telecom company.

Base of the Pyramid

GrameenPhone is a typical example of a successful product for the poorest people on earth. For a long time, the idea prevailed that it was only useful to develop products for a small 'top layer'; after all, they had money to spend. But American economist C.K. Prahalad changed this way of thinking. His book **The** *Fortune at the Bottom of the Pyramid*, published in 2005, put the four billion poorest world citizens on the map as a potential market. The theory which he developed, together with his colleague Stuart Hart, is actually the consequence of a Christmas idea that got out of hand. Prahalad wondered during a Christmas holiday how it was possible that we do not have a solution for the grinding poverty in the world, in spite of our capital wealth, knowledge and technology. He set himself the goal of devising a form of capitalism whereby everyone benefits instead of just a small top layer. His solution was simple: stop treating poor sections of the population as victims, and start treating them as potential customers and in a number of cases as entrepreneurs. Prahalad called on the multinationals to develop affordable products for the people at the bottom of the economic ladder. Because although they do not have much to spend as individuals, they are so plentiful that as a group they represent an enormous commercial value. Providing you are prepared to invest and also thoroughly investigate their way of living. Prahalad argues that the products not only make the lives of the poorest consumers more pleasant, but can also act as driving wheel for the local economy.

Telephones for Africa

Prahalad's insight has spread and, by now, the American professor has many followers. Dutch multinationals are also exploring the market at the base of the economic pyramid. Some companies were already aware of the potential. The relatively small telecom provider Celtel, based in Hoofddorp, was ahead of the game when it targeted all its efforts on Africa as early as 1998. The company – founded by engineer Mo Ibrahim, of Sudanese origin – did on a whole continent what GrameenPhone did in Bangladesh. These days, the company has 16 million customers spread accross 30 African countries, including Sierra Leone, Burkina Faso and Sudan. When Ibrahim began his adventure, not a single large telecom company was interested in Africa. The continent was chiefly associated with hunger, disease, wars and corruption. Furthermore, it seemed as if there was hardly any money to be earned, because the total economy of all the African countries together is about as large as the combined economies of Belgium and the Netherlands. 'But the thing is, the official figures are not correct,' says Martin de Koning of Celtel. 'Because in Africa, 90 per cent of the economy is informal. A city like Kinshasa has 14 million inhabitants. But only about 12 thousand of them have a bank account.'

Celtel began selling prepaid telephone cards. First for 10 dollars, then five dollars and these days 50 dollar cents. De Koning: 'The average African looks at what he has in his breast pocket each day and then decides whether to spend that money on a cigarette, a beer or a phone call to his family.' Phone credit is so well-established in many countries that people also use it as a method of payment. Young people living in the city transfer phone credit to their mother's mobile in the countryside, and in turn she can use it locally to pay for her shopping. For self-employed people, such as fishermen and farmers, having a tele-

banen dat we creëren door onze aanwezigheid is tien keer zo groot. Zo staan er op elke straathoek handelaren die onze prepaid kaarten verkopen.'

BoP-design

Een van de obstakels is de prijs van de mobiele telefoon. Een nieuwe telefoon kun je kopen vanaf 40 dollar en dat is voor de gemiddelde Afrikaan niet te betalen. Daarom is er op de zwarte markt een levendige handel in tweedehandstoestellen – al dan niet gestolen – die vanuit rijkere landen als Dubai in grote ladingen het continent binnen worden gesmokkeld.

De Koning: 'Het probleem is dat fabrikanten zich richten op de top van de markt en hun toestellen uitrusten met allerlei gadgets als fotocamera's en mp3-spelers. Terwijl er in Afrika juist behoefte is aan simpele, goedkope telefoons.'

Het succesverhaal van Celtel maakt één ding duidelijk: producten voor de allerarmsten hebben alleen kans van slagen als ze aansluiten bij de economische, sociale en culturele structuur van hun gemeenschap. Dat is ook altijd de boodschap van Prahalad geweest: alléén als je je verdiept in de levens van de gebruikers, kun je producten bedenken die het verschil maken. Die boodschap is pas recent doorgedrongen. Tot voor kort werd Prahalads theorie door politici en ondernemers vooral opgevat als een nieuwe vorm van ontwikkelingshulp. Niet voor niets ontving Muhammad Yunus in 2006 voor zijn microkrediet de Nobelprijs voor de vrede. Zijn werk werd vooral gezien als armoedebestrijding. Dat is maar voor een deel waar. Ondernemers als Yunus willen ook winst maken. En dat kan alleen maar wanneer je met een goed product komt. En dat is moeilijker dan het lijkt. Ook ontwerpers en productontwikkelaars zijn daar inmiddels achter. De laatste jaren ontdekken ze dat hun gevestigde marketinginzichten in de voormalige derde wereld weinig waard zijn. De zoektocht van Philips naar vaste grond onder de voeten op de bodem van de wereldmarkt is exemplarisch. Het bedrijf heeft al jaren nauwe banden met Prahalad en testte meerdere producten voor de markt onder aan de piramide. Zo ontwikkelde het een paar jaar geleden in samenwerking met chemieconcern DSM een waterzuiveringsketel, die in een paar minuten uit vuil rivierwater 12 liter drinkwater kan maken. De ketel wordt in India met de hand gemaakt en kost nog geen 10 dollar. Aanvankelijk was het plan om een goedkopere plastic versie op de markt te brengen, maar die bleken de Indiase huisvrouwen niet te willen kopen. Ze hielden veel meer van de metalen ketel. Die was weliswaar duurder maar paste beter in hun keuken, waar alle potten en pannen glimmen en blinken. Bekender dan de waterzuiveraar is ongetwijfeld de Woodstove, een kooktoestel dat met relatief weinig hout langer blijft branden. Bovendien komen er bij deze houtoven geen giftige gassen vrij. 'Er komen per jaar anderhalf miljoen mensen om het leven door rookvergiftiging, doordat in ontwikkelingslanden vaak een houtoven in huis wordt gebruikt. Deze oven biedt een schoon alternatief', aldus Henk de Bruin van de afdeling Duurzaamheid bij Philips. Overigens bleek ook bij dit product dat consumenten niet altijd iets kopen om de reden die je zou verwachten. 'We dachten dat mensen het wel belangrijk zouden vinden dat het toestel geen gevaar oplevert voor de gezondheid, maar ze vonden het veel interessanter dat het maar vijf keer zo weinig hout verbruikte.'

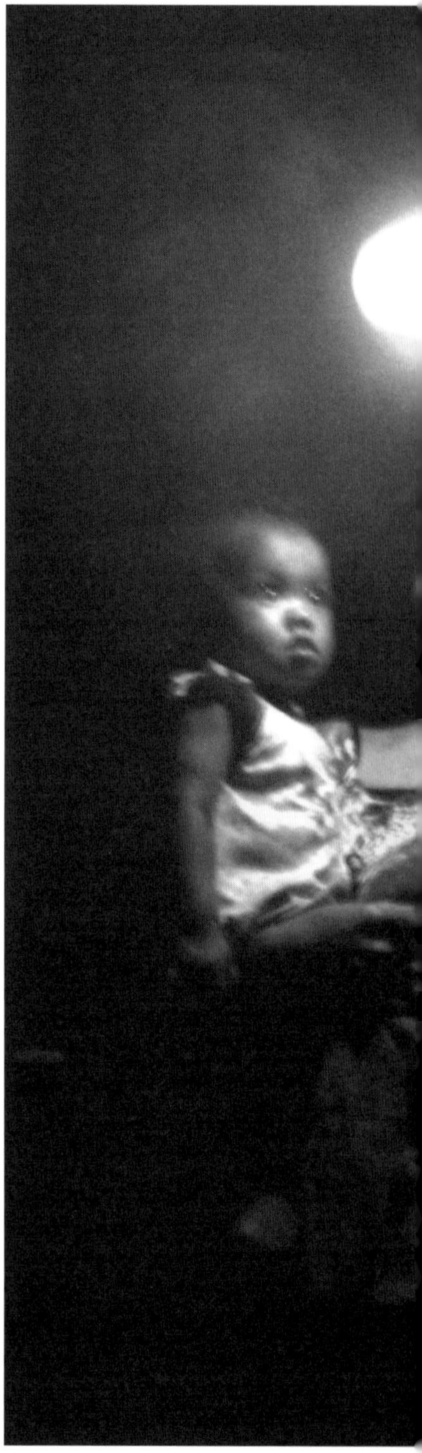

TU Delft en BoP

Onderzoekers aan de Technische Universiteit Delft zijn al enkele jaren geïnteresseerd in producten voor de 4 miljard armsten op de aardbol. Professor Prabhu Kandachar en zijn studenten van de faculteit Industrieel Ontwerpen zijn op dit moment betrokken bij een dertigtal projecten over de hele wereld. Wat drijft bedrijven om te investeren in de straatarme bevolking in ontwikkelingslanden? Willen ze werkelijk de wereld verbeteren? Of ruiken ze slechts geld? 'Allebei,' zegt Kandachar resoluut. 'Aan de ene kant voelen multinationals dat ze hun maatschappelijke verantwoordelijkheid moeten nemen. Bovendien accepteren aandeelhouders en de publieke opinie het niet meer als een bedrijf

2 Solar light in Cambodia

phone is a big advantage. They no longer have to be fobbed off with a pittance from a middleman who sells their products at a large profit. Instead, they phone their buyers directly to get the best price.

So the local population benefits just as much from prepaid phone cards as the company itself. 'We have 7,000 salaried employees, and most of them come from the country in question,' says Martin de Koning, 'but the number of jobs created by our presence is ten times that number. There are traders on every street corner selling our prepaid cards.'

BoP-Design

One of the obstacles is the price of the mobile telephone itself. A new phone costs upwards of 40 dollars and that is out of reach for the average African. As a result, there is a lively trade in second-hand phones on the black market – stolen or otherwise – which are smuggled onto the continent in large shipments from richer countries such as Dubai. 'The problem is that manufacturers target the top end of the market and equip their phones with all sorts of gadgets such as cameras and mp3-players. While in Africa, the demand is for simple, cheap telephones,' says Martin de Koning.

Celtel's success story makes one thing clear, at least: products for the poorest people have no chance of succeeding, unless they fit in with the economic, social and cultural structure of their community. That, too, has always been Prahalad's message: only if you immerse yourself in the lives of the users can you devise products which make a difference. That message has only recently got through. Before, Prahalad's theory was mainly interpreted by politicians and entrepreneurs as a new type of development aid. It is not without reason that Muhammad Yunus received the Nobel Peace Prize in 2006 for his micro-credit initiative. His work was chiefly seen as an element in the fight against poverty. But that is only partly true. Entrepreneurs such as Yunus also want to make a profit. And that is only possible when you have a good product. Which is more difficult than it seems. Designers and product developers have also come to realized this. In the last few years, they have discovered that their established marketing insights are not worth much in the former third world. Philips' search for firm ground under their feet on the bottom of the world market is exemplary. For years, the company has had strong ties with Prahalad, and has conducted trials of several products for the market at the base of the pyramid. In collaboration with chemical concern DSM, they developed a water-purifying kettle a few years ago, which can convert dirty river water into 12 litres of drinking water in a few minutes. The kettle is made by hand in India and costs less than 10 dollars. To begin with, the intention was to bring a cheaper plastic version onto the market, but it turned out that Indian housewives were not interested in buying it. They greatly preferred the metal kettle. It was of course more expensive, but it fit in better with their kitchen, with all its gleaming pots and pans. Better-known than the water purifier is undoubtedly the Woodstove, a cooking stove which keeps burning longer with a relatively small amount of wood. Furthermore, this woodstove does not release any toxic fumes. 'Every year, a million and a half people lose their lives due to toxic emissions, because in developing countries a wood-burning stove is often used inside the house. This stove offers a clean alternative,' says Henk de Bruin from the Sustainability Department at Philips. For that matter, it turned out with this product as well, that consumers do not always buy something for the reasons you would expect. 'We thought that people would find it important that the cooker is not a health hazard,' says De Bruin, 'but they were much more interested in the fact that it only uses a fifth of the wood.'

Delft University of Technology and BoP

For several years now, researchers at Delft University of Technology (TU Delft) have been interested in products for the four billion poorest people on earth.

in een land als Bangladesh zit zonder iets te doen aan de extreme armoede daar. Aan de andere kant is er ook de pure noodzaak om nieuwe markten aan te boren. Want de westerse markt begint zo langzamerhand verzadigd te raken. De groei zit in de arme landen. Daarnaast is er nog iets anders aan de hand: de economische verhoudingen in de wereld zijn heel snel aan het veranderen. Willen westerse bedrijven de boot niet missen, dan moeten ze wel investeren in ontwikkelingslanden. Als ze dat niet doen, worden ze binnen nu en een aantal jaar uit de markt geconcurreerd door ondernemingen uit die landen zelf. Dat idee is nog niet overal doorgedrongen. De algemene perceptie is nog altijd dat wij hier in het Westen producten bedenken en die vanwege de lage arbeidskosten in ontwikkelingslanden laten produceren. Dat is een verkeerde aanname. Opkomende landen ontwikkelen ook zelf producten die ze hier in de markt komen zetten. Dat gebeurt nu al. De auto van het jaar in 2003 was niet van Mercedes of BMW maar van Mahindra uit India. Ook China begint met de export van auto's.'

Design en service

De meeste ontwerpers in het Westen zitten vast aan een beproefde ontwerpmethode. Bedrijven koppelen hun eigen knowhow en ingehuurde kennis aan een bestaand productassortiment en beproefd consumentenonderzoek. Ze vergeten dat ze te maken hebben met een specifieke markt die zijn eigen eisen stelt. Om succesvol te zijn moeten ze de gebaande paden verlaten. Het consumentenonderzoek moet drastisch worden aangepast.

Een goed voorbeeld is het experiment dat Philips Medical Systems uitvoerde met een mobiel ziekenhuis in India. Het bedrijf werd daarbij geholpen door studenten van de TU Delft. Het project draait om een bestelbusje dat langs de dorpen rijdt om inwoners te testen op keelkanker, een veelvoorkomende ziekte doordat plattelandbewoners veel pruimtabak gebruiken. Kandachar heeft studenten beschikbaar gesteld om een handzaam apparaat te maken dat de kanker in een vroegtijdig stadium kan vaststellen. Het is zo gemaakt dat het door analfabeten bediend kan worden. Het geeft met een rood, oranje of groen licht aan of iemand kanker heeft of niet, dan wel een twijfelgeval is. De echte medische informatie wordt via een satellietschotel vanuit het busje doorgestuurd naar het ziekenhuis. Het welslagen van het product ligt vooral in het begrip van de werking van de plaatselijke inzichten, kennis en gebruiken. Het is meer het ontwerpen van een service of systeem dan van een product alleen. Industrieel ontwerper Marion de Groot ontwikkelde tijdens haar afstuderen aan de TU Delft een computerprogramma dat plattelandsdokters helpt om een diagnose te stellen. 'De dorpsdokters genieten een groot vertrouwen onder de bevolking, maar hebben nauwelijks medische kennis', legt Marion uit. 'Het programma maakt contact met een ziekenhuis dat hen bijstaat tijdens een consult. De vragen en antwoorden komen in een database, die de dokter bij een volgende weer kan raadplegen. Omdat ze nooit met computers hebben gewerkt, hebben we er eentje gemaakt die je kunt aansluiten op de televisie en bedienen met een afstandsbediening. Daarmee kunnen ze wel uit de voeten.'

Design en antropologie

Een ander voorbeeld van een doordacht product voor de onderkant van de markt is de MoonLight: goedkope verlichting voor arme Cambodjanen. Het product werd onderscheiden met de prestigieuze Feel the Planet Earth-prijs. De MoonLight werd ontwikkeld door vier Delftse TU-studenten voor het Cambodjaanse bedrijf Kamworks. Het bedrijf is een samenwerkingsverband tussen de ontwikkelingshulporganisatie Pico Sol en de Khmer Foundation for Justice, Peace and Development. De MoonLight moet de veelvoorkomende maar levensgevaarlijke kerosinebranders in Cambodja vervangen. Omdat maar liefst 94 procent van de Cambodjanen niet over elektriciteit beschikt, waren deze branders voor de verlichting onontbeerlijk. De MoonLight heeft als groot voordeel dat hij niet vervuilend of brandgevaarlijk is. De lamp werkt op zonne-ener-

3 Verschillende ontwerpen worden met de plaatselijke bevolking getest

4 Moonlight solar verlichting, Kamworks i.s.m. TU Delft

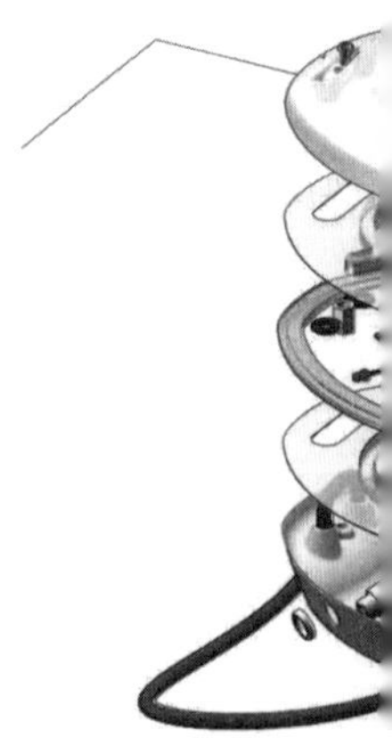

3 Various designs are tested with the help of the local population.

4 Moonlight solar light, Kamworks with TU Delft

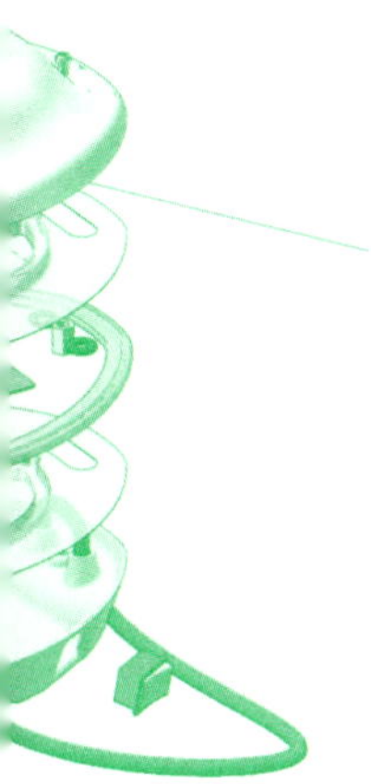

Professor Prabhu Kandachar and his students at the Faculty of Industrial Design are involved at the moment with around 30 projects worldwide. What drives companies to invest in the poor populations in developing countries? Do they really want to make the world a better place? Or do they just smell money? 'Both,' says Prabhu Kandachar frankly. 'On the one hand, multinationals feel that they must take their social responsibility. In addition, shareholders and public opinion no longer accept it if a company operates in a country like Bangladesh without doing something about the extreme poverty there. On the other hand, tapping new markets is pure necessity. Because the market in the West is gradually beginning to get saturated. Growth can be found in the poorer countries. But there is something else going on: economic relations in the world are changing very fast indeed. If Western companies do not want to miss the boat, they will need to invest in developing countries. If they do not, between now and a few years time they will be undercut by companies within those countries. That idea has not yet penetrated everywhere. It is still the general perception that we think up the products here in the West and that we let production take place in developing countries, due to the low cost of labour. That assumption is not correct. Upcoming countries also develop products themselves which they bring to market here. That is happening already. Car of the Year in 2003 was not a Mercedes or BMW but a Mahindra from India. China is also beginning to export cars.'

Design and Service

Most designers in the West are stuck with an established design method. Companies couple their own know-how and hired-in expertise to an existing range of products and tried-and-tested consumer research. They forget that they are dealing with a specific market with its own requirements. In order to be successful, they need to leave the beaten track. Consumer research needs to be drastically altered.

A good example is the experiment which Philips Medical Systems carried out with a mobile hospital in India. The company received assistance from students at the TU Delft. The project involved a van which travels to villages to test inhabitants for throat cancer, a common disease because rural inhabitants use a lot of chewing tobacco. Kandachar made students available to make a practical device which can diagnose the cancer at an early stage. It has been made in such a way that it can be operated by illiterate people. The device uses a red, orange or green light to indicate whether someone has cancer or not, or if the case is doubtful. The real medical information is forwarded to the hospital via a satellite dish on the van. The success of the product lies mainly in the grasp of how local insights, knowledge and customs work. It is more the design of a service or system that just a product. Industrial designer Marion de Groot developed a computer program during her final study project at the TU, which helps rural doctors make a diagnosis. 'Village doctors enjoy a great position of trust in the community, but they have very little medical knowledge,' explains Marion. 'The software makes contact with a hospital which provides assistance during a consultation. The questions and answers are added to a database which the doctor can consult in the future. Because they have never worked with computers before, we have made one which can be connected to the television and operated with a remote control. They can manage that fine.'

Design and Anthropology

Another example of a well thought-out product for the bottom of the market is the MoonLight; cheap lighting for poor Cambodians. The product was awarded the prestigious 'Feel the Planet Earth' prize. The MoonLight was developed by four students at the TU Delft for the Cambodian company Kamworks. The company is a collaboration between the development aid organization Pico Sol and the Khmer Foundation for Justice, Peace and Development. The MoonLight is designed to replace the frequently-used but highly dangerous kerosene

gie. Daarbij geeft hij twee keer zoveel licht als een kerosinebrander.

De Delftse studenten hebben de lamp ontworpen in nauwe samenwerking met potentiële gebruikers. Vraaggesprekken en observaties vormden de basis voor wat nog het beste als **participating design** omschreven kan worden. De diepgaande, drie maanden durende onderzoeken in Cambodja hebben geleid tot vier varianten van de lamp. Daarvan is uiteindelijk één model doorontwikkeld. Voor testen is een serie van twintig lampen gemaakt. Naar verwachting komt de lamp dit najaar op de markt. De lampen zullen worden verkocht door kleine ondernemers in een mobiele kiosk.

De MoonLight, de Woodstove en andere succesvolle producten voor de onderkant van de markt hebben één ding gemeen: ze zijn het gevolg van specifiek marktonderzoek. De geijkte onderzoeksmethoden zijn ontoereikend om de wensen van deze nieuwe consumenten te begrijpen. Producten hebben alleen succes als ze zijn afgestemd op hun specifieke sociale, economische en culturele waarden. Ook de ontwikkelingsafdelingen van enkele grote bedrijven beseffen dat. Een voorbeeld van zo'n bedrijf is het wereldwijd opererende GE Healthcare, dat voor de komende zes jaar een Research & Development-budget van 3 miljard heeft toegekend aan de ontwikkeling van producten voor landen als Brazilië, India en Indonesië. Ook chipfabrikant Intel raakte onder de indruk van grassroots-onderzoek naar de wensen van de arme bevolking in China en India op het gebied van moderne technologie. Het bedrijf verkoopt sindsdien adequate, goedkope machines in opkomende markten. Deze aanpak vraagt om een nieuw soort ontwerpers. Aan de basis van dergelijke producten staan meestal niet de briljante technici met hun natuurlijke voorkeur voor state-of-the-arttechnologie. Het zijn veeleer de ontwerpteams met antropologische inzichten die succesvolle producten kunnen ontwerpen.

Anders dan de producten die in de jaren zeventig en tachtig voor de ontwikkelingshulp werden ontwikkeld, figureren de nieuwe producten binnen een kapitalistisch verdienmodel. Wat toen voor onmogelijk werd gehouden en zelfs als onwenselijk werd beschouwd, lijkt nu kansen te bieden op een duurzame verbetering van de leefomstandigheden van de allerarmsten.

burners in Cambodia. Because a staggering 94 per cent of the Cambodian population has no electricity, these burners are essential for providing light. The MoonLight's great advantage is that it is not polluting or a fire hazard. The lamp works on solar energy. It also gives twice as much light as a kerosene burner.

The TU Delft students designed the lamp in close collaboration with potential users. Interviews and observations created the basis for what can best be described as 'participating design'. The results of the in-depth, three-month research period in Cambodia led to four variants of the lamp. Of these variants, a single model was ultimately developed further. For the trials, a series of 20 lamps was made. The lamp is expected to be on the market this autumn. The lamps will be sold by small entrepreneurs from a mobile kiosk.

The MoonLight, the Woodstove and other successful products for the bottom of the market all have one thing in common: they are the result of specific market research. Traditional methods of research are inadequate when it comes to understanding the requirements of these new consumers. Products can be successful only if they are tuned to the specific social, economic and cultural values of these people. The development departments of a few large companies have realized that, too. An example of such a company is globally-active GE Healthcare, which has assigned a research & development budget of three billion for the next six years to develop products for countries such as Brazil, India and Indonesia. Chip manufacturer Intel was also impressed by 'grass roots' research into the requirements of poor people in China and India in the field of modern technology. Since then, the company has been selling effective, cheap machines in upcoming markets. This approach calls for a new type of designer. For the most part, it is not the brilliant technicians with their natural preference for 'state-of-the-art' technology who are at the basis of products like this. It is much more likely to be the design teams with anthropological insights that are capable of developing successful products.

Unlike the products developed in the 1960s and 1970s for foreign aid, the new products act within a capitalist earning model. What was seen then as impossible and even undesirable seems now to offer opportunities for a sustainable improvement in the living conditions of the poorest people on earth.

me studio – Suikerdepôt

De drie oprichters van de kleine filmproductiemaatschappij Suikerdepôt lijken het zich gemakkelijk te hebben gemaakt toen ze een naam zochten voor hun in 2008 opgerichte bedrijf. Die stond namelijk al op het pand aan de Amsterdamse Prinsengracht waarin ze gehuisvest zijn: ooit was daar het Suikerdepôt Hollandia gevestigd. Voor grafisch ontwerper Martin Pyper was dit aanleiding om ook in de huisstijl iets te doen met suiker. Hij stelde een font samen van suikerklontjes die hij op stukjes roze krantenpapier legde en dan fotografeerde. Daar zit geen diepere gedachte achter, meldt de ontwerper. Het pakte esthetisch goed uit. Met het font kunnen de communicatie-uitingen worden gemaakt voor het Suikerdepôt en de hieraan gelieerde kunstgalerie. De low-budget-huisstijl toont aan dat veel geld niet per se een vereiste is om tot iets origineels te komen. MV

me studio – Sugar Depot

The three founders of the small film production company Suikerdepôt (Sugar Depot) seem to have made life easy for themselves when they were looking for a name for their company, founded in 2008. As it happens, the name was already present on the building on the Prinsengracht in Amsterdam, where they are located. It was once the location of the Suikerdepôt Hollandia. For graphic designer Martin Pyper, this was a reason to do something with sugar in their visual identity. He composed a font made of sugar cubes which he placed on pink newspaper and then photographed.

There are no deeper thoughts hidden here, according to the designer. It worked well aesthetically. Using the font, company communications can be made for Suikerdepôt and its associated art gallery. The low budget corporate identity demonstrates that an expensive solution is not always necessary to create something original. **MV**

Communicatie / Communication

Ontwerper/Designer
me studio, Martin Pyper

Opdrachtgever/Client
Suikerdepôt

Website
www.mestudio.info

Vorige / Last
<< P 182

Volgende / Next
P 198 >>

Foodprint. Voedsel voor de stad

'Kan een varkensboerderij ook in de stad staan?' Met het stellen van deze vraag begon het programma Foodprint. Hij lokte weer nieuwe vragen uit, zoals: waarom zou je een varkensboerderij in de stad willen, mag dat wel gezien de strenge regelgeving, stoot je daarmee niet de grote islamitische en joodse gemeenschap voor het hoofd, hoeveel varkens zijn er eigenlijk nodig om Den Haag te voeden, hoe ziet een stadsvarkensboerderij eruit en waar moet die staan? Achter de op het oog zo simpele vraag ging een woud van wensbeelden, vooroordelen, misverstanden en culturele opvattingen schuil.

Voedsel bleek ineens veel meer dan een vanzelfsprekend onderdeel van ons leven. Voor Stroom Den Haag was dat aanleiding om een tweejarig programma samen te stellen rond de vraag hoe voedsel en voedselproductie de vorm en het functioneren van de hedendaagse stad (in casu Den Haag) bepalen. In de eerste fase van Foodprint (2009) ontwikkelen kunstenaars en ontwerpers een aantal concrete projecten en meer utopische visies. Enkele voorbeelden: kunstenaar Debra Solomon legt voor de Schilderswijk een geweldig netwerk bloot dat ontstaat als je moestuinen, gezondheidscentra, openbare ruimte, kinderopvang, horeca en handel met elkaar verbindt. Ontwerper Christien Meindertsma ontdekte dat veel mensen een nostalgisch wensbeeld hebben van wat een boerderij is en maakt daarom een serie realistische kleurboeken over het hedendaagse boerenbedrijf. Joep van Lieshout voert in zijn kunstwerk *Foodmaster* de rationele en technocratische moderne voedselproductie nog een stap verder door de mens onderdeel van de productieketen te maken met een slachtlijn voor mensenvlees.

Samen met een symposium over *urban farming*, een tentoonstelling over de rol van voedsel in diverse waardesystemen (economisch, religieus, ethisch of politiek) en een culinair-planologische stadsgids vormen ze een aanzet in het denken over de waarde van voedsel en de invloed ervan op 'de stad'.

Foodprint. Food for the City

Can you have a pig farm in the city? Raising that question actually marked the start of the Foodprint programme. It elicited other questions, such as: Why should you want a pig farm in the city? Do the strict regulations allow it? Wouldn't it be offensive to the large Muslim and Jewish community? What does an urban pig farm look like, and where should it be located? A plethora of utopias, prejudices, misunderstandings and cultural opinions are implied in what looks like such a simple question.

Food suddenly turned out to be much more than an aspect of our life that we take for granted. That led Stroom Den Haag to draw up a two-year programme focused on the question of how food and food production determine the form and function of the contemporary city (in this case, The Hague). In the first stage of Foodprint (2009), artists and designers develop a number of specific projects and more utopian visions. A few examples: the artist Debra Solomon exposes a fantastic network for the Schilderswijk district that is created if you connect vegetable gardens, health centres, the public domain, childcare facilities, catering and retail with one another. Designer Christien Meindertsma discovered that many people have a nostalgic ideal picture of what a farm is, so she made a series of realistic books in colour on farming today. Artist Joep van Lieshout's *Foodmaster* takes rational, technocratic modern food production a stage further by making people a part of the production cycle with a butcher's line in human meat.

Together with a symposium on urban farming, an exhibition on the role of food in different value systems (economic, religious, ethical or political) and a culinary guide to The Hague, these activities stimulate thinking about the value of food and the influence it has on the city.

Evenement en debat / Events and Debate

Website
www.foodprint.stroom.nl

1

1 / Atelier van Lieshout, Foodmaster, 2009
foto/photo Eveline Van Egdom
courtesy Stroom Den Haag

Vorige / Last
<< P 135, 136

Proud Design – The Fruit Lab

Producenten van frisdranken doen er alles aan om hun producten altijd hetzelfde te laten smaken, want een minimale verandering kan al tot een kopersstaking leiden. Producent Fruity King heeft dit principe overboord gezet. In zijn product The Fruit Lab blijft het fruit het fruit en wordt op de verpakking met cijfers aangegeven hoe zoet, zuur of bitter een bepaald vruchtensap of smoothie is. Op de website van The Fruit Lab wordt het principe van de codering uitgelegd en voor de horeca is een kaart met uitleg gemaakt voor op tafel. De producent hoopt dat de consumenten op den duur weten welke codering het best bij hen past. De driecijferige codering van het smaakprofiel heeft daarom een prominente plaats op het flesje gekregen – zozeer zelfs dat er amper ruimte overblijft voor de merknaam.

Het idee om het smaakprofiel als een soort sub-*brand* op het flesje te zetten komt van het ontwerpbureau Proud Design. Dat kreeg de opdracht een andere verpakking voor The Fruit Lab te ontwerpen, omdat direct na de introductie van het product bleek dat de oorspronkelijke verpakking niet aansloeg. Het op een erlenmeyer lijkende flesje – geen ontwerp van Proud Design – werd door consumenten te afstandelijk bevonden en communiceerde onvoldoende dat het vers geperst vruchtensap betrof. De codering geeft het nieuwe flesje ook een technologische uitstraling, maar omdat het is gemaakt van transparant kunststof en de hoeken zijn afgerond, komt het verpakkingsontwerp minder afstandelijk over. De consument ziet het sap zitten en associeert dit met versheid. Volgens de producent is de verkoop fors gestegen sinds The Fruit Lab in het nieuwe flesje zit. **MV**

Proud Design – The Fruit Lab

Producers of soft drinks do everything they can to make sure their products always taste the same, because even the slightest change can lead to a buyers' boycott. Producer Fruity King has thrown this principle overboard. In its product The Fruit Lab, the fruit remains fruit and on the packaging there is an indication of how sweet, acidic or bitter a particular fruit juice or smoothie is. The coding principle is explained on The Fruit Lab website, and for the hotel and catering industry, an explanation card has been made to display on the table. The producer hopes that consumers will come to learn which coding suits then best. For that reason, the three-digit coding of the taste profile has been given a prominent place on the bottle. So prominent that there is hardly any room left for the brand name.

The idea of making a taste profile as a sort of sub-brand on the bottle came from design bureau Proud Design. The bureau was commissioned to design another packaging for The Fruit Lab, because it turned out that the original packaging did not catch on immediately after the introduction of the product. The bottle looked like a conical laboratory flask – the design was not created by Proud Design – and was seen by consumers as too aloof, and it did not sufficiently convey the message that the product contained freshly-squeezed fruit juice. The coding also gives the new bottle a technological look, but because it is made of transparent plastic and the corners are rounded, the packaging design appears much friendlier. The consumer sees the juice and associates it with freshness. According to the producer, sales have increased significantly since The Fruit Lab appeared in the new bottle. **MV**

Communicatie / Communication

Ontwerper/Designer
Proud Design, Bart de Rooy (artdirection), Arthur van Hamersveld (concept), Gordana Visser (projectmanager), Steven de Cleen (strategie)

Opdrachtgever/Client
Fruity King

Website
www.prouddesign.nl

Vorige / Last
<< P 48, 69, 104, 110, 128

Atelier René Knip – Mahler-affiches

Als een organisatie een tijdlang consequent dezelfde visuele stijl hanteert, kan ze op den duur toe met een minimum aan grafische elementen om herkend te worden. Merken als Nike of Heineken spelen met dit gegeven en kunnen in bepaalde communicatie-uitingen zelfs hun merknaam of logo weglaten in de wetenschap dat hun doelgroep de boodschap begrijpt en weet wie de afzender is.

Dit gaat ook op voor de affiches van het Mahler-programma, dat het Koninklijk Concertgebouworkest de komende jaren uitvoert, zij het dat de doelgroep van insiders beperkt blijft tot de inwoners van Amsterdam die van klassieke muziek houden. Zij zullen de afzender van de affiches in een oogopslag herkennen vanwege de typische vorm van de letters, en omdat ze vrijwel helemaal zijn samengesteld uit typografische middelen. Wie een beetje op de hoogte is van de Nederlandse grafische vormgeving ziet ook onmiddellijk dat de visuele stijl van het Concertgebouworkest van de hand is van grafisch ontwerper René Knip. Hij past in zijn huisstijlen vaak door hem zelf ontworpen letters en cijfers toe.

Cijfers spelen een bijzondere rol in de Mahler-affiches, want ze zijn op de meeste beeldbepalend. De muziekkenner weet dat ze staan voor een van de tien symfonieën van deze componist. De visuele middelen zijn op de meeste affiches tot een minimum gereduceerd; het cijfer en de kleur domineren het beeld. In plaats van de naam van het orkest is het internetadres vermeld. Op de website wordt de visuele stijl van de affiches consequent voortgezet. **MV**

Atelier René Knip – Mahler Posters

If an organization consistently uses the same visual style for a long time, they can eventually make do with a minimum number of graphic elements and still be recognized. Brands such as Nike or Heineken make use of this fact and can even leave out their brand name or logo in certain communications, safe in the knowledge that their target audience will understand the message and know who sent it.

The same is true of the posters for the Mahler programme, which the Royal Concert Hall Orchestra will be performing in the next few years. Even if the target audience of insiders is limited to the inhabitants of Amsterdam who like classical music, they will recognize the provenance of the posters at a glance, from the characteristic form of the letters, and because they are almost completely composed using typographical techniques. Anyone who knows anything about Dutch graphic design will also see immediately that the visual style used by the Royal Concert Hall Orchestra is the work of graphic designer René Knip. He often uses self-designed letters and numbers in his visual identities.

Numbers play a special role in the poster series for the Mahler programme, because they are also the most visually dominant element. The connoisseur of music knows that they represent one of the composer's ten symphonies. The visual elements are reduced to a minimum on most of the posters; the number and the colour dominate the image. Instead of mentioning the name of the orchestra, the Internet address is listed. The visual style of the posters is consistently continued on the website. **MV**

Communicatie / Communication

Ontwerper/Designer
Atelier René Knip, René Knip

Opdrachtgever/Client
Koninklijk Concertgebouw-orkest/Royal Concert Hall Orchestra

Website
www.atelierreneknip.nl

Vorige / Last
<< P 182

Talent geselecteerd voor Rado Young Designer Award

Vorig jaar was het Christien Meindertsma die de Rado Young Designer Award in ontvangst mocht nemen. In 2009 selecteerde de jury opnieuw drie talenten als finalisten voor deze aanmoedigingsprijs van de Dutch Design Awards. Onder leiding van juryvoorzitter Ton Kooymans is het portfolio van meer dan zestig jonge designers beoordeeld op aspecten als een herkenbare eigenzinnige stijl, visie en vormtaal, de mate van inspelen op de actualiteit en de breedte van het portfolio. De keuze viel uiteindelijk op Mattijs van Bergen, Atelier NL en Jelte van Abbema.

Mattijs van Bergen ontwerpt op het speelveld tussen mode en grafiek. Zijn werk heeft een herkenbare signatuur waarbij hij streeft naar authentieke, indringende vormgeving. Door zijn gebruik van materiaal, zijn conceptuele research en de elegantie van zijn ontwerpen is hij volgens de jury een designer van formaat met internationale potentie.

Het werk van Atelier NL laat zien dat onderzoek een essentieel en vruchtbaar onderdeel is van het ontwerpproces. Het project Clay Service bestaat uit serviesdelen die de vindplaats van de gebruikte klei tonen in de vormgeving, kleur en uitvoering van het eindproduct.

Jelte van Abbema ontwikkelde radicale concepten binnen de grafische vormgeving. Sterk vergelijkbaar met Atelier NL is hij daarbij geïnteresseerd in de uitdrukkingsmogelijkheden en de authenticiteit van gedrukte media. In het project Symbiose bouwt hij een posterzuil van JCDecaux met een gecontroleerd binnenmilieu. Na verloop van tijd transformeren de bacteriën en maken ze hun eigen vormen en afmetingen door over hun papieren grenzen heen te groeien. In Virtureal, een combinatie van de virtuele wereld en de realiteit, verkent Van Abbema de grenzen tussen mens en machine. Door moderne sensoren in een oude Remington-typemachine te bouwen wordt met elke aanslag emotionele communicatie vastgelegd door een computer. Een lichte aanraking van de toetsen wordt een fluistering van kleine tekens terwijl een schreeuw het hele beeld kan vullen.

Talent Selected for Rado Young Designer Award

Last year Christien Meindersma won the Rado Young Designer Award. This year the jury has once again selected three talents as finalists for this incentive prize of the Dutch Design Awards. Chaired by Ton Kooymans, the jury assessed the portfolios of more than 60 young designers in terms of such aspects as a recognizable personal style, an individual vision and form idiom, the extent to which they respond to current issues, and the breadth of the portfolio. The three selected finalists were Mattijs van Bergen, Atelier NL and Jelte van Abbema.

Mattijs van Bergen designs in the field situated between fashion and graphic design. His work has a recognizable signature in its search for an authentic, incisive design. Through his use of material, his conceptual research and the elegance of his work, he is, in the eyes of the jury, a highly talented designer with international potential.

The work of Atelier NL shows that research is an essential and productive part of the design process. The Clay Service project consists of components of a table service in which the provenance of the clay used is revealed in the design, colour and finishing of the final product.

Jelte van Abbema has developed radical concepts within graphic design. In this respect very similar to Atelier NL, he is interested in the expressive potential and authenticity of the printed media. The project Symbiose consists of a JCDecaux poster column with a controlled internal environment. In the course of time the bacteria transform and create their own forms and dimensions by spreading beyond the edges of the paper. In Virtureal, a combination of the virtual world and reality, he explores the boundaries between people and machines. By building modern sensors into an old Remington typewriter he connects emotional communication with every key stroke by means of computer. A light touch is converted into the whisper of small letters, while a shout can fill the whole screen.

1 / Atelier NL
2 / Jelte van Abbema
3 / Mattijs van Bergen
4 / Atelier NL

2

3

4

Vorige / Last
<< P 88, 193

The Stone Twins – ONLY Huisstijl

De ontwerpers van de Amsterdamse studio The Stone Twins hebben de term 'huisstijl' heel letterlijk opgevat bij het maken van de visuele identiteit van ONLY. Dit eveneens in Amsterdam gevestigde reclamebureau zit in het gebouw Kraanspoor, dat de inspiratie vormde voor de ontwerpers. Kraanspoor is een langgerekt kantoorgebouw van 270 meter, dat helemaal is omgeven door water. Het ligt op het betonnen spoorfundament waarover vroeger de hijskranen van de NDSM-werf reden.

Het staal en het glas van de constructie van het gebouw, het beton van het platform en het water zijn terug te vinden in de huisstijl van ONLY. Op de correspondentiemiddelen is de naam ONLY gedrukt met een glanzende folie. Dit levert een spiegelend effect op alsof je in het water kijkt. Maar je kunt het ook metaforisch opvatten: ONLY houdt zijn klanten een spiegel voor en dwingt hen naar zichzelf te kijken. De industriële sfeer van het gebouw komt ook tot uiting in het grijze karton van de visitekaartjes en de dossiermappen en in het grijze briefpapier.

De vorm van de letters van de naam ontleenden de ontwerpers aan de betonnen constructie van het platform waarop het gebouw ligt. Daar vonden ze namelijk de letter O. Van deze vorm hebben ze de drie andere letters afgeleid. Door de letter O een haakje te geven wordt het industriële karakter van de huisstijl op een subtiele manier gerelativeerd. De O wordt zo een tekstballon, die lijkt uit te drukken dat ONLY zich bezighoudt met communicatie. **MV**

The Stone Twins – ONLY Corporate Identity

The designers at the Amsterdam studio The Stone Twins took the term 'house style' very literally when they made the corporate identity for ONLY. This advertising agency, also located in Amsterdam, has its offices in the Kraanspoor building, which provided the inspiration for the designers. Kraanspoor is an elongated office building 270 m long, and is completely surrounded by water. It is positioned on the concrete railway foundations where the cranes at the NDSM wharf used to ride.

The steel and glass construction of the building, the concrete of the platform and the water can be picked up in ONLY's house style. On the correspondence materials, the name ONLY is printed using glossy foil. This creates a mirror effect as if you are looking into the water. But you can also interpret it metaphorically; ONLY holds up a mirror for its clients and forces them to take a look at themselves. The industrial character of the building is also expressed in the grey cardboard used for the business cards and file folders and in the grey letter paper.

The form of the letters in the name was taken by the designers from the concrete platform construction on which the building is situated. As it happens, they found the letter O there and derived the other three letters from this shape. By giving the letter O a small hook, the industrial character of the visual identity is subtly brought into perspective. In this way, the O becomes a speech balloon, which seems to express that ONLY is involved with communication. **MV**

Communicatie / Communication

Ontwerper/Designer
The Stone Twins, Declan Stone, Garech Stone

Opdrachtgever/Client
ONLY

Website
www.stonetwins.com

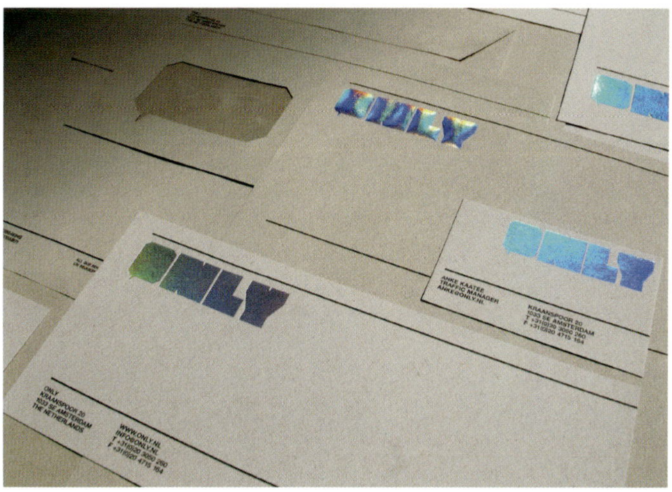

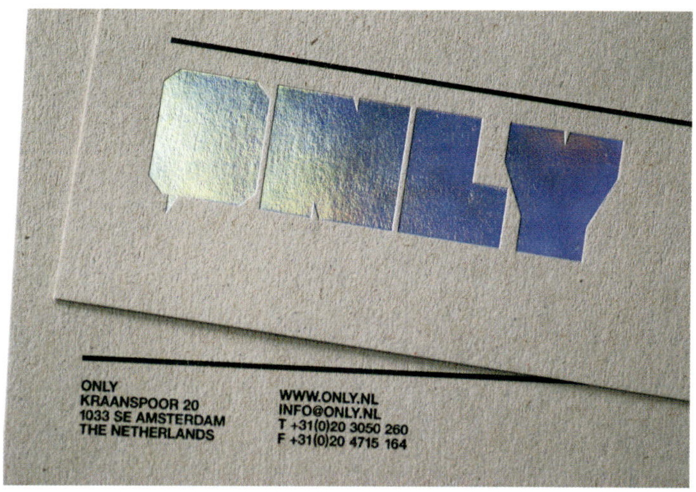

Vorige / Last
<< P 30, 44, 102

Klavers van Engelen – Herfst/Winter 09/10

Gedrapeerd om oplichtende poppen verraadt de herfst/wintercollectie van Niels Klavers en Astrid van Engelen haar visuele inspiratiebron: een filmpje olie op het wateroppervlak waarin door de breking van het licht uiteenlopende kleuren te zien zijn. Een amorf lijnenspel zigzagt over de stof, elegant gemodelleerd tot rokken, topjes en volledige japonnen. Deze worden weer gecompleteerd door jasjes, jackjes en pantalons in opvallende combinaties. Ingenieuze jurken met vouwen en plooien op ongewone plaatsen die de creaties desondanks soepel langs het lijf laten vallen. De zwarte pantalons ogen daarentegen bewust pompeus.

Als geheel heeft de uiterst draagbare collectie een vrouwelijk, sensueel karakter. Dit is mede te danken aan het gebruik van organische, bijna vloeiende en soepele stoffen als cuprojersey, crêpesatijn en zijde, in combinatie met zachte wol, kasjmier en nog luxere stoffen. Een donker kleurenspectrum van nacht- en azuurblauw, dennen- en petrolgroen en purper is afgezet tegen goud en zwart. Op deze uitzonderlijke wijze combineert Klavers van Engelen het concept met praktische bruikbaarheid, al zoekend naar nieuwe standpunten en metaforen.

Niels Klavers en Astrid van Engelen werken sinds 2000 als duo. Klavers werd in 1998 bekend door zijn jasje met meerdere mouwen. Samen met Van Engelen maakte hij surrealistische mode, zoals een overhemdskraag met de functie van armsgat of een soort sjaal van mouwen die de drager 'omhelst'. De toekenning van de eerste Dutch Fashion Award, een initiatief van de Dutch Fashion Foundation, in 2007 bracht Klavers en Van Engelen weer terug in de aandacht. **CR**

Klavers van Engelen – Fall/Winter 09/10

Draped around luminous mannequins, the Fall/ Winter collection of Niels Klavers & Astrid van Engelen betrays its source of visual inspiration: the variety of colours revealed by the play of light on a film of oil on the water's surface. Amorphously changing lines zigzag across the fabric, elegantly modelled into skirts, tops and entire dresses. They are complemented by jackets, smocks and trousers in striking combinations. Ingenious dresses with folds and pleats in unusual places that nevertheless let the creations supplely fall across the body. The black trousers, on the other hand, look deliberately pompous.

As a whole, this extremely wearable collection has a feminine, sensual look.

This is partly due to the use of organic, almost flowing and supple fabrics such as cupro jersey, crepe satin and silk, in combination with soft wool and cashmere and even more luxurious fabrics. A dark colour spectrum of midnight and azure blue, pine and petrol green, and purple is set against gold and black.

In a singular manner, Klavers van Engelen combine this concept with practical utility, continually seeking new standpoints and metaphors.

Niels Klaver and Astrid van Engelen have worked as a duo since 2000. Niels Klaver became known in 1998 for his jacket with extra sleeves. In collaboration with Van Engelen he makes surrealistic fashion, for example a shirt collar that serves as an armhole or a kind of scarf comprised of sleeves that 'hug' the wearer. Since winning the first Dutch Fashion Awards in 2007, an initiative of the Dutch Fashion Foundation, Klavers and Van Engelen have been back in the spotlight. **CR**

Product / Product

Ontwerper/Designer
Klavers van Engelen, Niels Klavers & Astrid van Engelen

Website
www.klaversvanengelen.com

Foto's/Photos
Peter Stigter

Finalisten Dutch Design Awards 2009

Finalists Dutch Design Awards 2009

Communicatieontwerp/ *Communication Design*

Internettoepassing / Internet Application
Onder Anderen / Among Others – Richard Vijgen, Thomas Kopperschlaeger
Lowlands 2009 – Fabrique Communicatie en Design
Nalden.net – Momkai

Interactieontwerp / Interaction Design
Rijkswaterstaat LEF Future Center – Richard Vijgen, Thomas Kopperschlaeger
WATT Systems Monitor – Richard Vijgen, Thomas Kopperschlaeger
Social Soundmachine – Ramon Schreuder

Motion design
Beeldverhaal 'L'enfant et les sortilèges' van Maurice Ravel / Comic strip of Maurice Ravel's 'L'enfant et les sortilèges' – Firma Rieks Swarte
The Big Bank Theory – Postma Graphics & Motion
Ich clack dich – Ewoudt Boonstra, Piet Parra

Huisstijl / Corporate Identity
11th International Architecture Biennale in Venice – Thonik
ONLY – The Stone Twins
Suikerdepôt / Sugar Depot – me studio

Verpakking / Packaging
The Fruit Lab – Proud Design
Atelier LaDurance – Stormhand
Bols Genever – ...,staat

Geïntegreerde merkcommunicatie / Integrated Brand Communication
Mister Motley – Mister Motley
Quinny by Henrik Vibskov – Press Only
La Bolleur – La Bolleur

Grafisch ontwerp / Graphic Design
ArchitectuurVijfje / Architecture Fiver – Stani Michiels
Julidans 2009 – SYB
Lees Mee-braillepostzegels / Read Together, Braille Postage Stamps – René Put
Mahler-affiches / Mahler Posters – Atelier René Knip
Every Thing Design – Irma Boom
Op basis van Bas Oudt / Based on Bas Oudt – Claudi Kessels

Illustratie / Illustration
Horizonvervuiling – Paul Faassen
Cover Wallpaper* – Ingrid Siliakus
Böhnhase – Gijs Kast

Productontwerp/ *Product Design*

Product mobiliteit / Mobility Products
Nuna Buggy – Inspirate BV
Yepp Maxi – Van der Veer Designers
Freestyler – BERG Toys

Consumentenproduct / Consumer Products
Wattcher – Innovaders
FlexVaas – ontwerplabel Vij5
Green Pan – Jan Hoekstra

Product industrieel / Industrial Products
MISCEA - touch-free multifunctionele kraan / MISCEA - Touch-Free Multifunctal Faucet – WeLL Design
Kitten Scanner – Philips Design
Slim-office – Bertjan Pot design studio

Product autonome vormgeving / Autonomous Design Products
Real Time – Studio Maarten Baas
The Weldgrown Void – Studio Libertiny
Light Blubs – Studio Pieke Bergmans

Product mode, sieraad & accessoire / Fashion, Jewellery and Accessories Products
Haunted by 36 women – Atelier Ted Noten
Together van Camper: C-shoe – Maria Blaisse
Mummification – Iris van Herpen
Klavers van Engelen Herfst Winter / Fall Winter 09/10 – Klavers van Engelen

Product wonen / Interior Design Products
Nomad – Jorre van Ast
Ventura-lamp / Ventura Lamp – Solid Lighting Rotterdam
Porseleinen tafelstukken / Porcelain Table Pieces – Aldo Bakker

Ruimtelijk ontwerp/ *3-D Design*

Privaat interieur / Private Interior
Parksite – Doepel Strijkers Architects
Paviljoen met zwembad / Pavilion with Swimming Pool – Architectenbureau Van den Heuvel
Gummo – i29

Publiek exterieur / Public Interior
Park Over-Bos – Juurlink [+] Geluk, stedenbouw en landschap
High Tech Campus – Juurlink [+] Geluk, stedenbouw en landschap
Infopaviljoen Zeche Zollverein – Observatorium

Product openbare ruimte / Product for Public Space
Moodwall – Urban Alliance
Brug over de Vlaardingse Vaart / Bridge across the Vlaardingen Canal – West 8 urban design & landscape architecture
The Flying Grass Carpet / HUNK-design & ID-Eddy

Commercieel interieur / Commercial Interior
Kymyka shoes and bags – Maurice Mentjens Design
Nieuw concept AutoRAI / New Concept AutoRAI Car Show – Kubik
Merry-Go-Round – Bureau Ira Koers

Cultureel interieur / Cultural Interior
Merry-go-round Coat Rack – Studio Wieki Somers
Het Brabant Huis – Studio Parade
Interieur Muziektheater Graz – UNStudio

Autonoom ruimtelijk ontwerp / Autonomous Spatial Design
Flow 5.0 – Studio Roosegaarde
Epicentrum – Observatorium
Cacticity – Anouk Vogel landscape architecture

Audi Design Award/ *Audi Design Award*

Beeldverhaal 'L'enfant et les sortilèges' / Comic strip of Maurice Ravel's 'L'enfant et les sortilèges' – Maurice Ravel, Firma Rieks Swarte
Real Time – Studio Maarten Baas
Moodwall – Urban Alliance
Porseleinen tafelstukken / Porcelain Table Pieces – Aldo Bakker
The Flying Grass Carpet – HUNK-design & ID-Eddy
Merry-go-round Coat Rack – Studio Wieki Somers

Rado Young Designer Award/ *Rado Young Designer Award*

Atelier NL
Mattijs van Bergen
Jelte van Abbema

Beste Opdrachtgever Award/ *Beste Opdrachtgever Award*

Ziggo
Gemeente Amsterdam
CitizenM
GMG
Zoontjes Cityroofs

Selectiecommissies *Selection Committees*

Communicatie/Communication
Vincent van Baar (voorzitter/chair) / Buro van Baar
Alef de Jong / Koeweiden Postma
Anne Miltenburg / Studio Dumbar
Antoine Achten / Kunstenaars&CO
Bob van Dijk / Lava grafisch ontwerpers
Dagan Cohen / Draftfcb
Emmy van Gool / Emmy van Gool design
Garech Stone / The Stone Twins
Lonne Wennekendonk / Studio Lonne Wennekendonk
Martin Pyper / me studio
Peter Kentie / PSV
Richard van der Laken / Designpolitie
Roland ten Klooster / Plato product consultants
Ron Faas / Dietwee

Product/Product
Timo de Rijk (voorzitter/chair) / TU Delft Faculteit Industrieel ontwerpen
Aad Krol / Designws.com
Andre Rotte / Management & Design
Bruno Ninaber van Eyben / Bruno Ninaber van Eyben design+production
Chris Koens / Chris Koens
Jolanda Branderhorst / Intermezzo
Jos Holtkamp / AIM bv
Manon Vos-Vlamings / Hanze Hogeschool Groningen
Mariette Hoitink / HTKN Advies en bemiddeling BV
Mirjam Van Coillie / Philips Design Eindhoven
Ruudt Peters / Ruudt Peters
Sanne Kistemaker / Muzus
Simone de Waart / Loods 5 ontwerpers

Ruimtelijk/Spatial
Bert van Meggelen (voorzitter/chair) / Bert van Meggelen
Atja Apituley / Mijksenaar
Gerrit Schilder / beroepsvereniging van Nederlandse Interieurarchitecten
Gesina Roters / DAY
Gideon Ruig / Schiphol
Ginette Blom / Blom & Moors ontwerp openbare ruimte
Hans de Wit / Wit Design
Hans van der Markt / Hans van der Markt
Jacqueline Moors / Blom & Moors ontwerp openbare ruimte
Lucas Verweij / Hogeschool Rotterdam
Michel van Tongeren / SVT Branding & Design Group
Mieke Naus / Elba Media

Audi Design Award
Floris van Bommel
Hans Robertus
Ingeborg de Roode
Jaap Drupsteen
José Molenaar
Karin Vriese
Michiel Hofman

Rado Young Designer Award
Ton Kooymans, voorzitter/chair
Anne Mieke Eggenkamp
Bert Dirrix
Berry Eggen
Carlo Wijnands
Caroline Hummels
Christien Meindertsma
Dimitri Nieuwenhuizen

Designprijzen in Nederland 2008-2009

Design Awards in the Netherlands 2008-2009

Audi Design Award 2008 – Dutch Design Awards
Hofman Dujardin Architecten – Bloomframe balkon

Beste Opdrachtgever Award 2008 – Dutch Design Awards
Nlisis

Design For Allprijs 2008
Koninklijke Mosa – Mosa Matt Collection

Dutch Design Awards 2008
Categorie Communicatie
Beste animatie:
CCCP – HEMA
Beste grafisch ontwerp:
Christien Meindertsma, Julie Joliat – PIG 05049
Beste huisstijl:
The Stone Twins – SoundCircus
Beste illustratie:
Catalogtree – Posterserie parkeergedrag diplomaten
Beste interactief ontwerp:
Lust – Graphic Design Museum
Beste merk & strategie:
Amsterdam Worldwide – Electric Tiger Land
Beste website:
Cristina Garcia, Martin-Joost van Grinsven – Accessorize Rijksmuseum

Categorie Product
Beste product accessories & mode:
G+N – Gluejeans
Beste product apparaten:
Philips – Shaver Arcitec
Beste product duurzaamheid & ecologie:
Jorre van Ast – VKB/Jar Tops
Beste product industrie:
Panton B.V., SutureAid B.V. en studio-MOM – SutureAid hechtpincet
Beste product mobiliteit:
Van der Veer Designers – Gazelle Cabby
Beste product openbare ruimte:
Ruud Jan Kokke – hekwerk Olympiaplein Amsterdam
Beste product vrije tijd:
Royal Van Kempen & Begeer – VKB-serie 2007/2008
Beste product wonen:
Shay Arkalay – Arco/kastje Pivot

Categorie Ruimtelijk ontwerp
Beste ontwerp openbare ruimte:
Lodewijk Baljon landschapsarchitecten/ Hans Davidson – nieuw Stationsplein Apeldoorn
Beste ontwerp privaat interieur:
Powerhouse Company – Villa 1
Beste ontwerp publiek interieur:
Customr – SportDomes DJI
Beste ontwerp tentoonstelling:
René van Engelenburg – Onzichtbaar Werk

Europese Modeprijs voor jong veelbelovend modetalent 2008
Elsien Gringhuis

Golden Eye Award 2008 – Dutch Design Awards
Christien Meindertsma, Julie Joliat – PIG 05049

HEMA-ontwerpwedstijd 2008
Categorie hardwaren:
Barbara Vos – Bête tête
Categorie mode:
Elsien Gringhuis – Elke dag weer

Lensvelt de Architect interieurprijs 2008
NEXT Architects – Kantoor voor Wieden+Kennedy, Amsterdam

Piet Zwart Oeuvre Prijs 2008 - Dutch Design Awards
Bruno Ninaber van Eyben

Prins Bernhard Cultuurfonds Prijs voor Toegepaste Kunst en Bouwkunst 2008
Claudy Jongstra

Audi Design Award 2008 – Dutch Design Awards
Hofman Dujardin Architecten – Bloomframe balcony

Best Commissioner Award 2008 – Dutch Design Awards
Nlisis

Design for All Award 2008
Koninklijke Mosa - Mosa Matt Collection

Dutch Design Awards 2008
Category Communicatie
Best animation:
CCCP – HEMA
Best graphic design:
Christien Meindertsma, Julie Joliat – PIG 05049
Best house style:
The Stone Twins – SoundCircus
Best illustration:
Catalogtree – Poster series on the parking behaviour of diplomats
Best interactive design:
Lust – Graphic Design Museum
Best brand & strategy:
Amsterdam Worldwide – Electric Tiger Land
Best website:
Cristina Garcia, Martin-Joost van Grinsven – Accessorize Rijksmuseum

Category Product
Best product accessories & fashion:
G+N – Gluejeans
Best product devices:
Philips – Shaver Arcitec
Best product sustainability & ecology:
Jorre van Ast – VKB/Jar Tops
Best product industry:
Panton B.V., SutureAid B.V. and studio-MOM – SutureAid tweezers
Best product mobility:
Van der Veer Designers – Gazelle Cabby
Best product public space:
Ruud Jan Kokke – fence, Olympiaplein Amsterdam
Best product leisure:
Royal Van Kempen & Begeer – VKB series 2007/2008
Best product home:
Shay Arkalay – Arco/Pivot cupboard

Category Spatial Design
Best design public space:
Lodewijk Baljon landschapsarchitecten/ Hans Davidson – New Stationsplein Apeldoorn
Best design private interior:
Powerhouse Company – Villa 1
Best design public interior:
Customr – SportDomes DJI
Best design exhibition:
René van Engelenburg – Onzichtbaar Werk [Invisible Work]

European Fashion Award for Young and Promising Fashion Talent 2008
Elsien Gringhuis

Golden Eye Award 2008 – Dutch Design Awards
Christien Meindertsma, Julie Joliat – PIG 05049

HEMA Design Competition 2008
Category hardware:
Barbara Vos – Bête tête
Category fashion:
Elsien Gringhuis – 'Elke dag weer' raincoat

Lensvelt de Architect Interior Award 2008
NEXT Architects – Wieden+Kennedy office, Amsterdam

Piet Zwart Oeuvre Award 2008 – Dutch Design Awards
Bruno Ninaber van Eyben

Prince Bernhard Cultural Fund Award for Applied Art and Architecture 2008
Claudy Jongstra

Rado Young Designer Award 2008 – Dutch Design Awards

Christien Meindertsma

Rotterdam Fashion Award 2008

Bart van Dulmen

Sanoma Woon Award 2008

Oeuvre award:
Hella Jongerius
Woonprofessional:
Jan Tichelaar
Beste woonproduct:
Jorre van Ast (voor Royal VKB) – De Jar Tops
Beste wooncampagne:
Auping
Beste woonwinkel:
Basiclabel met vestigingen in Noord-Holland
Mooiste stand van de Woonbeurs Amsterdam:
Miele

Thonet Mart Stamprijs 2008

Alexander Pelikan – Stoel Plastic Nature

Toon van Tuijl Designprijs 2008

Categorie voor westerse consument:
Janske Megens – Paper cushions
Categorie voor consument in ontwikkelingslanden:
Doortje van de Wouw, Ana Maria Alvarez, Loucas Papatoniou, Stephanie Wirth – Moonlight

ADCN Lampenwinnaars 2009

Print & Buitenreclame
Categorie Dagbladcampagne:
Sander van de Vlasakker, Denny Brandsen, Joost van Middelaar – Gestript voor de Stripdagen voor Stichting Beeldverhaal Nederland, JongeHonden. Zilveren Bekroning, Ledenjury. Vermelding, Jury Print & Buitenreclame.
Categorie Buitenreclame:
DDB - Achterkant bus voor Centraal Beheer Achmea. Gouden Bekroning, Jury Print & Buitenreclame, Ledenjury.
TBWA\NEBOKO – Koninginnedagkleed/Liggend billboard voor IKEA Nederland. Gouden Bekroning, Jury Print & Buitenreclame, Ledenjury.

Interactief
Categorie Websites:
Skipintro – Fortheloveofgod.nl voor Rijksmuseum. Zilveren Bekroning, Jury Interactief. Vermelding, Ledenjury.
Selmore – Superb voor Pon Mobiel -Škoda. Zilveren Bekroning, Jury Interactief.

Grafische vormgeving
Categorie Affiches:
TBWA\NEBOKO – De werkelijkheid verzin je niet voor IDFA. Zilveren Bekroning, Ledenjury.
Categorie Tentoonstellingen/Musea:
De Designpolitie – Publiceer het maar! voor Graphic Design Museum. Zilveren Bekroning, Jury Grafische Vormgeving. Vermelding, Ledenjury.
Categorie Andere grafische toepassingen:
Interakt – Leader 'Nederland in 12 moorden' voor TELEAC. Zilveren Bekroning, Jury Grafische Vormgeving. Vermelding, Ledenjury
Categorie Andere grafische toepassingen:
Thonik – Out There: Architecture Beyond Building, voor Venice Architecture Biennale. Zilveren Bekroning, Jury Grafische Vormgeving.

Verpakkingen
Categorie Verpakking:
Studio Kluif – IJsverpakkingen voor HEMA. Zilveren Bekroning, Jury Verpakkingen.
PROUDdesign – Cruesli voor HEMA. Zilveren Bekroning, Jury Verpakkingen.

Rado Young Designer Award 2008 – Dutch Design Awards

Christien Meindertsma

Rotterdam Fashion Award 2008

Bart van Dulmen

Sanoma Home Award 2008

Oeuvre award:
Hella Jongerius
Home professional:
Jan Tichelaar
Best home product:
Jorre van Ast (for Royal VKB) – Jar Tops
Best home campaign:
Auping
Best furniture and home accessories shop:
Basiclabel with branches in North Holland
Best stand at the Amsterdam Home Fair:
Miele

Thonet Mart Stam Award 2008

Alexander Pelikan – Plastic Nature chair

Toon van Tuijl Design Award 2008

Category for Western consumers:
Janske Megens – Paper cushions
Category for consumers in developing countries:
Doortje van de Wouw, Ana Maria Alvarez, Loucas Papatoniou, Stephanie Wirth – Moonlight

ADCN Lamp Awards 2009

Print & Outdoor Advertising
Category Newspaper Campaign:
Sander van de Vlasakker, Denny Brandsen, Joost van Middelaar – Gestript voor de Stripdagen for Stichting Beeldverhaal Nederland, JongeHonden. Silver, Member Jury. Honourable Mention, Print & Outdoor Advertising Jury.
Category Outdoor Advertising:
DDB – Rear of bus for Centraal Beheer Achmea. Gold, Print & Outdoor Advertising Jury, Member Jury.
TBWA\NEBOKO – Queen's Day Cloth/ Flat billboard for IKEA Nederland. Gold, Print & Outdoor Advertising Jury, Member Jury.

Interactive
Category Websites:
Skipintro – Fortheloveofgod.nl for Rijksmuseum. Silver, Interactive Jury. Honourable Mention, Member Jury.
Selmore – Superb for Pon Mobiel - Škoda. Silver, Interactive Jury.

Graphic Design
Category Posters:
TBWA\NEBOKO – De werkelijkheid verzin je niet [You don't invent reality] for IDFA. Silver, Member Jury.
Category Exhibitions/Museums:
De Designpolitie – Publiceer het maar! [Just publish it!] for Graphic Design Museum. Silver, Graphic Design Jury. Honourable Mention, Member Jury.
Category Other Graphic Applications:
Interakt – Leader 'Nederland in 12 moorden' [The Netherlands in 12 murders] for TELEAC. Silver, Graphic Design Jury. Honourable Mention, Member Jury.
Category Other Graphic Applications:
Thonik – Out There: Architecture Beyond Building, for Venice Architecture Biennale. Silver, Graphic Design Jury.

Packaging
Category Packaging:
Studio Kluif – Ice cream packaging for HEMA. Silver, Packaging Jury.
PROUDdesign – Cruesli for HEMA. Silver, Packaging Jury.

Illustration
Category Magazines/Newspapers/ Periodicals:
IdeasMatter – Holland formatland for VPRO Gids. Subcategory Award, Illustration Jury.

Illustratie

Categorie Tijdschriften/Kranten/ Periodieken:

IdeasMatter – Holland formatland voor VPRO Gids. Deelbekroning, Jury Illustratie.

De Best Verzorgde Boeken 2009

Literatuur

Tessa van der Waals (omslag), Suzan Beijer (typografie) – Snijpunt, Nelleke Noordervliet

Kees Kelfkens †, Nico Richter (omslag), Wim Mol † (typografie) – Zoals dat gaat met wonderen. Dagboeken 2000-2007, Arthur Japin

Maarten Evenhuis – Nieuwe veters. Verzamelde gedichten 1979-2006, Robert Anker

TEFF (Peter Matthias Noordzij, Bas Smidt) – Kaas, Willem Elsschot, Dick Matena

Kinderboeken

Bockting Ontwerpers – Boven in een groene linde zat een moddervette haan, Maria van Donkelaar, Martine van Rooijen

Non-fictie

René Put – Bang voor bloemkool. Reportages uit de kinder- en jeugdpsychiatrie, Erik Christenhusz, Maurice van Lieshout

Mevis & Van Deursen – Baghdad Calling. Reportages uit Turkije, Syrië, Jordanië en Irak, Geert van Kesteren (tevens zilveren medaille Schönste Bücher aus aller Welt, Leipzig 2009)

Mevis & Van Deursen – The Last Days of Shishmaref, Dana Lixenberg

Studio Joost Grootens – Vinex Atlas, Jelte Boeijenga, Jeroen Mensink (tevens gouden medaille Schönste Bücher aus aller Welt, Leipzig 2009)

SYB – Abba ... Zappa. Seventies Rock Photography, Gijsbert Hanekroot

Frederik de Wal – Martien Coppens. Bezielde beelden, Kitty de Leeuw, Rik Suermondt, Ellen Tops

Studio Joost Grootens – H.N. Werkman. Het complete oeuvre, Dieuwertje Dekkers, Jikke van der Spek, Anneke de Vries

Special interest

Mevis & Van Deursen, met Felix Weigand – I am. Paradox Identity, Ilse Frech

Maarten Evenhuis – Tjebbe Beekman. The Image of the Capsular Society

Cobbenhagen & Hendriksen – Eating the image. Mary Alacoque Waters Paintings

Mevis & Van Deursen – Maurice Scheltens. On Display

Bart de Baets – De luister van het land, Koen Hauser

Mevis & Van Deursen, met David Bennewith – This is the Flow. The Museum as a Space for Ideas, Rutger Wolfson (red.)

Kesselskramer – Useful Photography #008

Institutionele publicaties

Ingeborg Scheffers – Mondriaan Stichting. Jaarverslag 2007 (tevens eervolle vermelding Schönste Bücher aus aller Welt, Leipzig 2009)

Irma Boom – Wim van Krimpen, Doede Hardeman, Wim van Sinderen, Suzanne Swarts (red.)

Kummer & Herrman – Once is Nothing. Individual Systems, Charles Esche, Maria Hlavajova (red.)

Veronica Ditting – The Complete Incomplete Series. Barbara Visser 2007-1987

Irma Boom – Kunst op Kamers 2008 De Rijp. 26 Kunstenaars, 21 Locaties

Academiepublicaties

Typography, Interiority & Other Serious Matters – Jaarboek Academie van Bouwkunst Amsterdam, 2006-2007

Alex DeArmond, Jeremy Jansen, Julie Peeters, Scott Ponik – Wonder Years. Werkplaats Typografie 1998-2008

The Best Designed Books 2009

Literature

Tessa van der Waals (cover), Suzan Beijer (typography) – Snijpunt, Nelleke Noordervliet

Kees Kelfkens †, Nico Richter (cover), Wim Mol † (typography) – Zoals dat gaat met wonderen. Dagboeken 2000-2007, Arthur Japin

Maarten Evenhuis – Nieuwe veters. Verzamelde gedichten 1979-2006, Robert Anker

TEFF (Peter Matthias Noordzij, Bas Smidt) – Kaas, Willem Elsschot, Dick Matena

Books for Children

Bockting Designers – Boven in een groene linde zat een moddervette haan, Maria van Donkelaar, Martine van Rooijen

Non-fiction

René Put – Bang voor bloemkool. Reportages uit de kinder- en jeugdpsychiatrie, Erik Christenhusz, Maurice van Lieshout

Mevis & Van Deursen – Baghdad Calling. Reportages uit Turkije, Syrië, Jordanië en Irak, Geert van Kesteren (also silver medal Schönste Bücher aus aller Welt, Leipzig 2009)

Mevis & Van Deursen – The Last Days of Shishmaref, Dana Lixenberg

Studio Joost Grootens – Vinex Atlas, Jelte Boeijenga, Jeroen Mensink (also gold medal Schönste Bücher aus aller Welt, Leipzig 2009)

SYB – Abba . . . Zappa. Seventies Rock Photography, Gijsbert Hanekroot

Frederik de Wal – Martien Coppens. Bezielde beelden, Kitty de Leeuw, Rik Suermondt, Ellen Tops

Studio Joost Grootens – H.N. Werkman. Het complete oeuvre, Dieuwertje Dekkers, Jikke van der Spek, Anneke de Vries

Special interest

Mevis & Van Deursen, with Felix Weigand – I am. Paradox Identity, Ilse Frech

Maarten Evenhuis – Tjebbe Beekman. The Image of the Capsular Society

Cobbenhagen & Hendriksen – Eating the image. Mary Alacoque Waters Paintings

Mevis & Van Deursen – Maurice Scheltens. On Display

Bart de Baets – De luister van het land, Koen Hauser

Mevis & Van Deursen, with David Bennewith – This is the Flow. The Museum as a Space for Ideas, Rutger Wolfson (ed.)

Kesselskramer – Useful Photography #008

Institutional publications

Ingeborg Scheffers – Mondriaan Stichting. Jaarverslag 2007 (also honourable mention Schönste Bücher aus aller Welt, Leipzig 2009)

Irma Boom – Wim van Krimpen, Doede Hardeman, Wim van Sinderen, Suzanne Swarts (eds.)

Kummer & Herrman – Once is Nothing: Individual Systems, Charles Esche, Maria Hlavajova (eds.)

Veronica Ditting – The Complete Incomplete Series. Barbara Visser 2007-1987

Irma Boom – Kunst op Kamers 2008 De Rijp. 26 Kunstenaars, 21 Locaties

Academy Publications

Typography, Interiority & Other Serious Matters – Jaarboek Academie van Bouwkunst Amsterdam, 2006-2007

Alex DeArmond, Jeremy Jansen, Julie Peeters, Scott Ponik – Wonder Years. Werkplaats Typografie 1998-2008

Anette Tibud – Highrise - Common Ground: Art and the Amsterdam Zuidas Area, Jeroen Boomgaard (ed.)

Adriaan Mellegers with Marijn van Kreij – O Let It Be, Marijn van Kreij

Anette Tibud – Highrise - Common Ground. Art and the Amsterdam Zuidas Area, Jeroen Boomgaard (red.)
Adriaan Mellegers met Marijn van Kreij – O Let It Be, Marijn van Kreij

Bedrijfspublicaties
Suzanne Hertogs (Ontwerphaven) – Verstand op nul, blik op oneindig. Ando Agenda 2009

Publicaties in eigen beheer
Piet Gerards Ontwerpers – Han Bennink. Covert art for ICP and other labels
Via Vermeulen (Rick Vermeulen) – Het lente-eiland, Marco van Duyvendijk, J. Slauerhoff
Britt Möricke, Serge Scheepers (Silo-design) – Back to the USSR. Ideals Long Past, Willeke van Tijn, Gerbrand Volger

Frans Molenaar Couture Prijs 2009
Hyen Yeu

Gerrit Noordzijprijs 2009
Wim Crouwel

Grafische Cultuurstichting, Nederlandse Huisstijlprijs 2009
Large corporate identity:
De Designpolitie – Pictoright
Small corporate identity:
Studio Piet Paris – Studio Piet Paris

Grand Seigneur 2009
Viktor Horsting en Rolf Snoeren (Viktor & Rolf)

Corporate Publications
Suzanne Hertogs (Designhaven) – Verstand op nul, blik op oneindig. Ando Agenda 2009

Independent Publications
Piet Gerards Designers – Han Bennink: Covert art for ICP and other labels
Via Vermeulen (Rick Vermeulen) – Het lente-eiland, Marco van Duyvendijk, J. Slauerhoff
Britt Möricke, Serge Scheepers (Silo-design) – Back to the USSR. Ideals Long Past, Willeke van Tijn, Gerbrand Volger

Frans Molenaar Couture Award 2009
Hyen Yeu

Gerrit Noordzij Award 2009
Wim Crouwel

Graphic Culture Foundation, Dutch Housestyle Award 2009
Large corporate identity:
De Designpolitie – Pictoright
Small corporate identity:
Studio Piet Paris – Studio Piet Paris

Grand Seigneur 2009
Viktor Horsting and Rolf Snoeren (Viktor & Rolf)

Trefwoordenregister

Index of Subject

Over de auteurs

Tom Avermaete is universitair hoofddocent aan de Faculteit Bouwkunde van de TU Delft. Hij is tevens redacteur van *OASE, tijdschrift voor architectuur*, en auteur van onder andere *Architectural Positions: On Architecture, Modernity and the Public Sphere* (2009) en *OASE 77, Into the Open, Publieke plaatsen/Accomodating the public* (2009).

Christine de Baan (CdB) is de programmadirecteur van Dutch Design Fashion Architecture, een overheidsprogramma dat door bundeling van krachten de internationale positie van de Nederlandse ontwerpsector duurzaam wil versterken. Daarvoor was zij onder meer Hoofd Programma bij de Internationale Architectuur Biënnale Rotterdam en voorzitter van de Commissie Stimuleringssubsidies bij het Fonds BKVB.

Niels Juist is journalist en scenarioschrijver.

Olof Koekebakker (OK) is socioloog. Hij schrijft sinds 1988 als freelancejournalist over architectuur en stedenbouw en was van 1992 tot 2002 redacteur van *Items, tijdschrift voor vormgeving*. Koekebakker schrijft tegenwoordig voor onder meer *Smaak* en *De Ingenieur*. Hij is tevens auteur van verschillende boeken, onder andere *Charettes voor Leidsche Rijn* (1999), *Cultuurpark Westergasfabriek* (2003), *Westraven – Kantoor voor Rijkswaterstaat* (2008) en *10 jaar dp6* (2009).

Georgette Koning (GK) is als modejournalist werkzaam voor *nrc.next*, *Het Financieele Dagblad*, *Het Parool* en modebladen als *Elsevier Thema*, *L'Officiel NL* en *LINK*. Koning studeerde mode aan de Gerrit Rietveld Academie. Ze maakt deel uit van de redactie van *Morf, tijdschrift voor vormgeving*.

Jan Konings is als ontwerper van publieke ruimte werkzaam op het snijvlak van stedenbouw, landschap, kunst, ecologie en design. Met het bureau Schie 2.0 realiseerde Konings onder meer projecten voor Hogeschool InHolland, het Liudger College in Smallingerland en met Jurgen Bey de Zonnewijzer bij het Centraal Station in Amersfoort. Konings is een van de founding designers van Droog Design.

Mathieu Lommen (ML) is conservator grafische vormgeving bij de Bijzondere Collecties van de Uni-

About the Authors

Tom Avermaete is a senior lecturer/associate professor at the Faculty of Architecture, Delft University of Technology. He is an editor of *OASE, Journal for Architecture*. His recent publications include Architectural Positions: *On Architecture, Modernity and the Public Sphere* (2009) and *OASE 77, Into the Open, Accommodating the Public* (2009).

Christine de Baan (CdB) is the programme director of Dutch Design Fashion Architecture, a government programme intended to combine forces to reinforce the international position of the Dutch design sector in the long term. Previous functions include head of programme of the International Architecture Biennial Rotterdam and chair of the Incentive Grants Committee of the Netherlands Foundation for Fine Arts, Design and Architecture.

Niels Juist is a journalist and scenario writer.

Olof Koekebakker (OK) is a sociologist. He has been a freelance journalist on architecture and urban design since 1988; an editor of *Items, tijdschrift voor vormgeving* from 1992 to 2002. He currently writes for *Smaak*, *De Ingenieur* and other media. His publications include: *Charettes voor Leidsche Rijn* (1999), *Cultuurpark Westergasfabriek* (2003), *Westraven - Kantoor voor Rijkswaterstaat* (2008) and *10 jaar dp6* (2009).

Georgette Koning (GK) is a fashion journalist for *nrc.next*, *Het Financieele Dagblad*, *Het Parool* and fashion magazines like *Elsevier Thema*, *L'Officiel NL* and *LINK*. She studied fashion at the Gerrit Rietveld Academy. Koning is a member of the editorial team of *Morf, tijdschrift voor vormgeving*.

Jan Konings is a designer of public space at the interface of urban design, landscape, art, ecology and design. Projects with Schie 2.0 include Hogeschool InHolland, Liudger College in Smallingerland, and, with Jurgen Bey, the sundial outside of the Central Station in Amersfoort. Konings was one of the founding designers of Droog Design.

Mathieu Lommen (ML) is a curator of graphic design for the Department of Special Collections of the University of Amsterdam. He focuses on the modern, industrial period and collections of relevance to book

versiteit van Amsterdam. Hij houdt zich hier met name bezig met de moderne, industriële periode en met de boekhistorische collecties. Lommen publiceert op het gebied van de grafische vormgeving, is managing editor van het wetenschappelijke tijdschrift *Quaerendo* en vaste medewerker van *Items*.

Chris Reinewald (CR) studeerde beeldende kunst aan de Gerrit Rietveld Academie en volgde daarna de School voor Journalistiek. Hij publiceerde vanaf 1978 in tal van tijdschriften en kranten over beeldende kunst en vormgeving. Van 1998 tot 2000 was Reinewald hoofdredacteur van *Items*, daarna hoofdredacteur van het vakblad *Museumvisie*. Hij publiceert onder andere in *Items*, *Het Financieele Dagblad*, *Tableau*, *EOS*, *Het Parool* en *Elégance*. Onlangs publiceerde hij *Op basis van Bas Oudt: grafisch ontwerpers brengen een hommage aan hun voormalige docent* (2009).

Timo de Rijk (TdR) is universitair hoofddocent/associate professor aan de TU Delft, Faculteit Industrieel Ontwerpen, en hoofdredacteur van *Morf*. Hij publiceerde onder andere (als redacteur) *The World According to Concrete* (2007), *Under Cover* (samen met Ed van Hinte, 2006), *Haagse stijl: art deco in Nederland* (2004) en *Designers in Nederland: een eeuw productvormgeving* (2004). Verder was hij, samen met Aad Krol, samensteller van het *Jaarboek Nederlandse vormgeving* 03/04 en 2005.

Luud Schimmelpennink is industrieel ontwerper en politicus. Hij was in het begin jaren van de zestig van de vorige eeuw een van de voornaamste leden van Provo. Hij werd bekend door zijn Witte Fietsenplan en de Witkar. Tegenwoordig is hij deelraadslid voor de PvdA in het stadsdeel Amsterdam-Centrum.

Marc Vlemmings (MV) is freelancejournalist en -redacteur van *Items* (sinds 1993). Hij schrijft regelmatig over design, designmanagement en ontwerponderwijs voor publicaties in Nederland en het buitenland (onder andere Frankrijk en de VS). Daarnaast adviseert hij bedrijven en organisaties over designbeleid.

history. Lommen publishes on graphic design and is managing editor of the academic journal *Quaerendo* and on the permanent staff of *Items*.

Chris Reinewald (CR) studied fine art at the Gerrit Rietveld Academy, followed by the School for Journalism. He has been publishing since 1978 in various periodicals and newspapers on art and design. Reinewald was editor-in-chief of *Items* from 1998 to 2000, and has been editor-in chief of *Museumvisie* since 2000. He regularly publishes in *Items*, *Het Financieele Dagblad*, *Tableau*, *EOS*, *Het Parool*, *Elégance* and elsewhere. His most recent publication is *Op basis van Bas Oudt: grafisch ontwerpers brengen een hommage aan hun voormalige docent* (2009).

Timo de Rijk (TdR) is a senior lecturer/associate professor at the Faculty of Industrial Design, Delft University of Technology. He is editor-in-chief of *Morf*. De Rijk edited the following publications: *The World According to Concrete* (2007), *Under Cover* (with Ed van Hinte, 2006), *Haagse stijl: art deco in Nederland* (2004) and *Designers in Nederland: Een eeuw productvormgeving* (2004). He co-edited the *Jaarboek Nederlandse vormgeving* 03/04 and 2005 with Aad Krol.

Luud Schimmelpennink is an industrial designer and politician. He was one of the leading members of Provo in the early 1960s. Schimmelpennink became famous for his White Bike Plan and the White Car. Currently, he is a local councillor for the Partij van de Arbeid (Labour Party) in the central district of Amsterdam.

Marc Vlemmings (MV) is a freelance journalist and editor of *Items* (since 1993). He writes regularly on design, design management and design education for publications in the Netherlands, France, the USA and elsewhere. Vlemmings is a consultant on design policy to companies and organizations.

Colofon

Acknowledgements

Deze publicatie is geproduceerd in samenwerking met de Dutch Design Awards en kwam mede tot stand dankzij financiële ondersteuning en sponsoring door: de Mondriaanstichting, het Prins Bernard Cultuurfonds, Amsterdam; RADO, DutchDFA, Rotterdam; Drukkerij Lecturis, Eindhoven; Studio Dumbar, Rotterdam; Bührmann-Ubbens papier Zutphen en Binderij Hexspoor, Boxtel.

This publication is produced in collaboration with the Dutch Design Awards and was made possible through the financial support and sponsoring by: the Mondriaan Foundation, the Prins Bernhard Cultuurfonds, Amsterdam; RADO, DutchDFA, Rotterdam; Drukkerij Lecturis, Eindhoven; Studio Dumbar, Rotterdam; Bührmann-Ubbens papier Zutphen and Binderij Hexspoor, Boxtel.

Mondriaan Stichting
(Mondriaan Foundation)

Prins Bernhard Cultuurfonds

lecturis printing company

BührmannUbbens

STUDIO DUMBAR

binderij Hexspoor

Samenstellers/Editors
Vincent van Baar, Bert van Meggelen, Timo de Rijk (eindredacteur/chief editor) i.s.m. Barbera van Kooij

Teksten/Texts
Tom Avermaete, Christine de Baan, Niels Juist, Olof Koekebakker, Georgette Koning, Chris Reinewald, Timo de Rijk, Marc Vlemmings,

Beeldredactie/Image Coordination
Brechtje de Wilt, Marieke van Oorschot, Marianne Aarnoudse – Dutch Design Awards

Ontwerp/Design
Studio Dumbar (Sacha van den Haak)

Vertaling/Translation
Christine Gardner, Laura Vroomen, Peter Mason, Jane Bemont

Tekstredactie/Text Editing
Kirsten Verhagen, D'Laine Camp

Projectleiding/Project Coordinator
Barbera van Kooij, NAi Uitgevers/Publishers

Uitgever/Publisher
NAi Uitgevers/Publishers

Druk en lithografie/Printing and Lithography
Lecturis, Eindhoven

Binder/Binding
Binderij Hexspoor, Boxtel

Papier/Paper
Hello Silk 135 grs
Biotop 120 grs
BührmannUbbens bv

Dutch Design Awards
Dutch Design Awards zijn de gerenommeerde prijzen voor het beste op het gebied van Dutch design, en bestaan uit de wedstrijd, de tentoonstelling en presentatie van de finalisten in het *Dutch Design Jaarboek* 2009. Zo wordt een platform geboden waar jaarlijks het beste van de Nederlandse vormgeving – in de volle breedte – wordt gewaardeerd en geëtaleerd. www.dutchdesignawards.nl.

Dutch Design Awards wordt mogelijk gemaakt door: Gemeente Eindhoven, BNO, Design Connection Brainport, Audi, Rado, Studio Dumbar, Lecturis printing company, BührmannUbbens NCDO, Brainport Development, Dutch Design Week, Eigen Huis & Interieur. Design Connection Brainport is verantwoordelijk voor het projectmanagement van de *Dutch Design Awards*.

The *Dutch Design Awards* are the prestigious awards for the very best products in the field of Dutch Design. The annual event is comprised of a competition, the *Dutch Design Awards* exhibition, and the presentation of the finalist in the Dutch Design Yearbook 2009. In this way, a platform is created where each year the very best Dutch Design – across the full width of the professional field – is recognized and exhibited. www.dutchdesignawards.nl.

Dutch Design Awards is made possible by: Municipality of Eindhoven, BNO, Design Connection Brainport, Audi, Rado, Studio Dumbar, Lecturis printing company, BührmannUbbens, NCDO, Brainport Development, Dutch Design Week, Eigen Huis & Interieur. Design Connection Brainport is responsible for the project management of the *Dutch Design Awards*.

NAi Uitgevers is een internationaal georiënteerde uitgever, gespecialiseerd in het ontwikkelen, produceren en distribueren van boeken over architectuur, beeldende kunst en verwante disciplines. www.naipublishers.nl

NAi Publishers is an internationally orientated publisher specialized in developing, producing and distributing books on architecture, visual arts and related disciplines. www.naipublishers.nl

Available in North, South and Central America through D.A.P./Distributed Art Publishers Inc, 155 Sixth Avenue 2nd Floor, New York, NY 10013-1507, tel +1 212 627 1999, fax +1 212 627 9484, dap@dapinc.com

Available in the United Kingdom and Ireland through Art Data, 12 Bell Industrial Estate, 50 Cunnington Street, London W4 5HB, tel +44 208 747 1061, fax +44 208 742 2319, orders@artdata.co.uk

Printed and bound in the Netherlands
ISBN 978-90-5662-698-3

NAi Uitgevers
NAi Publishers
Dutch Design Jaarboek 2009
Dutch Design Yearbook 2009

NAi Uitgevers
NAi Publishers
Dutch Design Jaarboek 2009
Dutch Design Yearbook 2009

NAi Uitgevers
NAi Publishers
Dutch Design Jaarboek 2009
Dutch Design Yearbook 2009

NAi Uitgevers
NAi Publishers
Dutch Design Jaarboek 2009
Dutch Design Yearbook 2009